新编计算机专业
重点课程辅导丛书

# 新编 C 语言习题与解析

李春葆 喻丹丹 曾平 曾慧 编著

清华大学出版社
北京

## 内 容 简 介

本书根据计算机专业C语言程序设计课程的教学大纲编写,全书共分9章,分别介绍了C语言概述、数据类型及其运算、选择语句和循环语句、数组、指针、函数、结构体和共用体、预处理和位段、文件。每章由基本知识点和例题分析组成,前者高度概括和疏理了本章应重点掌握的相关知识;后者详尽地解析精选的典型习题。本书将使学生充分掌握C语言程序设计课程求解问题的技巧与方法,加强学生对基本概念的理解,切实提高使用C语言解决问题的程序设计能力。

本书内容丰富,习题覆盖面广,不仅可以作为计算机专业本、专科C语言程序设计课程的学习参考书,也可作为计算机水平考试和等级考试者的参考书。

本书封面贴有清华大学出版社防伪标签,无标签者不得销售。
版权所有,侵权必究。举报: 010-62782989, beiqinquan@tup.tsinghua.edu.cn。

### 图书在版编目(CIP)数据

新编C语言习题与解析/李春葆等编著. —北京:清华大学出版社,2013.5(2024.8重印)
(新编计算机专业重点课程辅导丛书)
ISBN 978-7-302-30619-1

Ⅰ.①新… Ⅱ.①李… Ⅲ.①C语言-程序设计-高等学校-题解 Ⅳ.①TP312

中国版本图书馆CIP数据核字(2012)第271743号

责任编辑:夏非彼
封面设计:王 翔
责任校对:闫秀华
责任印制:杨 艳

出版发行:清华大学出版社
网　　址:https://www.tup.com.cn, https://www.wqxuetang.com
地　　址:北京清华大学学研大厦A座　　邮　　编:100084
社 总 机:010-83470000　　邮　　购:010-62786544
投稿与读者服务:010-62776969, c-service@tup.tsinghua.edu.cn
质量反馈:010-62772015, zhiliang@tup.tsinghua.edu.cn

印 装 者:三河市龙大印装有限公司
经　　销:全国新华书店
开　　本:190mm×260mm　　印　　张:21.75　　字　　数:556千字
版　　次:2013年5月第1版　　印　　次:2024年8月第17次印刷
定　　价:69.00元

产品编号:049937-03

# 《新编计算机专业重点课程辅导丛书》丛书序

"计算机专业教学辅导丛书——习题与解析系列"自 1999 年推出以来,一直被许多院校采用并受到普遍好评,广大师生也给我们反馈了不少中肯的改进建议,总印数超过百万册。这些都是我们修订、扩充该丛书的动力之源。同时,计算机科学与技术的持续发展和不断演化,使得传统的计算机专业教学模式也随之扩充与革新,随着计算机教材改革的不断深化,如何促进学生将理论用于实践,提高分析与动手能力,以及通过实践加深对理论的理解程度,都是 21 世纪计算机教学亟待解决的问题。正是基于这些需求,经过对原有丛书的使用情况的深入调研,并组织专家和一线教师对自身教学经验进行认真总结、提炼之后,我们重新修订了这套"21 世纪计算机专业重点课程辅导丛书"。

依据各门课程的最新教学大纲,对原有图书内容进行了全面的修订和扩充,使其更加完备、充实。修订之后的新版丛书几乎囊括了计算机专业的各个重点科目,与现行计算机专业课程体系更加吻合。

"新编计算机专业重点课程辅导丛书"包括:

- 《新编 C 语言习题与解析》
- 《新编 C++语言习题与解析》
- 《新编 Java 语言习题与解析》
- 《新编数据结构习题与解析》
- 《新编数据库原理习题与解析》
- 《新编操作系统习题与解析》
- 《新编计算机组成原理习题与解析》
- 《新编计算机网络习题与解析》

本套丛书具有如下特点:

☑ **以典型题目分析带动能力培养**

本丛书注重以典型题目的分析为突破口,点拨解题思路,强化各知识点的灵活运用,启发解题灵感。所有例题不仅给出了参考答案,还给出了详细透彻的分析过程,便于读者在解题过程中举一反三,触类旁通,从而提高分析问题和解决问题的能力。

☑ **全面复习,形成知识体系**

本丛书以权威教材为依托,对各知识点进行了全面、深入地剖析和提炼,构成了一个完备的知识体系。在各类考试中,一个微小的知识漏洞,就可能造成无法弥补的损失,因此复习必须全面扎实。

☑ **把握知识间的内在联系,拓展创新思维**

把握知识点之间的关系,这样,掌握的知识就能变"活"。本丛书通过对知识点的分解,找出贯穿于各知识点之间的内在联系,并配上相关的例题,阐明如何利用这些内在联系解决问题，从而做到不仅授人以"鱼"，更注重授人以"渔"。

☑ **紧贴计算机专业考研大纲要求，提高考研成绩**

自 2009 年以来计算机科学与技术专业实行全国联考，统一命题和阅卷，联考内容涵盖数据结构、计算机组成原理、操作系统和计算机网络。本丛书的相关课程均以最新联考大纲为基础进行编写，并收录了最新的联考试题。另外，各高校计算机专业研究生复试的常见课程有高级语言程序设计和数据库原理等，这些课程的内容也涵盖在本丛书中。

本套丛书由长期坚持在教学第一线的教授和副教授编写，他（她）们结合自己的教学经验和见解，把多年的教学实践成果无私奉献给读者，希望能够提高学生素质、培养学生的综合分析能力。

如果说科学技术的飞速发展是 21 世纪的一个重要特征，那么，教学改革将是 21 世纪教育工作不变的主题，也是需要我们不断探索的课题。要紧跟教学改革，不断更新，真正满足新形势下的教学需求，还需要我们不断地努力实践和完善。本套教材虽然经过细致的编写与校订，仍然难免有疏漏和不足之处，需要不断地补充、修订和完善。我们热情欢迎使用本套丛书的教师、学生和读者朋友提出宝贵意见和建议，使之更臻成熟。

本套丛书的编写工作得到湖北省教学改革项目——计算机科学与技术专业课程体系改革的资助，武汉大学计算机学院也给予了大力支持，在此表示衷心感谢。

2013 年 3 月

# 前 言

  C语言是一种结构化、模块化、可编译的通用程序设计语言。C语言具有表达能力强、代码质量高和可移植性好等特点，并兼备高级语言和低级语言的许多优点，现已成为国际上广泛使用的主流程序设计语言。目前C语言不仅是各大专院校计算机专业的必修课程，也成为大多数非计算机专业的重要选修课。

  本书除了介绍C语言的基本内容外，还精解了大量的例题，这些例题是作者在总结多年教学实践的基础上精心遴选出来的，涉及面广并具有很强的代表性，同时融入了程序设计方法学的思想，有助于拓宽读者的编程思路。

  本书是在作者多年讲授C语言的基础上编写的一本C语言教学辅导书，全书共9章，分别为：第1章C语言概述；第2章数据类型及其运算；第3章选择语句和循环语句；第4章数组；第5章指针；第6章函数；第7章结构体和共用体；第8章预处理和位段；第9章文件；附录A介绍了C语言常见错误形式，附录B给出了近几年全国计算机等级考试——C语言的部分试题及解析。

  每章内容按知识点进行划分，各个知识点的讲授由两部分组成，第一部分归纳本知识点的核心概念和基本原理；第二部分精选了大量典型习题并予以详细解析，给出了明确的解题思路和完整的求解过程，其中包含近几年一些IT公司的笔试题和一些高等院校计算机专业硕士研究生的入学试题。

  参与本书编写人员除了封面署名人员以外，还有金晶、陶红艳、马玉琳、余云霞和喻卫等人。由于作者水平有限，书中难免存在缺点和不足之处，敬请有关专家和广大读者不吝指正。

编　者

2013 年 3 月

# 目 录

**第1章 概述** .................................................................. 1
    知识点：C 语言的基本概念 ........................................... 1
        要点归纳 ........................................................... 1
        例题解析 ........................................................... 4

**第2章 数据类型及其运算** ................................................ 8
    2.1 知识点1：数据类型 ................................................. 8
        2.1.1 要点归纳 ..................................................... 8
        2.1.2 例题解析 ..................................................... 22
    2.2 知识点2：数据输入与输出 ...................................... 36
        2.2.1 要点归纳 ..................................................... 36
        2.2.2 例题解析 ..................................................... 40

**第3章 选择语句和循环语句** ............................................ 47
    3.1 知识点1：选择语句 ................................................. 47
        3.1.1 要点归纳 ..................................................... 47
        3.1.2 例题解析 ..................................................... 49
    3.2 知识点2：循环语句 ................................................. 59
        3.2.1 要点归纳 ..................................................... 59
        3.2.2 例题解析 ..................................................... 61
    3.3 知识点3：穷举法 .................................................... 80
        3.3.1 要点归纳 ..................................................... 80
        3.3.2 例题解析 ..................................................... 82

**第4章 数组** ................................................................. 87
    4.1 知识点1：数组的基本概念 ....................................... 87
        4.1.1 要点归纳 ..................................................... 87
        4.1.2 例题解析 ..................................................... 90
    4.2 知识点2：字符数组和字符串数组 ............................. 101
        4.2.1 要点归纳 ..................................................... 101
        4.2.2 例题解析 ..................................................... 104
    4.3 知识点3：数组的排序 ............................................. 114
        4.3.1 要点归纳 ..................................................... 114
        4.3.2 例题解析 ..................................................... 119

| | 4.4 | 知识点 4：数组的查找 | 124 |
|---|---|---|---|
| | | 4.4.1 要点归纳 | 124 |
| | | 4.4.2 例题解析 | 125 |

## 第 5 章  指针 .................................................................................................................. 127

| | 5.1 | 知识点 1：指针的概念 | 127 |
|---|---|---|---|
| | | 5.1.1 要点归纳 | 127 |
| | | 5.1.2 例题解析 | 129 |
| | 5.2 | 知识点 2：指针和数组 | 133 |
| | | 5.2.1 要点归纳 | 133 |
| | | 5.2.2 例题解析 | 139 |
| | 5.3 | 知识点 3：指针数组和多级指针 | 157 |
| | | 5.3.1 要点归纳 | 157 |
| | | 5.3.2 例题解析 | 158 |

## 第 6 章  函数 .................................................................................................................. 167

| | 6.1 | 知识点 1：函数的基本概念 | 167 |
|---|---|---|---|
| | | 6.1.1 要点归纳 | 167 |
| | | 6.1.2 例题解析 | 168 |
| | 6.2 | 知识点 2：函数和变量的存储类别 | 175 |
| | | 6.2.1 要点归纳 | 175 |
| | | 6.2.2 例题解析 | 178 |
| | 6.3 | 知识点 3：函数的数据传递 | 184 |
| | | 6.3.1 要点归纳 | 184 |
| | | 6.3.2 例题解析 | 186 |
| | 6.4 | 知识点 4：指针型函数 | 203 |
| | | 6.4.1 要点归纳 | 203 |
| | | 6.4.2 例题解析 | 203 |
| | 6.5 | 知识点 5：指向函数的指针 | 207 |
| | | 6.5.1 要点归纳 | 207 |
| | | 6.5.2 例题解析 | 208 |
| | 6.6 | 知识点 6：递归函数 | 210 |
| | | 6.6.1 要点归纳 | 210 |
| | | 6.6.2 例题解析 | 212 |
| | 6.7 | 知识点 7：命令行参数 | 215 |
| | | 6.7.1 要点归纳 | 215 |
| | | 6.7.2 例题解析 | 215 |

## 第 7 章 结构体与共用体.................................................................................218

### 7.1 知识点 1：结构体类型和结构体变量.................................................218
#### 7.1.1 要点归纳.......................................................................................218
#### 7.1.2 例题解析.......................................................................................221

### 7.2 知识点 2：结构体数组和结构体指针.................................................226
#### 7.2.1 要点归纳.......................................................................................226
#### 7.2.2 例题解析.......................................................................................228

### 7.3 知识点 3：函数之间结构体变量的数据传递.....................................237
#### 7.3.1 要点归纳.......................................................................................237
#### 7.3.2 例题解析.......................................................................................237

### 7.4 知识点 4：结构体的应用——链表.....................................................242
#### 7.4.1 要点归纳.......................................................................................242
#### 7.4.2 例题解析.......................................................................................244

### 7.5 知识点 5：共用体.................................................................................254
#### 7.5.1 要点归纳.......................................................................................254
#### 7.5.2 例题解析.......................................................................................255

### 7.6 知识点 6：枚举类型.............................................................................261
#### 7.6.1 要点归纳.......................................................................................261
#### 7.6.2 例题解析.......................................................................................262

### 7.7 知识点 7：用户定义类型.....................................................................264
#### 7.7.1 要点归纳.......................................................................................264
#### 7.7.2 例题解析.......................................................................................264

## 第 8 章 预编译处理和位段.................................................................................268

### 8.1 知识点 1：宏.........................................................................................268
#### 8.1.1 要点归纳.......................................................................................268
#### 8.1.2 例题解析.......................................................................................269

### 8.2 知识点 2：条件编译.............................................................................277
#### 8.2.1 要点归纳.......................................................................................277
#### 8.2.2 例题解析.......................................................................................278

### 8.3 知识点 3：文件包含.............................................................................280
#### 8.3.1 要点归纳.......................................................................................280
#### 8.3.2 例题解析.......................................................................................280

### 8.4 知识点 4：位段.....................................................................................281
#### 8.4.1 要点归纳.......................................................................................281
#### 8.4.2 例题解析.......................................................................................282

## 第 9 章 文件 ........................................................................................................284

### 9.1 知识点 1：文件概述 ................................................................................284
#### 9.1.1 要点归纳 ....................................................................................284
#### 9.1.2 例题解析 ....................................................................................286
### 9.2 知识点 2：文件的操作 ............................................................................289
#### 9.2.1 要点归纳 ....................................................................................289
#### 9.2.2 例题解析 ....................................................................................292
### 9.3 知识点 3：文件的定位和随机读/写操作 ................................................308
#### 9.3.1 要点归纳 ....................................................................................308
#### 9.3.2 例题解析 ....................................................................................309

## 附录 A　C 语言常见错误 ..............................................................................323
## 附录 B　近几年全国计算机等级考试二级 C 试题 .....................................328
## 参考文献 ........................................................................................................338

# 第1章 概 述

**基本知识点**：C语言的特点、C语言标识符和C程序的组成等相关概念。
**重　　点**：C程序的结构和C程序的执行过程。
**难　　点**：C程序的编译过程。

## 知识点：C语言的基本概念

## 要点归纳

### 1. C语言的特点

C语言的特点可大致归纳如下：

- C语言短小精悍，基本组成部分精炼、简洁。C语言一共只有32个标准关键字、45个标准运算符以及9种控制语句。
- C语言运算符丰富，表达能力强。C语言具有高级语言和低级语言的双重特点，其运算符包含的内容广泛，所生成的表达式简练、灵活，有利于提高编译效率和目标代码的质量。
- C语言数据结构丰富，结构化好。C语言提供了编写结构化程序所需要的各种数据结构和控制结构，这些丰富的数据结构和控制结构以及以函数调用为主的程序设计风格，保证了利用C语言所编写的程序能够具有良好的结构。
- C语言提供了某些接近汇编语言的功能，有利于编写系统软件。C语言提供的一些运算和操作，能够实现汇编语言的一些功能，如它可以直接访问物理地址，并能进行二进制位运算等，这为编写系统软件提供了方便条件。
- C语言程序可移植性好。在C语言所提供的语句中，没有直接依赖于硬件的语句，与硬件有关的操作，如数据的输入、输出等都是通过调用系统提供的库函数来实现的，而这些库函数本身并不是C语言的组成部分。因此，用C语言编写的程序能够很容易地从一种计算机环境移植到另一种计算机环境中。

### 2. C语言标识符

在C语言中，标识符是一个名称，可以用作变量名、函数名和文件名等。C语言允许用作标识符的字符有：

- 26个英文字母，包括大小写字母（共52个）。

- 数字0，1，…，9。
- 下划线（_）。

C语言的标识符由满足如下条件的字符序列：

- 只能由英文字母、数字和下划线组成。
- 长度为1~32。
- 必须以英文字母或下划线开头。

C语言的标识符可以分为以下三类：

- 关键字。C语言规定了一批标识符，它们在程序中都代表着固定的含义，不能另作它用。例如，用来说明变量类型的标识符int、float等，它们不能再用作变量名或函数名。
- 预定义标识符。这些标识符在C语言中也都有特定的含义，如C语言提供的库函数的名字（如printf）和预编译处理命令（如define）等。因此为了避免误解，建议用户不要把这些预定义标识符另作它用。
- 用户标识符。由用户根据需要定义的标识符称为用户标识符。一般用来给变量、函数、数组或文件等命名。

有关标识符的注意事项如下：

- 在C语言中，大小写字母有不同的含义，例如：num、Num和NUM为三个不同的标识符。
- 在构造标识符时，应注意做到"见名知意"，即选有含意的英文单词（或汉语拼音）作为标识符，以增加程序的可读性。如表示年可以用year，表示长度可用length，表示和可以用sum等。

### 3. C语言的风格

C语言的风格概括如下：

- C语言严格区分英文字母大小写。
- C语言用";"作为语句分隔符。
- C语言中大括号"{"和"}"用于标识一个语句组，即构成一个复合语句，因此必须配对使用。
- C程序书写格式自由，一行内可以写几个语句，一个语句可以写在几行上。
- 注释用来向用户提示或解释程序的意义，C程序的注释部分应括在"/*"与"*/"之间。在"/"和"*"之间不允许留有空格；注释部分允许出现在程序的任何位置。程序编译时，忽略所有的注释符，对它们不做任何处理。

### 4. C程序的组成

一个C程序的构成如下：

- 一个C源程序由函数构成（函数是C程序的基本结构单位），其中至少包括一个主函数（main函数）。

- C程序总是从main函数开始执行的，直到main函数结束。
- C程序中可以包含常量、变量、运算和标识符。

### 5. C程序的结构

C语言是一种结构化的程序设计语言。它提供了三种基本结构语句，结构化程序通常由以下三种基本结构组成。

（1）顺序结构：一组按书写顺序执行的语句。这种结构的控制流顺次从一个处理过程转向下一个处理过程。比如从一个语句a转向紧接着的下一个语句b，从整体上看，a和b两个语句的操作步骤之间就是一个顺序执行关系。

（2）选择结构：当执行到if语句、switch语句时都可构成选择结构。当执行到这些语句时，先计算条件，然后根据条件表达式值的真假，选择相应的处理执行。

（3）循环结构：当执行到while、for、do等语句时都可构成循环结构。当执行到这些语句时，根据条件使一组语句重复执行多次或一次也不执行。循环结构常用的有两种形式：

- while 型循环结构：当条件为真时，反复执行循环体，直到条件为假。即先判断重复执行的结构条件，后执行循环体。
- do-while 型循环结构：反复执行循环体，直至条件为假时，结束重复操作，即先执行循环体，后判断循环执行的结束条件。

任何goto结构都可以等价地转换成上述三种结构。

### 6. 结构化程序设计

C程序由函数组成，从组织形式上看，函数亦称为模块，每个模块实现一个单一的功能，这称为模块化程序设计。模块化程序设计的思想是，按照自顶向下的原则，把问题逐层分解。先从总体出发，把问题分成若干个大块，每一大块代表一个大任务；在此基础上再对每个大块细化，把大任务变成若干个小任务。这一过程叫做逐步求精，直到每个小任务都能用基本结构（顺序、分支和循环三种结构之一）表示为止。在划分模块的过程中，应保证模块的单入口、单出口、完整性和独立性，这种方法称为结构化程序设计。

从组织结构上看，一个C程序可以由若干个源程序文件（分别进行编译的文件模块）组成，一个源文件可以由若干个函数及全局变量声明部分组成，一个函数由数据定义部分和执行语句组成。

### 7. C程序的开发过程

开发一个C程序的基本过程如下：

（1）编辑。选择适当的编辑程序，将C语言源程序通过键盘输入到计算机中，并以文件的形式存入到磁盘中。如在Turbo C系统下，经过编辑后得到的源程序文件默认以.c为文件扩展名；在Visual C++系统下，经过编辑后得到的源程序文件默认以.cpp为文件扩展名。

（2）编译。通过编辑程序将源程序输入到计算机后，需要经过C语言编译器将其生成目标程序。在对源程序的编译过程中，可能会发现程序中的一些语法错误，这时就需要重新利用编辑程序来修改源程序，然后再重新编译。经过编译后得到的目标文件都是以.obj为其文件扩展名。

（3）连接。经过编译后生成的目标文件是不能直接执行的，它需要经过连接之后才能生成可执行的代码。连接后所得到的可执行文件都是以.exe为其文件扩展名。

（4）执行。经过编译、连接之后，源程序文件就生成可执行的文件，这时就可以执行了。在DOS系统下，只要键入可执行的文件名，并按回车键后，就可执行文件了；在Windows下，通过双击可执行的文件名，就可执行文件了。

其中，编译和连接两步是由语言编译系统自动完成的，程序员只需使用相应的菜单或命令即可。

## 例题解析

### 1. 单项选择题

【例 1-1-1】以下_____不是 C 语言的特点。
A. 运算符丰富　　　　　　　　　　B. 数据结构丰富
C. 可以直接访问物理地址　　　　　D. 函数包含的语句数目没有限制

▶ 解：D。

【例 1-1-2】下列关于 C 语言标识符的叙述中正确的是_____。
A. 标识符中可以出现下划线和中划线（减号）
B. 标识符中不可以出现中划线，但可以出现下划线
C. 标识符中可以出现下划线，但不可以放在标识符的开头
D. 标识符中可以出现在下划线和数字，它们都可以放在标识符的开头

▶ 解：标识符中不能有中划线，可以有下划线，且可以放在标识符的开头，但数字不能放在标识符的开头。本题答案为B。

【例 1-1-3】以下可用作 C 语言用户标识符的一组标识是_____。
A. void，define，WORD　　　　　B. a3-3，_123，if
C. For，_abc，Case　　　　　　　D. 2a，DO，sizeof

▶ 解：在选项A中void是C语言关键字，define是预编译符；在选项B中a3-3 不是合法的标识符，if是C语言关键字；在选项D中 2a不是合法的标识符，sizeof是C语言关键字；只有选项C中均是合法的标识符。本题答案为C。

【例 1-1-4】以下面几组选项中，均为不合法的标识符是_____。
A. A，P_0, do　　　　　　　　　　B. float，la0，_A
C. b-a，goto，int　　　　　　　　D. _123，temp，INT

▶ 解：选项A中A和P_0是合法的标识符，do是关键字，不是合法的标识符；选项B中la0 和_A是合法的标识符，float是关键字，不是合法的标识符；选项C中均为不合法的标识符，因为goto和int都是关键字，b-a包含了不合法的字符"-"；选项D中均为合法的标识符（注意，INT不同于int，后者是关键字，前者不是）。本题答案为C。

【例 1-1-5】以下叙述错误是_____。
A. 一个C源程序可由一个或多个函数组成。
B. 一个C源程序必须包含一个main函数。

C. C源程序的基本组成单位是函数。

D. 在C源程序中，注释说明只能位于一条语句的后面。

▶ 解：在C源程序中，注释说明可以放在任意位置上。本题答案为D。

【例1-1-6】一个C语言程序是由_____。

A. 一个主程序和若干子程序组成　　　　B. 函数组成

C. 若干过程组成　　　　　　　　　　　D. 若干子程序组成

▶ 解：C语言程序是由函数组成的。本题答案为B。

【例1-1-7】C语言规定，在一个源程序中，main函数的位置_____。

A. 必须在最开始　　　　　　　　　　　B. 必须在系统调用的库函数的后面

C. 可以任意　　　　　　　　　　　　　D. 必须在最后

▶ 解：main函数可以放在任意位置，只是不能放在其他函数中间。本题答案为C。

【例1-1-8】以下_____是C程序的基本结构单位。

A. 文件　　　　B. 语句　　　　C. 函数　　　　D. 表达式

▶ 解：文件是C程序的基本编译单元；表达式是运算符和运算数等构成的一个序列，其目的是用来说明一个计算过程；语句是C程序的基本组成单位。只有函数才是C程序的基本结构单位。本题答案为C。

【例1-1-9】一个C程序的执行是从_____。

A. 本程序的main函数开始，到main函数结束

B. 本程序文件的第一个函数开始，到本程序文件的最后一个函数结束

C. 本程序的main函数开始，到本程序文件的最后一个函数结束

D. 本程序文件的第一个函数开始，到本程序的main函数结束

▶ 解：C程序的执行从main函数开始，直到main函数结束，中间可以调用其他函数。本题答案为A。

【例1-1-10】以下叙述正确的是_____。

A. 在C程序中，main函数必须位于程序的最前面

B. C程序的每行中只能写一条语句

C. 结构化程序由顺序、选择和循环三种基本结构组成

D. 在对一个C程序进行编译的过程中，可发现注释中的拼写错误

▶ 解：C。

2. 填空题

【例1-1-11】C语言规定，标识符只能由__①__、__②__、__③__三种字符组成，而且，第一个字符必须是__①__或__②__。

▶ 解：本题答案为①字母、②下划线、③数字（①和②可以交换）。

【例1-1-12】一个C程序一般由若干函数构成，程序中至少应包含一个_____。

▶ 解：本题答案为主函数或main函数。

【例1-1-13】一个C程序总是从_____开始执行的。

▶ 解：本题答案为主函数或main函数。

【例1-1-14】程序的三种基本控制结构是__①__结构、__②__结构和__③__结构。

▶ 解：本题答案为①顺序、②选择（或分支）、③循环（或重复）。

【例1-1-15】C程序编译后生成__①__程序，连接后生成__②__程序。

▶ 解：①目标（或.obj）、②可执行（或.exe）。

3. 判断题

【例1-1-16】判断以下叙述的正确性。

（1）在执行C程序时不是从main函数开始的。
（2）C程序书写格式限制严格，一行内必须写一个语句。
（3）C程序书写格式比较自由，一个语句可以分别写在多行上。
（4）C程序书写格式严格，要求一行内必须写一个语句，并要有行号。
（5）一个C程序可由一个或多个函数组成。
（6）一个C程序必须包含一个main函数。
（7）C程序的基本组成单位是函数。
（8）在C程序中，注释说明只能位于一条语句的后面。
（9）一个C程序只有在编译、连接成.exe程序时才能执行。

▶ 解：（1）错误。　（2）错误。　（3）正确。
　　　（4）错误。　（5）正确。　（6）正确。
　　　（7）正确。　（8）错误。　（9）正确。

4. 简答题

【例1-1-17】C程序的三种基本控制结构是什么？

▶ 解：C程序的三种基本控制结构是顺序、选择（条件）和循环（重复）结构。顺序结构是指语句从上往下顺序执行的结构；选择结构是指根据指定的条件确定执行多个语句中的一个语句的结构；循环结构是指根据指定的条件确定是否重复执行一个语句的结构。实际上用顺序结构和循环结构完全可以实现选择结构，因此，理论上最基本的控制结构只有两种。

结构化程序设计中只能使用这三种基本控制结构。

【例1-1-18】举例说明程序的三种基本结构。

▶ 解：程序的三种基本结构为顺序结构、选择结构和循环结构。例如，以下为顺序结构：

```
int x=10;
printf("%d\n",&x);
```

以下为选择结构：

```
if (x>0)
    y=1;
else if (x==0)
    y=0;
else
    y=-1;
```

以下为循环结构：

```
for (i=0;i<10;i++)
```

```
s=s+i;
```

【例1-1-19】若一个C程序中函数的调用关系如图1.1所示,说明该程序的执行过程。

▶ 解:将图1.1称为程序结构图,因为它反映了程序中函数之间的调用关系,即结构组成关系。在该程序中,先从main函数开始执行;在执行main函数时,需要调用f1()函数,则转向f1()函数去执行,f1()函数执行完毕,又返回到main函数;然后main又要调用f2()函数,则转向f2()函数去执行,f2()函数执行完毕,又返回到main函数;继续执行main函数余下的语句,当全部执行完毕,则退出整个程序的执行过程。

同样,在执行f1()函数时,又先后调用f11()、f12()和f()函数执行,最后都返回到f1()函数。在执行f2()函数时,先后调用f()和f21()函数执行,最后都返回到f2()函数。整个程序的执行过程如图1.2所示,图中的虚线表示程序的执行过程,从图中可以看到,程序的执行是从main函数开始,又是从main函数结束的。

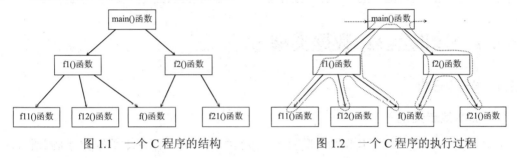

图1.1 一个C程序的结构　　　　图1.2 一个C程序的执行过程

【例1-1-20】C编译程序的功能是什么?

▶ 解:C编译程序的功能是对C源程序进行语法检查,若无语法错误,再翻译成目标代码,最后通过与标准库连接后形成可执行文件。

没有C编译程序,编写的C程序是无法运行的。目前常用的C编译程序有Turbo C、Visual C++和Borland C++等。

# 第 2 章 数据类型及其运算

> **基本知识点**：C语言的数据类型、常量和变量、运算符、表达式等相关概念。
> **重　　点**：各种类型的数据之间的相互转换。
> **难　　点**：在程序设计中正确利用各种数据类型和相关运算符解决实际问题。

## 2.1 知识点1：数据类型

### 2.1.1 要点归纳

#### 1. 基本数据类型

C语言的数据类型有基本数据类型和非基本数据类型之分。基本数据类型是C语言内部预先定义的数据类型。非基本数据类型是由用户指定的，也称为用户定义数据类型。C语言的数据类型如图 2.1 所示。

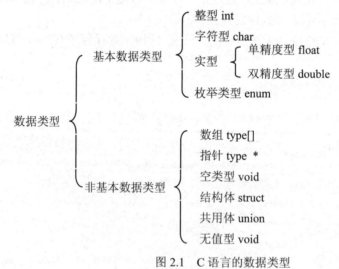

图 2.1　C 语言的数据类型

图中的type表示C语言的非空数据类型。

从中看到，C语言基本数据类型只有 5 种，即整型（int）、字符型（char）、单精度浮点型（float）、双精度浮点型（double）和枚举类型（enum）。除了这些基本数据类型外，还有一些数据类型修饰符，用来改变基本类型的意义。这些修饰符有long（长型符）、short（短型符)、signed(有符号)和 unsigned(无符号)。

使用修饰符时有以下规定:

- short 只能修饰 int,short int 表示短整数类型,可以省略为 short。
- long 只能修饰 int 和 double。long int 为长整数类型,可省略为 long;long double 为长双精度类型。
- unsigned 和 signed 只能修饰 char 和 int。一般情况下,默认的 char 和 int 分别为 signed char 和 signed int。实型 float 和 double 总是有符号的,不能用 unsigned 修饰。

数据类型的描述确定了其内存所占空间大小,也确定了其表示范围。以 16 位机表示为例,基本数据类型加上修饰符的描述如表 2.1 所示。在 32 位机中,int 用 4 个字节表示,其他均同。

表 2.1　16 位机常用的基本数据类型

| 类型(等价的类型) | 说明 | 长度(字节) | 表示范围 | 说明 |
| --- | --- | --- | --- | --- |
| char(signed char) | 字符型 | 1 | −128~127 | $-2^7 \sim (2^7-1)$ |
| unsigned char | 无符号字符型 | 1 | 0~255 | $0 \sim (2^8-1)$ |
| int(signed int,short int,signed short int) | 整型 | 2 | −32768~32767 | $-2^{15} \sim (2^{15}-1)$ |
| unsigned int(unsigned short int) | 无符号整型 | 2 | 0~65535 | $0 \sim (2^{16}-1)$ |
| long int(signed long int) | 长整型 | 4 | −2147483648~2147483647 | $-2^{31} \sim (2^{31}-1)$ |
| unsigned long int | 无符号长整型 | 4 | 0~4294967295 | $0 \sim (2^{32}-1)$ |
| float | 单精度型 | 4 | $-3.4 \times 10^{38} \sim 3.4 \times 10^{38}$ | 7 位有效位 |
| double | 双精度型 | 8 | $-1.7 \times 10^{308} \sim 1.7 \times 10^{308}$ | 15 位有效位 |
| long double | 长双精度型 | 10 | $-3.4 \times 10^{4932} \sim 1.1 \times 10^{4932}$ | 19 位有效位 |

## 2. 变量

变量是其值可以改变的量,变量有三个要素。

- 变量名:每个变量都必须有一个名称,即变量名,通过变量名对其进行操作。
- 变量值:在程序运行过程中,变量的值存储在内存中;不同类型的变量,占用的内存单元(字节)数不同,以便用来存放相应变量的值。
- 变量地址:每个变量都存放在内存中,该内存地址就是变量地址。

C 语言是一种强类型语言,它要求在使用数据之前对数据的类型进行声明,也就是说,在 C 语言中,要求对所有用到的变量,必须先定义后使用。在定义变量的同时,进行赋初值的操作称为变量初始化。变量定义的格式如下:

[存储类型] 数据类型 变量名1,变量名2…;

例如:

```
int i,j,k;          /*定义 i,j,k 为整型变量*/
long m,n;           /*定义 m,n 为长整型变量*/
float a,b,c;        /*定义 a,b,c 为实型变量*/
char ch1,ch2;       /*定义 ch1,ch2 为字符型变量*/
```

变量初始化的一般格式如下:

[存储类型] 数据类型 变量名1[=初值1],变量名2[=初值2],…;

例如:
```
float f1=1.23,f2,f3;
```

该语句定义了f1、f2和f3三个实型变量,同时初始化了变量f1。

变量定义和变量声明是不同的。变量定义就是(编译器)创建一个变量,为这个变量按照指定的数据类型分配一块内存空间并给它取上一个名字,这个名字就是变量名,变量名和分配的内存块绑定起来,程序员通过变量名对这块内存进行存取操作。变量声明是告诉编译器,这个变量在别的地方已经定义了,不会为它再重新分配内存,如extern int n;语句是声明整型变量n。在一个作用区域(如函数)内,一个变量只能定义一次,而声明可以出现多次。

### 3. 常量

常量又称常数,是指在程序运行过程中其值不能被改变的量。在C语言中,常量有不同的类型,有整型常量、实型常量和字符串常量。

常量的类型从字面形式即可区分,如整型常量只用数字表示,不能带小数点;实型常量通常用带小数点的数表示;字符型常量只有一个字符。C编译程序就是以此来确定数值常量的类型的。

(1)整型常量

整型常量可以是十进制、八进制或十六进制数字表示的整数。

- 十进制常量

    其形式是: d

    其中,d可以是从0到9的一个或多个十进制数位,第一位不能是0。

- 八进制常量

    其形式是: 0d

    其中,d可以是一个或多个八进制数(0~7之间),起始0是必须的引导符。

- 十六进制常量

    其形式是: 0xd

    其中,d可以是一个或多个十六进制数(从0~9的数字,并从"a"~"f"的字母)。引导符0是必须有的,字母X可用大写或小写。

空白字符(包括空格符、Tab键等)不可出现在整数数字之间。

在一个常数后面加一个字母l或L,则认为是长整型,如 10L、79L、012L、0115L、0XAL、0x4fL等。

整型数据在内存中是以二进制方式存放的,最高位为符号位,并以补码表示。将一个十进制整数转化为补码表示的方法如下:

- 对于正数,其补码表示与原码相同。

- 对于负数，其补码表示为它的反码加 1；负数的反码为其绝对值的所有位（含符号位）取反（1 变为 0，0 变为 1）得到。

例如，求十进制短整型数据-100 的补码表示的过程如图 2.2 所示（-100 为 short int 型数据，在内存中占两个字节）。所以，-100 在内存中的表示形式为：[11111111 10011100]$_2$（表示为二进制数，下同）。

图 2.2 求-100 的补码表示的过程

对于用补码表示的数据，还原为原码的方法如下：
- 对于正数（补码表示的符号为 0），原码与补码相同。
- 对于负数，原码一定为负数，其绝对值为除符号位外所有位取反后加 1。

例如，求补码为[11111111 10011100]$_2$ 的原码的过程如下：
由于符号位为 1，所以原码为负数，将[1111111 10011100]$_2$ 求反后得到[0000000 01100011]$_2$，再加 1 后得到[0000000 01100100]$_2$，即为[100]$_{10}$（表示十进制数，下同），其前加上一个负号变为-100。

（2）实型常量

实型常量又称浮点型常量，是一个十进制表示的符号实数。符号实数的值包括整数部分、尾数部分和指数部分。实型常量的形式如下：

```
[d][.d][[E|e][+|-]d]
```

其中，d 是一位或多位十进制数字（0~9）。E（也可用 e）是指数符号。小数点之前的是整数部分，小数点之后是尾数部分，它们是可省略的。小数点在没有尾数时可省略。例如，以下是合法的实型数据：

```
12.34, .34, -.123, -0.0023, -2.5e-3, 25E-4
```

（3）字符常量

字符常量又分为普通字符常量、字符串常量、转义字符和符号常量四种类型。

① 字符型常量

字符型常量是指用一对单引号括起来的一个字符。如'a'，'0'，'!'。字符型常量中的单引号只起定界作用并不表示字符本身。单引号中的字符不能是单引号（'）和反斜杠（\），它们特有的表示法将在转义字符中介绍。

在 C 语言中，字符是按其所对应的 ASCII 码值来存储的，一个字符占一个字节。例如，'a'的 ASCII 码为 97，'A'的 ASCII 码为 65，'0'的 ASCII 码为 48。

② 字符串常量

字符串常量是指用一对双引号括起来的一串字符。双引号只起定界作用，双引号括起的字符串中不能有双引号（"）和反斜杠（\），它们特有的表示法将在下面的转义字符中介绍。例如，以下是合法的字符串常量：

```
"China", "C program"
```

C语言中，字符串常量在内存中存储时，系统自动在字符串的末尾加一个"串结束标志"，即ASCII码值为0的字符NULL，常用\0 表示。因此在程序中，长度为n个字符的字符串常量，在内存中占有n+1 个字节的存储空间。

③ 转义字符

转义字符是C语言中表示字符的一种特殊形式。通常使用转义字符表示ASCII码字符集中不可打印的控制字符和特定功能的字符。表 2.2 列出了常用的转义字符。例如，以下程序的输出为字符T：

```
#include <stdio.h>
void main()
{   char ch='\124';          //ch为转义字符
    printf("%c\n",ch);
}
```

表 2.2　转义字符

| 转义符 | 意义 | ASCII 码值 | 转义符 | 意义 | ASCII 码值 |
|---|---|---|---|---|---|
| \a | 响铃（BEL） | 007 | \\ | 反斜杠 | 092 |
| \b | 退格（BS） | 008 | \? | 问号字符 | 063 |
| \f | 换页（FF） | 012 | \' | 单引号字符 | 039 |
| \n | 换行（LF） | 010 | \" | 双引号字符 | 034 |
| \r | 回车（CR） | 013 | \0 | 空字符（NULL） | 000 |
| \t | 水平制表（HT） | 009 | \ddd | 任意字符 | 三位 8 进制 |
| \v | 垂直制表（VT） | 011 | \xhh | 任意字符 | 二位 16 进制 |

提示

转义字符中只能使用小写字母，每个转义字符只能看做一个字符。

④ 符号常量

C语言允许将程序中的常量定义为一个标识符，称为符号常量。符号常量一般使用大写英文字母表示，以区别于一般用小写字母表示的变量。符号常量在使用前必须先定义，定义的形式是：

```
#define 符号常量名 常量
```

例如：

```
#define PI 3.1415926
```

### 4. 运算符

根据作用的运算数，又将运算符分为算术运算符、增1减1运算符、自反赋值运算符、关系运算符、逻辑运算符、逗号运算符、条件运算符、长度运算符、位逻辑运算符、位移位运算符和位自反赋值运算符等不同的类型。

(1) 算术运算符

C 语言提供的算术运算符如表 2.3 所示。其中,正、负号运算符必须出现在运算数的左边,只需要一个运算数的运算符,称为单目运算符;其他运算符都需要两个运算数,称为双目运算符。其使用说明如下:

- 双目运算符两边运算数的类型必须一致才能进行运算。所得结果的类型与运算数的类型一致。例如,表达式 1.0/2.0 的运算结果为 0.5;表达式 1/2 的运算(整除)结果为 0。
- 如某双目运算符两边运算数的类型不一致,如一边是整型数,一边是实型数时,系统将自动把整型转换为实型数,使运算符两边的类型达到一致后,再进行运算。
- 所有实型数的运算均以双精度方式进行。若是单精度数,则在尾数部分补 0,使之转化为双精度数。

在 C 语言中,常量、变量、函数调用以及按 C 语言语法规则用运算符把运算数连起来的式子都是合法的表达式。凡是表达式都有一个值,即运算结果。由算术运算符构成的表达式称为算术表达式。

算术运算符和圆括号的优先级高低次序如图 2.3 所示。

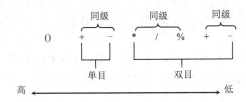

图 2.3 算术运算符和圆括号的优先级

例如,有以下程序:

```
#include <stdio.h>
void main()
{   int n=2+5*3%5-1;
    printf("n=%d\n",n);
}
```

其执行结果为 n=1。因为 *、% 运算符的优先级较高,先执行 5*3%5,结果为 0,再执行 2+0-1,结果为 1。

表 2.3 算术运算符

| 运算数个数 | 名称 | 运算符 | 运算规则 | 运算数 | 运算结果 | 结合方向 |
| --- | --- | --- | --- | --- | --- | --- |
| 单目 | 正 | + | 取原值 | 整型或实型 | 整型或实型 | 自右向左 |
| | 负 | - | 取负值 | | | |
| 双目 | 加 | + | 加法 | 整型或实型 | 整型或实型 | 自左向右 |
| | 减 | - | 减法 | | | |
| | 乘除 | *  / | 乘法除法 | | | |
| | 求模 | % | 整除取余 | 整型 | 整型 | |

（2）自增和自减运算符

C语言提供的自增和自减运算符如表 2.4 所示。

表 2.4 自增和自减运算符

| 运算数个数 | 名称 | 运算符 | 运算规则 | 运算数 | 运算结果 | 结合方向 |
| --- | --- | --- | --- | --- | --- | --- |
| 单目 | 增1（前缀） | ++ | 先加1，后返回 | 整型、实型或字符型变量 | 同运算数的数据类型 | 自右向左 |
|  | 增1（后缀） | ++ | 先返回，后加1 |  |  |  |
|  | 减1（前缀） | -- | 先减1，后返回 |  |  |  |
|  | 减1（后缀） | -- | 先返回，后减1 |  |  |  |

提示

自增和自减运算符只适用于单个变量，而不能用于其他表达式，诸如(x+y)++、--(x+y)和 5++等表达式都是非法的。

例如，有以下程序：

```
#include <stdio.h>
void main()
{   int a=2,b=2,c=2,d=2;
    int x=a++;
    int y=++b;
    int z=c--;
    int s=--d;
    printf("x=%d,y=%d,z=%d,s=%d\n",x,y,z,s);
}
```

程序执行结果为：x=2,y=3,z=2,s=1。因为a++返回a增1前的值，x=2；++b返回b增1后的值，y=3；c--返回c减1前的值，z=2；--d返回d减1后的值，s=1。

（3）赋值运算符

C语言提供的赋值运算符如表 2.5 所列。由赋值运算符构成的表达式称为赋值表达式。

赋值运算符（含复合、位复合赋值运算符）将表达式分为左、右两部分，例如，x=y，x为左值，y为右值。C编译器认为左值x的含义是x所代表的地址，这个地址只有编译器知道，在编译时确定，程序员不必考虑这个地址保存在哪里，所以左值必须对应着内存地址单元，可以是变量、数组的某个单元或指针等，但不能是其他表达式，否则会出现错误，如：

```
x=2+3;           /*正确，变量 x 是有地址的*/
x+1=2+3;         /*错误，x+1 表达式是没有地址的*/
*p=2.5-1.2;      /*正确，指针变量 p 是有地址的*/
*(p++)=3.6;      /*正确，指针变量 p 是有地址的*/
*p+2=3.6;        /*错误，*p+2 表达式是没有地址的*/
```

对于右值y，它可以是一个表达式，编译器认为y的含义是y所代表的地址里面的内容，这个内容是什么，只有到运行时才知道。

表 2.5 赋值运算符

| 运算数个数 | 名称 | 运算符 | 运算规则 | 运算数 | 运算结果 | 结合方向 |
| --- | --- | --- | --- | --- | --- | --- |
| 双目 | 赋值 | = | a=b | 任意合法类型 | 任意合法类型 | 自右向左 |

（4）复合赋值运算符

C语言提供的复合赋值运算符如表 2.6 所示。由复合赋值运算符构成的表达式称为复合赋值表达式。

表 2.6 复合赋值运算符

| 运算数个数 | 名称 | 运算符 | 运算规则 | 运算数 | 运算结果 | 结合方向 |
| --- | --- | --- | --- | --- | --- | --- |
| 双目 | 加赋值 | += | a+=b 等价于 a=a+b | 整型或实型 | 整型或实型 | 自右向左 |
| | 减赋值 | -= | a-=b 等价于 a=a-b | | | |
| | 乘赋值 | *= | a*=b 等价于 a=a*b | | | |
| | 除赋值 | /= | a/=b 等价于 a=a/b | | | |
| | 模赋值 | %= | a%=b 等价于 a=a%b | 整型 | 整型 | |

例如，有以下程序：

```
#include <stdio.h>
void main()
{   float a=1.2,b=1.8;
    a+=b;
    printf("a=%f,b=%f,",a,b);
    a-=b;
    printf("a=%f,b=%f\n",a,b);
}
```

其执行结果为：a=3.000000,b=1.800000,a=1.200000,b=1.800000。这里对a和b两个实数执行+=和-=运算。

（5）关系运算符

C语言提供的关系运算符如表 2.7 所示。由关系运算符构成的表达式称为关系表达式。

例如，有以下程序：

```
#include <stdio.h>
void main()
{   int a=1<2;
    int b=1.5>5.8;

    printf("a=%d,b=%d\n",a,b);
}
```

其执行结果为：a=1,b=0。

这里，将1<2 的结果 1（真）赋给a，将 1.5>5.8 的结果 0（假）赋给b。

表 2.7 关系运算符

| 运算数个数 | 名称 | 运算符 | 运算规则 | 运算数 | 运算结果 | 结合方向 |
| --- | --- | --- | --- | --- | --- | --- |
| 双目 | 小于 | < | 条件成立则为真，结果为1；不成立时为假，结果为0 | 整型、实型或字符型 | 逻辑值（整型） | 自左向右 |
| | 小于或等于 | <= | | | | |
| | 大于 | > | | | | |
| | 大于或等于 | >= | | | | |
| | 等于 | == | | | | |
| | 不等于 | != | | | | |

（6）逻辑运算符

C语言提供的逻辑运算符如表2.8所示。由逻辑运算符构成的表达式称为逻辑表达式。

表2.8 逻辑运算符

| 运算数个数 | 名称 | 运算符 | 运算规则 | 运算数 | 运算结果 | 结合方向 |
| --- | --- | --- | --- | --- | --- | --- |
| 单目 | 非 | ! | 逻辑非 | 整型、实型或字符型 | 逻辑值（整型） | 自右向左 |
| 双目 | 与 | && | 逻辑与 | | | 自左向右 |
| | 或 | \|\| | 逻辑或 | | | |

例如，有以下程序：

```
#include <stdio.h>
void main()
{   int a=!(1<2)||(2>5);
    int b=!(1.5>5.8) && 'a'<'z';
    printf("a=%d,b=%d\n",a,b);
}
```

其执行结果为：a=0,b=1。这里，将!(1<2)||(2>5)的结果0（假）赋给a，将!(1.5>5.8) && 'a'<'z'的结果1（真）赋给b。

（7）逗号运算符

C语言提供的逗号运算符如表2.9所示。由逗号运算符构成的表达式称为逗号表达式。逗号运算符的优先级最低。例如，有以下程序：

```
#include <stdio.h>
void main()
{   int a=2;
    float b=5.2;
    float c=(2*a,2*b);
    printf("c=%f\n",c);
}
```

其执行结果为：c=10.400000。这里，"2*a,2*b"为一个逗号表达式，返回第二个表达式即2*b的结果。

表2.9 逗号运算符

| 运算数个数 | 名称 | 运算符 | 运算规则 | 运算数 | 运算结果 | 结合方向 |
| --- | --- | --- | --- | --- | --- | --- |
| 双目 | 逗号 | , | 从左向右求表达式的值 | 表达式 | 第二个表达式的值 | 自左向右 |

（8）条件运算符

C语言提供的条件运算符如表2.10所示。由条件运算符构成的表达式称为条件表达式。

表2.10 条件运算符

| 运算数个数 | 名称 | 运算符 | 运算规则 | 运算数 | 运算结果 | 结合方向 |
| --- | --- | --- | --- | --- | --- | --- |
| 三目 | 条件 | ?: | 对于c?e1:e2，若c为真，返回e1；若c为假，返回e2 | 表达式 | 表达式e1或e2的类型 | 自右向左 |

例如，有以下程序：

```
#include <stdio.h>
void main()
```

```
{   int a=2;
    float b=5.2;
    float c=a?2*a:2*b;
    printf("c=%f\n",c);
}
```

其执行结果为：c=4.000000。这里，"a?2*a:2*b"是一个条件表达式，a=2 即为真，所以这个条件表达式返回2*a的值。

（9）长度运算符

C语言提供的长度运算符如表2.11所示。由长度运算符构成的表达式称为长度表达式。例如，有以下程序：

```
#include <stdio.h>
void main()
{   int a=2;
    float b=5.2;
    printf("%d,%d,",sizeof(a),sizeof(int));
    printf("%d,%d\n",sizeof(float),sizeof(b));
}
```

其执行结果为：2,2,4,4。说明整型变量a和整型均占用两个字节，实型变量b和实型均占用4个字节。

提示

sizeof是一个运算而不是函数，如有int n=2;printf("%d\n",sizeof n);在Visual C++ 6.0中输出结果为4，表明变量n占4个字节。

表2.11 长度运算符

| 运算数个数 | 名称 | 运算符 | 运算规则 | 运算数 | 运算结果 | 结合方向 |
|---|---|---|---|---|---|---|
| 单目 | 长度 | sizeof | 测试数据类型或变量所占用的字节数 | 类型说明符或变量 | 整型 | 自右向左 |

（10）位运算符

C语言提供的位运算符如表2.12所示。由位逻辑运算符构成的表达式称为位逻辑表达式。

表2.12 位运算符

| 运算数个数 | 名称 | 运算符 | 运算规则 | 运算数 | 运算结果 | 结合方向 |
|---|---|---|---|---|---|---|
| 单目 | 位非 | ~ | ~1为0，~0为1 | 整型 | 整型 | 自右向左 |
| 双目 | 位与 | & | 逻辑与运算 | | | 自左向右 |
| | 位或 | \| | 逻辑或运算 | | | |
| | 按位加 | ^ | 逻辑异或运算 | | | |

例如，有以下程序：

```
#include <stdio.h>
void main()
{   int a=0123,b=0777,c=0;
    int d1=~a,d2=a&b,d3=a|b,d4=a^b;
    int d5=~c,d6=a&c,d7=a|c,d8=a^c;
    printf("a=%d,b=%d,c=%d\n",a,b,c);
    printf("d1=%d,d2=%d,d3=%d,d4=%d\n",d1,d2,d3,d4);
    printf("d5=%d,d6=%d,d7=%d,d8=%d\n",d5,d6,d7,d8);
}
```

其执行结果为：
a=83,b=511,c=0
d1=-84,d2=83,d3=511,d4=428
d5=-1,d6=0,d7=83,d8=83

其计算过程如下：

a=[00000000 01010011]$_2$=[83]$_{10}$，

b=[00000001 11111111]$_2$=[511]$_{10}$，

c=[00000000 00000000]$_2$=[0]$_{10}$，

d1=~a=[11111111 10101100]$_2$=-([0000000 01010011]$_2$+1)=-84（负数补码还原），

d2=a&b=[00000000 01010011]$_2$=[83]$_{10}$，

d3=a|b=[00000001 11111111]$_2$=[511]$_{10}$，

d4=a^b=[00000001 10101100]$_2$=[428]$_{10}$，

d5=~c=[11111111 11111111]$_2$=-(0000000 0000000]$_2$+1)=-1（负数补码还原），

d6=a&c=[00000000 00000000]$_2$=[0]$_{10}$，

d7=a|c[00000000 01010011]$_2$=[83]$_{10}$，

d8=a^c=[00000000 01010011]$_2$=[83]$_{10}$。

（11）移位运算符

C语言提供的移位运算符如表 2.13 所示。由移位运算符构成的表达式称为移位表达式。

表 2.13　移位运算符

| 运算数个数 | 名称 | 运算符 | 运算规则 | 运算数 | 运算结果 | 结合方向 |
| --- | --- | --- | --- | --- | --- | --- |
| 双目 | 左移 | << | a<<n，a 向左移 n 位，右边补 0，符号位不变 | 整型 | 整型 | 自左向右 |
| | 右移 | >> | a>>n，a 向右移 n 位，左补 0，符号位不变 | | | |

例如，有以下程序：

```
#include <stdio.h>
void main()
{   int a=0123;
    int b=a<<2,c=a>>2;
    printf("a=%d,b=%d,c=%d\n",a,b,c);
}
```

其执行结果为：a=83,b=332,c=20。其中，a=[00000000 01010011]$_2$=[83]$_{10}$，b=[00000001 01001100]$_2$=[332]$_{10}$，c=[00000000 00010100]$_2$=[20]$_{10}$。

（12）位复合赋值运算符

C语言提供的位复合赋值运算符如表 2.14 所示。由位复合赋值运算符构成的表达式称为位复合赋值表达式。例如，有以下程序：

```
#include <stdio.h>
void main()
{   int a=0123,b=0777,c,d;
    c=a;
    c&=b;
```

```
    d=a;
    d|=b;
    printf("a=%d,b=%d,c=%d,d=%d\n",a,b,c,d);
}
```

其执行结果为：a=83,b=511,c=83,d=511。

表 2.14 位复合赋值运算符

| 运算数个数 | 名称 | 运算符 | 运算规则 | 运算数 | 运算结果 | 结合方向 |
|---|---|---|---|---|---|---|
| 双目 | 位与赋值 | &= | a&=b 等价于 a=a&b | 整型 | 整型 | 自右向左 |
|  | 位或赋值 | \|= | a\|=b 等价于 a=a\|b |  |  |  |
|  | 位按位异或赋值 | ^= | a^=b 等价于 a=a^b |  |  |  |
|  | 位左移赋值 | <<= | a<<=b 等价于 a=a<<b |  |  |  |
|  | 位右移赋值 | >>= | a>>=b 等价于 a=a>>b |  |  |  |

### 5. 表达式

C语言中表达式是由运算数和运算符构成的一个可以计算的式子，一个表达式中又可以包含子表达式，根据不同的运算符又分为算术表达式、逻辑表达式、赋值表达式等。

每个表达式都有一个值，例如，有以下程序：

```
#include <stdio.h>
void main()
{   int a=2,b,c;
    c=(b=a);
    b=3;
    c==(b==a);
}
```

执行c=(b=a);语句时，b=a是一个赋值表达式，该表达式返回b的值即 2，然后将 2 赋给变量c；执行c==(b==a);语句，b==a是一个逻辑表达式，它返回 0（假），而c为 2，所以整个逻辑表达式返回 0。

表达式的优先级由表达式的运算符的优先级和运算符的结合方向来确定，如表 2.15 所示，其中数值越大表示优先级越高。例如，分析以下程序在 32 位计算机中的运行结果：

```
#include <stdio.h>
void main()
{   unsigned char a=0xA5;
    unsigned char b=~a>>4+1;
    printf("b=%d\n",b);
}
```

unsigned char占一个字节，在上述程序中，a=[10100101]$_2$，对于b=~a>>4+1 表达式，因为"~"优先级高于">>"，所以先对[10100101]$_2$ 取反变为[01011010]$_2$，然后再右移。是先右移 4 位再加 1，还是先加 1 再右移 5 位呢？因为"+"的优先级高于">>"，所以先加 1，然后再右移 5 位，变为[00000010]$_2$，即输出结果为 2，但实际上输出结果 250，这是因为高级语言程序转换为汇编语言以后，将结果放在 16 位寄存器中，这样a对应的寄存器中值为 [00000000 10100101]$_2$，取反后变为[11111111 01011010]$_2$，再右移 5 位变为[00000111 11111010]$_2$，而unsigned char表示一个字节，结果为b=[11111010]$_2$，即十进制 250。

表 2.15 运算符的优先级

| 优先级 | 运算符 | 含义 | 运算符类型 | 结合方向 |
| --- | --- | --- | --- | --- |
| 15 | ()<br>[]<br>-><br>. | 圆括号<br>下标运算符<br>指向结构体成员运算符<br>结构体成员运算符 | | 自左向右 |
| 14 | !<br>~<br>++<br>--<br>-<br>(类型)<br>*<br>&<br>sizeof | 逻辑非运算符<br>按位取反运算符<br>自增运算符<br>自减运算符<br>负号运算符<br>类型转换运算符<br>指针运算符<br>地址运算符<br>长度运算符 | 单目 | 自右向左 |
| 13 | *<br>/<br>% | 乘法运算符<br>除法运算符<br>求余运算符 | 双目 | 自左向右 |
| 12 | +<br>- | 加法运算符<br>减法运算符 | 双目 | 自左向右 |
| 11 | <<<br>>> | 左移运算符<br>右移运算符 | 双目 | 自左向右 |
| 10 | <、<=、>、>= | 关系运算符 | 双目 | 自左向右 |
| 9 | ==<br>!= | 等于运算符<br>不等于运算符 | 双目 | 自左向右 |
| 8 | & | 按位与运算符 | 双目 | 自左向右 |
| 7 | ^ | 按位异或运算符 | 双目 | 自左向右 |
| 6 | \| | 按位或运算符 | 双目 | 自左向右 |
| 5 | && | 逻辑与运算符 | 双目 | 自左向右 |
| 4 | \|\| | 逻辑或运算符 | 双目 | 自左向右 |
| 3 | ?: | 条件运算符 | 三目 | 自右向左 |
| 2 | =、+=、-=、*=、<br>/=、%=、<br>>>=、<<=、&=、<br>^=、\|= | 赋值运算符 | | 自右向左 |
| 1 | , | 逗号运算符 | | 自左向右 |

## 6. 类型转换

不同类型的数据在运算符的作用下构成表达式时要进行类型转换，即把不同类型的数据先转换成统一的类型，然后再进行运算。

（1）数据的混合运算和自动类型转换

C语言允许不同类型数据的混合运算，即整型、实型和字符型数据都可以出现在同一个表达式中。但要遵循一定的规则，使运算符两边的操作数具有共同的类型。转换原则是将运算符两边的数据转换成为它们之中数据最长的数据类型，以保证运算精度不会降低。具体转换原则如图 2.4 所示。

图中横向箭头表示必须进行的转换，即 float 型数据必须先转换为 double 型，即使运算符两边都是 float 型数据，同样需要将 float 型数据转换为 double 型，运算结果为 double 型。这样可提高运算精度。同理 char 和 short 类型数据先转换为 int 型数据。纵向箭头表示仅当运算符两边的数据类型不同时才进行转换的方向。箭头方向表示低级别数据类型向高级别数据类型转化。如 int 型数据与 long 型数据一起运算，是将 int 型数据转化为 long 型数据，类型相同后再运算，结果为 long 型数据。

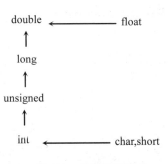

图 2.4 自动类型转换

（2）强制类型转换

在 C 语言中可以通过强制类型转换将表达式强制转换成所需的类型。强制类型转换的一般形式：

(类型名称) 表达式

其中，"类型名称"称为强制类型转换运算符，可以利用强制类型转换运算符，将一个表达式的值转换成指定的类型。这种转换是根据人为要求而进行的。例如，表达式(int)2.123 把 2.123 转换成整数 2，表达式(double)(10%3)把 10%3 所得结果 1 转换成双精度数 1.0。

### 7. C 语句

一个 C 程序应包含数据描述（由数据声明部分来实现）和数据操作（由执行语句来实现）。数据描述主要定义数据结构（用数据类型表示）和数据初值，数据操作的任务是对已提供的数据进行加工。C 语句分为以下 5 类。

（1）控制语句

完成一定的控制功能，C 语言中只有以下 9 种控制语句。

- if…（条件语句）
- for…（循环语句）
- while…（循环语句）
- do…while…（循环语句）
- continue（结束本次循环语句）
- break（中止执行 switch 或循环语句）
- switch…（多分支选择语句）
- goto…（转向语句）

- return…（从函数返回语句）

（2）函数调用语句

由一次函数调用加一个分号构成一个语句，如printf("n=%d\n",n);。

（3）表达式语句

由一个表达式和一个分号构成一个语句，也就是说，任何表达式都可以加上分号而成为语句，例如，n++;是一个语句，x+y;也是一个语句，其作用是完成x+y的操作，它是合法的，但不把结果赋给另一变量，所以它无实际意义。

（4）空语句

空语句只有一个分号，它什么也不做。

（5）复合语句

复合语句的一般形式为：

```
{
    [声明语句部分]
    [执行语句部分]
}
```

一个复合语句在语法上等价于单个语句，这包含两层含意：一是凡单个语句能够出现的地方都能够出现复合语句；二是花括号中所有语句是一个整体，要么全部执行，要么一个也不执行。复合语句可以嵌套，即复合语句中还可以有复合语句。

复合语句的最后一个语句中的分号不能忽略。

### 2.1.2 例题解析

#### 1. 单项选择题

【例2-1-1】在C语言中，int、char和short三种类型数据所占用的内存是_____。
A. 均为2个字节　　　　　　　　　B. 由用户自己定义
C. 由所用机器的机器字长决定　　　D. 是任意的

解：这三种类型数据所占用的内存是由所用机器的机器字长决定的，例如，在16位机中，int型数据占2个字节，在32位机上，int型数据占4个字节。本题答案为C。

【例2-1-2】下列叙述中正确的是_____。
A. C语言中既有逻辑类型也有集合类型
B. C语言中没有逻辑类型但有集合类型
C. C语言中有逻辑类型但没有集合类型
D. C语言中既没有逻辑类型也没有集合类型

解：C语言中逻辑类型用int类型表示，没有集合类型。本题答案为D。

【例2-1-3】以下选项中不属于C语言的类型的是_____。
A. signed short int　　　　　　　B. unsigned long int
C. unsigned int　　　　　　　　　D. long short

▶ 解：long不能与short一起使用。本题答案为D。

【例2-1-4】错误的int类型（16位机）的常量是_____。
　　A. 32768　　　　　B. 0　　　　　　C. 037　　　　　　D. 0xAF

▶ 解：int类型（16位机）的常量取值范围为-32768～32767。本题答案为A。

【例2-1-5】16位机中为求出s=10!，则变量s的类型应当是_____。
　　A. int　　　　　B. long　　　　　C. unsigned long　　　D. 以上都不对

▶ 解：10!的结果为3628800，超出了int类型的常量取值范围，所以应用long int类型。本题答案为B。

【例2-1-6】设int类型的数据长度为两个字节，则unsigned int类型数据的取值范围是_____。
　　A. 0～255　　　　B. 0～65535　　　C. -32768～32765　　　D. -256～255

▶ 解：unsigned int类型数据的取值范围是 0000000000000000（0）～1111111111111111（$2^{16}-1$）即0～65535。本题答案为B。

【例2-1-7】下列变量名中合法的是_____。
　　A. B. C. Tom　　　B. 3a6b　　　C. _6a7b　　　D. $ABC

▶ 解：选项A中出现"."字符错误；选项B中以数字开头错误；选项D中出现"$"字符错误。本题答案为C。

【例2-1-8】下列变量定义中合法的是_____。
　　A. short _a=1-.1e-1;　　　　　　B. double b=1+5e2.5;
　　C. long do=0xfdaL;　　　　　　　D. float 2_and=1-e-3;

▶ 解：_a是合法的变量名。本题答案为A。

【例2-1-9】已知各变量的类型定义如下：

```
int k,a,b;
unsigned long w=5;
double x=1.42;
```

则以下不符合C语言语法的表达式是_____。
　　A. x%(-3)　　　　　　　　　　　B. w+=-2
　　C. k=(a=2,b=3,a+b)　　　　　　 D. a+=a-=(b=4)*(a=3)

▶ 解：%运算符只能用于整型数。本题答案为A。

【例2-1-10】若变量a是int类型，并执行了语句a='A'+1.6;，则正确的叙述是_____。
　　A. a的值是字符C　　　　　　　　B. a的值是浮点型
　　C. 不允许字符型和浮点型相加　　　D. a的值是字符'A'的ASCII值加上1。

▶ 解：a='A'+1.6 中 1.6 转换为int数即1。本题答案为D。

【例2-1-11】已知字母A的ASCII码为十进制数65，且c2为字符型，则执行语句c2='A'+'6'-'3';后，c2中的值为_____。
　　A. D　　　　　　B. 68　　　　　　C. 不确定的值　　　　D. C

▶ 解：c2='A'+'6'-'3'='A'+3='D'。本题答案为A。

【例 2-1-12】长整型 long 数据在内存中的存储形式是_____。

    A. ASCII 码             B. 原码             C. 反码             D. 补码

▶ 解：整数在内存中均以补码形式存储。本题答案为D。

【例 2-1-13】字符型常量在内存中存放的是_____。

    A. ASCII 码             B. BCD 码            C. 内部码           D. 十进制码

▶ 解：字符数据在内存中均以ASCII码形式存储。本题答案为A。

【例 2-1-14】-8 在 16 位机内存中的存储形式是_____。

    A. 11111111 11111000             B. 10000000 00001000

    C. 00000000 00001000             D. 11111111 111101111

▶ 解：8 对应的二进制数为 00000000 00001000，-8 对应的补码为 00000000 00001000 的反码即 11111111 11110111 加 1 得到 11111111 11111000。本题答案为A。

【例 2-1-15】下面错误的字符串常量是_____。

    A. 'abc'           B. "12'12"           C. "0"             D. " "

▶ 解：字符串应以双引号括起来。本题答案为A。

【例 2-1-16】以下不合法的十六进制数是_____。

    A. oxff            B. 0Xabc           C. 0x11            D. 0x19

▶ 解：十六进制的数必须以 0x 或 0X 开头，选项A不符合这一规定，所以本题答案为A。

【例 2-1-17】下列浮点数的表示中错误的是____。

    A. 100.            B. .5E2             C. 1e2b            D. 12e2.0

▶ 解：C语言中，浮点型常量有常规和指数两种形式，其中，指数形式的标志符e或E前必须有数字，而指数本身必为整数。本题答案为D。

【例 2-1-18】字符串常量"\\\22a,0\n"的长度是____。

    A. 8               B. 7                  C. 6                 D. 5

▶ 解：该字符串中含有转义字符，开头两个反斜杠算一个字符，其后的\22 算一个字符（22 为八进制数），a算一个字符，,算一个字符，0 算一个字符，\n算一个字符，总共 6 个字符。本题答案为C。

【例 2-1-19】字符串常量"BB\n\\\\\r"在内存中占的字节数为__①__，此字符串的长度为__②__。

    A. 6               B. 7                  C. 8                 D. 9

▶ 解：字符串常量"BB\n\\\\\r"中含有的字符为B、B、\n、\\、\'和\r，共 6 个字符，在内存中有一个结尾符\0。本题答案为①B，②A。

【例 2-1-20】以下符合 C 语言语法的赋值表达式是____。

    A. d=9+e+f=d+9                 B. d=9+e,f=d+9

    C. d=9+e,e++,d+9              D. d=9+e++=d+7

▶ 解：选择B是一个逗号表达式，由于逗号的优先级最低，它由d=9+e和f=d+9 两部分组成，均为合法的赋值表达式。本题答案为B。

【例 2-1-21】若有 int num=7,sum=7;，则计算表达式 sum=num++,sum++,++num 后 su m 的值为_____。

    A. 7　　　　　　　B. 8　　　　　　　C. 9　　　　　　　D. 10

▶ 解："sum=num++,sum++,++num"是一个逗号表达式,由于逗号运算符的优先级最低,从左向右执行sum=num++、sum++、++num。本题答案为B。

【例2-1-22】下列运算符中,哪个运算符的优先级最高_____。

    A. <=　　　　　　 B. +　　　　　　　C. ||　　　　　　　D. >=

▶ 解:算术运算符高于关系运算符,关系运算符高于逻辑运算符。本题答案为 B。

【例2-1-23】下列运算符中,结合方向为自左向右的是_____。

    A. ?:　　　　　　 B. ,　　　　　　　C. +=　　　　　　 D. ++

▶ 解:在所有运算符中,只有单目运算符、条件运算符和赋值运算符的结合方向是自右向左,其余均为自左向右。本题答案为B。

【例2-1-24】设 int x=1,y=1;,表达式(!x||y--)的值是_____。

    A. 0　　　　　　　B. 1　　　　　　　C. 2　　　　　　　D. -1

▶ 解:先计算!x返回 0,再计算y--返回 1,两者进行逻辑或运算,返回 1。本题答案为B。

【例2-1-25】若变量已正确定义并赋值,为合法的表达式的是_____。

    A. a=a+1;　　　　　　　　　　　　　B. a=7+b+c,a++
    C. int(12.5%2)　　　　　　　　　　　D. a=a+1=c+b

▶ 解:选项A以分号结束,不是表达式;选项B是一个逗号表达式,先将 7+b+c赋给a,然后使a增 1;选项C中运算符%只能作用于整数,不是表达式;选项D中a+1=c+b不是合法的表达式。本题答案为B。

【例2-1-26】若有以下程序段:

```
int c1=1,c2=2,c3;
c3=1.0/c2*c1;
```

则执行后,c3 中的值是_____。

    A. 0　　　　　　　B. 0.5　　　　　　C. 1　　　　　　　D. 2

▶ 解:注意c3 是整型变量。本题答案为A。

【例2-1-27】C语言中,关于自增和自减运算符使用正确的是_____。

    A. 10++　　　　　 B. (x+y)--　　　　C. d+++d+++d++　　D. ++(a-b)

▶ 解:++不能作用于常量和表达式。本题答案为C。

【例2-1-28】以下选项中,与 k=n++完全等价的表达式是_____。

    A. k=n,n=n+1　　 B. n=n+1,k=n　　 C. k=++n　　　　 D. k+=n+1

▶ 解:k=n++是先返回n赋给k,再将n增 1。本题答案为A。

【例2-1-29】设有 int x=11;,则表达式(x++* 1/3)的值是_____。

    A. 3　　　　　　　B. 4　　　　　　　C. 11　　　　　　 D. 12

▶ 解:x++返回 11,这里的除法是整除。本题答案为A。

【例2-1-30】已有定义 int x=3,y=4,z=5;,则表达式!(x+y)+z-1&&y+z/2 的值是_____。

A. 6　　　　　　　　B. 0　　　　　　　　C. 2　　　　　　　　D. 1

▶ 解：(x+y)返回 7，!(x+y)返回 0，!(x+y)+z-1=4 即为逻辑真（1），y+z/2=6 即为逻辑真（1），两者执行逻辑与运算返回 1。本题答案为D。

【例 2-1-31】若有以下程序：

```
#include <stdio.h>
void main()
{   int k=2,i=2,m;
    m=(k+=i*=k);
    printf("%d,%d\n",m,i);
}
```

执行后的输出结果是_____。

A. 8,6　　　　　　　B. 8,3　　　　　　　C. 6,4　　　　　　　D. 7,4

▶ 解：赋值运算符从右向左结合，先计算i*=k，i=i*k=4，再计算k+=i，k=k+i=6，(k+=i*=k)返回 6，即m=6。本题答案为C。

【例 2-1-32】设有如下定义 int x=10,y=3,z;，则语句 printf("%d\n",z=(x%y,x/y))的输出结果是_____。

A. 1　　　　　　　　B. 0　　　　　　　　C. 4　　　　　　　　D. 3

▶ 解：(x%y,x/y)返回x/y的结果即 3，所以z=3，输出z之值。本题答案为D。

【例 2-1-33】以下程序的输出结果是_____。

```
#include <stdio.h>
void main()
{   int x=10,y=10;
    printf("%d %d\n",x--,--y);
}
```

A. 10 10　　　　　　B. 9 9　　　　　　　C. 9 10　　　　　　D. 10 9

▶ 解：printf语句中先执行--y返回 9，再执行x--返回 10。本题答案为D。

【例 2-1-34】已知 int x=6;，则执行 x+=x-=x*x 语句后，x 的值是_____。

A. 36　　　　　　　B. -60　　　　　　　C. 60　　　　　　　D. -24

▶ 解：先计算x*x=36（x=6），再计算x-=36，即x=x-36=-30，x-=x*x表达式返回x值即-30，最后计算x+=-30，即x=x+(-30)=-60。本题答案为B。

【例 2-1-35】若 w=1，x=2，y=3，z=4，则条件表达式 w>x?w:y<z?y:z 的结果是____。

A. 4　　　　　　　　B. 3　　　　　　　　C. 2　　　　　　　　D. 1

▶ 解：由于w>x为假，返回表达式y<z?y:z，又由于y<z为真，返回y的值即 3。本题答案为B。

【例 2-1-36】已知 int x;，则使用逗号表达式(x=4*5,x*5),x+25 的结果是 ① ，变量 x 的值为 ② 。

A. 20　　　　　　　B. 100　　　　　　　C. 45　　　　　　　D. 表达式不合法

▶ 解：先计算x=4*5=20，再计算x*5 为 100，最后计算x+25=45，返回结果为 45。本题答案为①C，②A。

【例2-1-37】若有 float x;，则 sizeof(x)和 sizeof(float)两种描述_____。
   A. 都正确　　　　　B. 都错误　　　　　C. 前者正确　　　　　D. 后者正确
▶ 解：A。

【例2-1-38】若给定条件表达式(M)?(a++):(a--)，则其中表达式(M)_____。
   A. 和(M==0)等价　　　　　　　　　B. 和(M==1)等价
   C. 和(M!=0)等价　　　　　　　　　D. 和(M!=1)等价
▶ 解：(M)条件表达式的结果是一个逻辑值，表示M是否为真，它与M!=0 等价，因为M为真时，M!=0 亦为真，M为假时，M!=0 亦为假。所以本题答案为C。

【例2-1-39】已知 float x=1,y;，则 y=++x*++x 的结果是_____。
   A. y=9　　　　　　B. y=6　　　　　　C. y=1　　　　　　D. 表达式是错误的
▶ 解：由于实数不能进行++运算，所以该表达式错误。本题答案为D。

【例2-1-40】设 x、y、t 均为 int 型变量，则执行语句 x=y=3;t=++x||++y 后，y 的值为_____。
   A. 不定值　　　　　B. 4　　　　　　C. 3　　　　　　D. 1
▶ 解：在语句t=++x||++y中，++x返回 4 不为假，故不会执行++y。本题答案为C。

【例2-1-41】以下程序的输出结果是_____。

```
#include <stdio.h>
void main()
{   int a=3;
    printf("%d\n",(a+a-=a*a));
}
```

   A. –6　　　　　　B. 12　　　　　　C. 出错　　　　　　D. -12
▶ 解：a+a-=a*a计算错误，该表达式中，*运算符优先级最高，先执行a*a返回9，+运算符次之，执行a+a得到 6，再执行 6-=9，赋值运算符右边是常量，出现错误。本题答案为C。

【例2-1-42】假定 w、x、y、z、m 均为 int 型变量，有如下程序段：

```
w=1;x=2;y=3;z=4;
m=(w<x)?w:x;m=(m<y)?m:y;m=(m<z)?m:z;
```

则该程序运行后，m的值是_____。
   A. 4　　　　　　B. 3　　　　　　C. 2　　　　　　D. 1
▶ 解：执行m=(w<x)?w:x, m=1, 再执行m=(m<y)?m:y, m=1, 最后执行m=(m<z)?m:z, m=1。本题答案为D。

【例2-1-43】设有以下语句：

```
char a=3,b=6,c;
c=a^b<<2;
```

则c的二进制值是_____。
   A. 00011011　　　B. 00010100　　　C. 00011100　　　D. 00011000
▶ 解：左移运算符<<的优先级高于按位异或运算符^的优先级，b<<2=11000，a^b<<2=11011。本题答案为A。

【例2-1-44】已知 int a=15,b=240;，则表达式(a&b)&&b 的结果是_____。
　　A. 0　　　　　　　　B. 1　　　　　　　　C. true　　　　　D. false
▶ 解：a=15=[00000000 00001111]$_2$，b=240=[00000000 11110000]$_2$，则a&b=0，所以表达式(a&b)&&b的结果是0。本题答案为A。

【例2-1-45】已知 int a=15,b=240;，则表达式(a&b)&b||b 的结果是_____。
　　A. 0　　　　　　　　B. 1　　　　　　　　C. true　　　　　D. false
▶ 解：a=15=[00000000 00001111]$_2$，b=240=[00000000 11110000]$_2$，则a&b=0，(a&b)&b=0，所以表达式(a&b)&b||b=b=1。本题答案为B。

【例2-1-46】已知 int a=2,b=3;，则执行表达式 c=b*=a-1 后，变量 c 的值是_____。
　　A. 5　　　　　　　　B. 3　　　　　　　　C. 2　　　　　　D. 4
▶ 解：赋值运算符"="是从右向左结合的，先执行b*=a-1 即b=b*(a-1)=3，再执行c=b=3。本题答案为B。

【例2-1-47】当 c 的值不为 0 时，以下能将 c 的值赋给变量 a、b 的是_____。
　　A. c=b=a　　　B. (a=c) || (b=c)　　　C. (a=c) && (b=c)　　　D. a=c=b
▶ 解：选项A先将a赋给b，再将b赋给c；选项B先将c赋给a，由于c的值不为0，a亦不为0，则a=c返回1（真），不再计算b=c；选项D先将b赋给c，再将c赋给a。本题答案为C。

【例2-1-48】能正确表达数学关系"10<a<15"的表达式是_____。
　　A. 10<a<15
　　C. (10<a) || (a<15)
　　B. (10<a) & (a<15)
　　D. (10<a) && (a<15)
▶ 解："10<a<15"的表达式为a>10 和a<15 同时成立，应为逻辑与关系。本题答案为D。

【例2-1-49】以下能正确表达 x 的取值范围在[15,80]或[-5,-1]内的表达式是_____。
　　A. (x<=-5) || (x>=-1) && (x<=15) || (x>=80)
　　B. (x>=-5) && (x<=-1) || (x>=15) && (x<=80)
　　C. (x>=-5) || (x<=-1) && (x>=15) || (x<=80)
　　D. (x<=-5) && (x>=-1) && (x<=15) && (x<=80)
▶ 解：注意逻辑与和逻辑或关系使用，由于前者的优先级高，这里可以不用括号。本题答案为B。

【例2-1-50】执行下列 C 语言程序段后，变量 b 的值是_____。

```
double a=1,b;
b=a+5/2;
```

　　A. 1　　　　　　　　B. 3　　　　　　　　C. 3.0　　　　　D. 3.5
▶ 解：5/2=2，最后结果要转化为double型。本题答案为C。

【例2-1-51】若定义了 int x;，则将 x 强制转化成双精度类型时应写成_____。
　　A. (double x)　　　B. x(double)　　　C. double(x)　　　D. (x)double
▶ 解：强制转化的语法格式为(type)x或(type x)。本题答案为A。

【例2-1-52】下面程序段的输出结果是_____。

```
short int i=65536;printf("%d\n",i);
```

A. 65536　　　　　　B. 0　　　　　　C. 语法错误，无输出结果　D. -1

▶ **解**：计算机内部整数以二进制补码表示。变量i占用2个字节，其表示范围是-32 768～32767，无法正确表示65536。但65536=32767+32767+2，计算机内部以二进制补码相加：

```
      01111111 11111111
  +   01111111 11111111
      11111111 11111110
  +   00000000 00000010
    100000000 00000000
```

最后结果为00000000 00000000，对应的原码为0。所以本题答案为B。

【例2-1-53】下面程序段的输出结果是_____。

```
short int i=65535;printf("%d\n",i);
```

A. 65535　　　　　　B. 0　　　　　　C. 语法错误，无输出结果　　D. -1

▶ **解**：计算机内部整数以二进制补码表示。变量i占用2个字节，其表示范围是-32 768～32767，无法正确表示65535。但65535=32767+32767+1，计算机内部以二进制补码相加：

```
      01111111 11111111
  +   01111111 11111111
      11111111 11111110
  +   00000000 00000001
      11111111 11111111
```

最后结果为11111111 11111111（补码），求原码的过程如下：

$-[0000000\ 00000000+00000000\ 00000001]_2=-[00000000\ 00000001]_2=-1$，对应的原码为-1。所以本题答案为D。

【例2-1-54】若x为unsigned short int型变量，则执行以下语句后x的值为_____。

```
x=65535;
printf("%d",x);
```

A. 65535　　　　　　B. 1　　　　　　C. -1　　　　　D. 编译出错

▶ **解**：unsigned short int可以表示65535。本题答案为A。

【例2-1-55】若a、b、c、d都是int类型的变量且初值为0，以下选项中错误的赋值语句是_____。

A. a=b=c=d=100;　　B. d++;　　C. c+b;　　D. d=(c=22)-(b++);

▶ **解**：选项A中的语句等价于a=100、b=100、c=100、d=100，是合法赋值语句；选项B中，d++算价于d=d+1，是合法赋值语句；选项C中没有赋值运算符；选项D中语句等价于c=22; d=c-b; b++。是合法赋值语句。本题答案为C。

【例2-1-56】若有以下定义：

```
char a;int b;float c;double d;
```

则表达式a*b+d-c值的类型为_____。

    A. float          B. int          C. char          D. double

▶ **解**：该表达式中d为double型，所以最后结果为double型。本题答案为D。

**【例 2-1-57】** 下列错误的C语言语句是_____。

    A. x=y=3;         B. int x,y,z;        C. x=4:y=5;        D. z=x+y;

▶ **解**：语句之间不能用"："分隔。本题答案为C。

**【例 2-1-58】** 有以下程序：

```c
#include <stdio.h>
void main()
{   unsigned char a,b,c;
    a=0x3;b=a|0x8;c=b<<1;
    printf("%d %d\n",b,c);
}
```

程序运行后的输出结果是_____。

    A. −11 12        B. −6 −13        C. 12 24        D. 11 22

▶ **解**：a=$[11]_2$，b=$[11]_2$|$[1000]_2$=$[1011]_2$=11，c=b<<1=$[10110]_2$=22，本题答案为D。

**【例 2-1-59】** 设 a 和 b 均为 double 型变量，且 a=5.5、b=2.5，则表达式(int)a+b/b 的值是_____。

    A. 6.500000       B. 6          C. 5.500000       D. 6.000000

▶ **解**：(int)a+b/b=5+1.000000=6.000000。本题答案为D。

## 2. 填空题

**【例 2-1-60】** 在C语言中，八进制整常量以___①___开头，十六进制整常量以___②___开头。

▶ **解**：本题答案为①0 ②0x。

**【例 2-1-61】** 设 y 为 int 型变量，描述"y是奇数"的表达式是_____。

▶ **解**：y是奇数，则y除2余1，所以本题答案为y%2==1 或y%2!=0。

**【例 2-1-62】** 用一个表达式_____，判断一个整数 x 是否是 $2^n$（2、4、8、16、…），不用循环语句。

▶ **解**：2、4、8、16、…，这样的数转化为二进制是 10、100、1000、10000、…，如果x减1后与x做与运算，则结果为0，即x是$2^n$。本题答案为!(x&(x-1))。

**【例 2-1-63】** 假设 m 是一个三位数，从左到右用 a,b,c 表示各位的数字，则从左到右各个数字是 bac 的三位数的表达式是_____。

▶ **解**：本题答案为(m/10)%10*100+m/100*10+m%10。

**【例 2-1-64】** 已知 char c='A'; int i=1,j;，执行语句 j=!c && i++后，i 和 j 的值分别是____和____。

▶ **解**：c变量值不是空字符，所以!c为假（0），不执行i++。i=1, j=0。所以本题答案为1，0。

**【例 2-1-65】** 要将一个16位二进制的整型变量的高8位清零，只保留低8位，可用的方法是_____。

▶ 解：本题答案为用此数与整型数[00000000 11111111]$_2$（即 255）按位与。

【例 2-1-66】已知 int a=5,b=4,c=3;，则 a>b 的值为 ① ，a>b>c 的值为 ② ，!a<b 的值是 ③ 。

▶ 解：a>b 为真(1)。表达式 a>b>c 中 ">" 运算符从左向右结合，先计算 a>b 返回 1(真)，再计算 1>c 返回 0(假)。表达式 !a<b 中，"!" 的优先级较高，!a 返回 0(假)，再计算 0<b，返回 1(真)。本题答案为①1　②0　③1。

【例 2-1-67】表达式 8/4*(int)2.5/(int)(1.25*(3.7+2.3)) 值的数据类型为_____。

▶ 解：本题答案为 int。

【例 2-1-68】若有定义 int b=7;float a=2.5,c=4.7;，则下面表达式的值为_____。

a+(int)(b/3*(int)(a+c)/2)%4

▶ 解：本题答案为 5.500000。

【例 2-1-69】a=5;b=6;a+=b++;执行结果是 a= ① ，b= ② 。

▶ 解：本题答案为①11，②7。

【例 2-1-70】有一个短整型变量 a，想只保留低字节（使高字节全为 0），应进行的运算是_____。

▶ 解：将 a 与[00000000 11111111]$_2$（即[377]$_8$）进行按位与即可。本题答案为 a=a&0377。

【例 2-1-71】将短整型变量 a 的低 8 位全变为 1，高 8 位保留原状，应进行的运算是_____。

▶ 解：将 a 与[00000000 11111111]$_2$（即[377]$_8$）进行按位或即可。本题答案为 a=a|0377。

【例 2-1-72】使短整型变量 a 的低 4 位翻转（即 0 变为 1，1 变为 0），应进行的运算是_____。

▶ 解：将 a 与[00000000 00001111]$_2$（即[17]$_8$）进行按位异或即可。本题答案为 a=a^017。

【例 2-1-73】将短整型变量 a 进行右循环移 4 位，即将原来右端 4 位移到最左端 4 位，应进行的运算是_____。

▶ 解：求 a 除最左端 4 位外的数值的运算为 a>>4，求 a 除最右端 4 位外的数值的运算为 a<<(16-4)，两者按位或即可。本题答案为 a=a>>4|a<<(16-4)。

3. 简答题

【例 2-1-74】判断以下叙述的正确性。

（1）所有变量必须在使用之前进行声明。
（2）所有变量都必须在声明时给出一个数据类型。
（3）程序中的 "=" 是赋值号，与数学中等号的功能相同。
（4）求模运算符 "%" 只能用于整数操作数。
（5）字符数据在内存中以 ASCII 码存储，占两个字节，用 7 位二进制表示。
（6）增 1（或自增）、减 1（或自减）运算符都是双目运算符。
（7）逗号表达式的值是第一个表达式的值。
（8）执行语句 ++i;i=3;后变量 i 的值为 4。

(9) 若int a=3,b=2,c=1;，则关系表达式(a>b)==c的值为 1。

(10) 若int a=3;，则表达式++a+1 的结果为 4。

(11) "++"运算符的优先级比"+"低。

▶ 解：（1）正确。

（2）正确。

（3）错误。赋值号"="不同于数学上的等号，a=2 在数学上表示a等于 2，而C语言中表示将a的值置为 2，数学上a=2 和a=3 不可能同时成立，而C语言中可以，并用新值 3 替换a原来的 2。

（4）正确。

（5）错误。printf("%d\n",sizeof(char));输出 1，表示字符数据在内存中占 1 个字节。

（6）错误。增 1（或自增）、减 1（或自减）运算符都是单目运算符。

（7）错误。例如，int a=2,b=3,c=4;printf("%d\n",(a,b,c));输出 4，表明逗号表达式的值是最后一个表达式的值。

（8）错误。变量i的值为 3。

（9）正确。

（10）错误。++a+1 的结果为 5。

（11）错误。"++"运算符的优先级比"+"高。

【例 2-1-75】判断以下叙述的正确性。

(1) 字符数据与整型数据可互相赋值。

(2) C语言中，在进行混合运算时，数据类型由高级向低级转换。

(3) C语言中，强制类型转换后，原变量的值和数据类型不变。

(4) 任何表达式语句都是表达式加分号组成的。

(5) 在C语言中，逗号既可以作为运算符，也可以作为分隔符。

(6) 变量被定义后，它不仅有一个确定的地址值，而且还会有一个确定的值。

(7) 每个变量在初始化或赋值后都有一个地址值和本身值，这两个值都是可以改变的。

(8) C语言规定，在定义符号常量时必须用大写字母。

(9) 逻辑表达式-5&&!8 的值为 1。

(10) 参加位运算的数据可以是任何类型的数据。

▶ 解：（1）正确。

（2）错误。C语言中进行混合运算时，数据类型由低级向高级转换。

（3）正确。例如，执行double a=2.5;int n=(int)a;语句后，n值为 2，而a的值仍为 2.5。

（4）正确。

（5）正确。

（6）错误。变量只有在初始化或赋值后才有一个确定的值。

（7）错误。变量的地址值是由操作系统分配的，不可以改变。

（8）错误。C语言没有这种规定。

（9）错误。逻辑表达式-5&&!8 的值为 0。

（10）错误。参加位运算的数据可以是整数或兼容的数据。

### 4. 简答题

**【例 2-1-76】** 设 x、y、z 均为 int 型变量，请用 C 语言描述下列命题。

（1）x 和 y 中有一个小于 z。

（2）x，y 和 z 中有两个为负数。

（3）判断整型变量 i，j 不同时为 0 的表达式（i，j 不同时为 0 时表达式值为 1，同时为 0 时表达式值为 0）是什么？

▶ **解**：直接用 C 语言的运算符进行描述。

（1）对应的表达式为：(x<z) || (y<z)。

（2）对应的表达式为：(x<0 && y<0 && z>=0) || (x>=0 && y<0 && z<0) || (x<0 && y>=0 && z<0)。

（3）对应的表达式为：!(i==0 && j==0) 或 i!=0 || j!=0。

**【例 2-1-77】** 分析以下程序的执行结果。

```
#include <stdio.h>
void main()
{   int x=10,y=9;
    int a,b,c;
    a=(--x==y++)?--x:++y;
    b=x++;
    c=y;
    printf("%d,%d,%d\n",a,b,c);
}
```

▶ **解**：对于语句 a=(--x==y++)?--x:++y。因为--x 是先减后用（值是 9，x=9），y++是先用（值是 9，y=10）后加。--x==y++的值是 1（真），条件表达式的取值是--x（先减后用，值是 8，x=8）。最后把 8 赋予变量 a。

对于语句 b=x++。因为 b=x++是先把 x 值（8）赋予变量 b，再使 x 自增（x=9）。所以 b=8。

对于语句 c=y。直接将 y 值 10 赋给 c。所以本程序的执行结果是：8,8,10。

**【例 2-1-78】** 分析以下程序的执行结果。

```
#include <stdio.h>
void main()
{   int n=2;
    n+=n-=n*n;
    printf("n=%d\n",n);
}
```

▶ **解**：对于 n+=n-=n*n;语句，先执行 n-=n*n，即 n=n-n*n=-2，再执行 n+=-2，即 n=n-2=-2-2=-4。本程序的执行结果是：n=-4。

**【例 2-1-79】** 分析以下程序的执行结果。

```
#include <stdio.h>
void main()
{   int a,b,x;
    x=(a=3,b=a--);
    printf("x=%d,a=%d,b=%d\n",x,a,b);
}
```

▶ **解**：对于x=(a=3,b=a--);语句，右边是一个逗号表达式。先执行a=3，再执行b=a--，a=2，b=3，返回b即3，x=3。所以输出为：x=3,a=2,b=3。

【例2-1-80】给出以下程序的执行结果。

```
#include <stdio.h>
void main()
{   int a=5,b=4,x,y;
    x=a++*a++*a++;
    printf("a=%d,x=%d,",a,x);
    y=--b*--b*--b;
    printf("b=%d,y=%d\n",b,y);
}
```

▶ **解**：对于语句x=a++*a++*a++;，它等价于x=a*a*a;a++;a++;a++，执行完后，x=5*5*5=125，a自增3次变为8。对于语句y=--b*--b*--b;它等价于--b;--b;--b;y=b*b*b;，执行完后，b自减3次变为1，y=1*1*1=1。所以程序的输出为：a=8,x=125,b=1,y=1。

**提示**　本题在Turbo C中输出为a=8,x=125,b=1,y=1。在VC++中输出为a=8,x=125,b=1,y=4。

【例2-1-81】分析以下程序的执行结果。

```
#include <stdio.h>
void main()
{   int a,b,c;
    a=b=1;
    c=a++-1;
    printf("%d,%d,",a,c);
    c+=-a+++(++b || ++c);
    printf("%d,%d\n",a,c);
}
```

▶ **解**：对于语句c=a++-1；先执行a++返回1，a=2，c=0；输出2，0。对于语句c+=-a+++(++b || ++c);先计算右边表达式之值，-a+++(++b || ++c)等价于-(a++)+(++b || ++c)，执行a++，返回2，a=3，执行++b返回1，不执行++c，所以-a+++(++b || ++c)之值为-2+1=-1，再执行c+=-1，得到c=-1。输出3，-1。所以程序执行结果是：2,0,3,-1。

【例2-1-82】分析以下程序的执行结果。

```
#include <stdio.h>
void main()
{   int a;
    a=1+2*5-3;
    printf("%d,",a);
    a=3+4%5-6;
    printf("%d,",a);
    a=-3*4%-6/5;
    printf("%d,",a);
    a=(5+3)%4/2;
    printf("%d\n",a);
}
```

▶ **解**：先执行语句a=1+2*5-3=8，输出8。执行语句a=3+4%5-6=3+4-6=1，输出1。执

行语句a=-3*4%-6/5=-12%-6/5=0/5=0，输出 0。最后执行语句a=(5+3)%4/2=8%4/2=0/2=0，输出 0。所以程序的执行结果是：8,1,0,0。

**【例2-1-83】** 分析以下程序的执行结果。

```
#include <stdio.h>
void main()
{   int a=1;
    char c='a';
    float f=2.0;
    printf("%d,",(a+2,c+2));
    printf("%d,",(a<=c,f>=c));
    printf("%d,",(!(a==0),f!=0&&c=='A'));
    printf("%d,",((a>0?0:1),(a<0?1:2)));
    printf("%d,",(f+2.5,a-10));
    printf("%d\n",(a,c,f,5));
}
```

▶ **解**：对于语句(a+2,c+2)，它是一个逗号表达式，返回c+2=97+2=99；对于语句(a<=c,f>=c)，它是一个逗号表达式，返回f>=c之值即为 0；对于语句(!(a==0),f!=0&&c=='A')，它是一个逗号表达式，返回f!=0&&c=='A'之值，由于c不为'A'，该逻辑表达式值为假，即为 0；对于语句((a>0?0:1),(a<0?1:2))，它是一个逗号表达式，返回a<0?1:2 之值，a<0 为假，返回2；对于语句(f+2.5,a-10)，它是一个逗号表达式，返回a-10=-9；对于语句(a,c,f,5)，它是一个逗号表达式，返回 5。所以本程序的执行结果是：99,0,0,2,-9,5。

**【例2-1-84】** 分析以下程序的执行结果。

```
#include <stdio.h>
void main()
{   short int a=-32768,b;
    b=a-1;
    printf("a=%d,b=%d\n",a,b);
}
```

▶ **解**：首先执行a=-32768，$a_{补}$=[10000000 00000000]$_2$。$b_{补}$=$a_{补}$+(-1)$_{补}$=[10000000 00000000]$_2$+[11111111 11111111]$_2$=[01111111 11111111]$_2$，$b_{原}$=[01111111 11111111]$_2$=32767。所以，本程序的执行结果是：a=-32768,b=32767。

**【例2-1-85】** 分析以下程序的执行结果。

```
#include <stdio.h>
void main()
{   short int a=32767,b;
    b=a+1;
    printf("a=%d,b=%d\n",a,b);
}
```

▶ **解**：a=32767，$a_{补}$=[01111111 11111111]$_2$。$b_{补}$=$a_{补}$+1=[01111111 11111111]$_2$+[00000000 00000001]$_2$=[10000000 00000000]$_2$，所以有$b_{原}$=-[1111111 11111111+00000000 00000001]$_2$=-[10000000 00000000]$_2$=-32768。所以，本程序的执行结果是：a=32767,b=-32768。

**【例2-1-86】** 分析以下程序的执行结果。

```
#include <stdio.h>
void main()
```

```
{   long a=32767;
    long b;
    b=a+1;
    printf("a=%ld,b=%ld\n",a,b);
}
```

▶ 解：这里都是长整型数，存储一个数的位数是32，故直接相加即可。所以，本程序的执行结果是：a=32767,b=32768。

【例2-1-87】分析以下程序的执行结果。

```
#include <stdio.h>
void main()
{   int x=042,y=067,z;
    z=(x>>2) & (y<<3);
    printf("%d\n",z);
}
```

▶ 解：$x=[42]_8=[100010]_2$，$x>>2=[1000]_2$，$y=[67]_8=[110111]_2$，$y<<3=[110111000]_2$。$z=(x>>2) \& (y<<3)=[1000]_2=8$。所以，本程序的执行结果是：8。

## 2.2 知识点2：数据输入与输出

### 2.2.1 要点归纳

#### 1. 数据输出

在C语言中可以使用printf()、putchar()和puts()等函数进行数据输出。

（1）printf函数

C语言中最基本的数据输出函数是printf()，它是标准输出函数，其作用是在终端设备（或系统隐含指定的输出设备）上按指定格式进行数据输出。其一般调用形式如下：

```
printf(格式控制,输出项表)
```

其中，"格式控制"的作用是将要输出的数据转换为指定的格式输出。它总是由"%"符号开始，紧跟其后是格式描述符。当输出项为int类型时，系统规定用d作为格式描述字符，其形式为%d。另外还提供需要原样输出的文字或字符。

"输出项表"中的各输出项要用逗号隔开，输出项可以是合法的常量、变量或表达式。格式转换说明的个数要与输出项的个数相同，使用的格式描述符也要与它们一一对应且类型匹配。

每个格式说明都必须用"%"开头，以一个格式字符作为结束；在此之间可以根据需要插入宽度说明、左对齐符号"-"、前导零符号"0"等。

提示：在printf()语句中从右向左计算输出表达式的值。如有语句：i=1;printf("%d,%d\n",i++,i--);其中改变了变量i的值，先执行i--，返回1，i=0，再执行i++，返回0，i=1。输出结果为：0,1。

printf中允许使用的格式字符和它们的功能如表2.16所示。

表 2.16  printf()使用的格式字符及其说明

| 格式字符 | 说明 |
| --- | --- |
| c | 输出一个字符 |
| d | 输出带符号的十进制整数 |
| o | 以八进制无符号形式输出整数（不带前导 0） |
| x 或 X | 以十六进制无符号形式输出整数（不带前导 0x 或 0X）。对于 0x 用 abcdef 输出；对于 0X，用 ABCDEF 输出 |
| u | 按无符号的十进制形式输出整数 |
| f | 以[-]mmm.ddd 带小数点的形式输出单精度和双精度数，d 的个数由精度指定。隐含的精度为 6，若指定的精度为 0，小数部分（包括小数点）都不输出 |
| e 或 E | 以[-]m.dddddde±xx 或[-]m.ddddddE±xx 的数据形式输出单精度和双精度数。d 的个数由精度指定，隐含的精度为 6，若指定的精度为 0，小数部分（包括小数点）都不输出 |
| g 或 G | 由系统决定采用%f 格式还是采用%e 格式，以使输出宽度最小 |
| s | 输出字符串中的字符，直到遇到'\0'，或者输出由精度指定的字符数 |
| p | 输出变量的内存地址 |
| % | 打印一个% |

（2）putchar 函数

putchar 函数用于在屏幕上输出一个字符，使用格式如下：

`putchar(ch)`

其中，ch 必须是一个字符型变量或常量。

（3）puts()函数

puts 函数用于在屏幕上输出一个字符串，使用格式如下：

`puts(str)`

其中，str 必须是一个字符串变量或常量。

2. 数据输入

在 C 语言中可以使用 scanf()、getche/getchar 和 gets()等函数进行数据输入。

（1）scanf 函数

scanf 函数是 C 语言提供的标准输入函数，它的作用是在终端设备（或系统隐含指定的输入设备）上输入数据。其一般调用形式如下：

`scanf(格式控制串,输入项表)`

其中 scanf 是函数名。"格式控制串"要用双引号括起来，其作用是指定输入时的数据转换格式，即格式转换说明。格式转换说明也由 "%" 符号开始，其后是格式描述符。当输入项为 int 类型时，系统规定用 d 作为格式描述字符，其形式为%d。

"输入项表"中的各输入项用逗号隔开，各输入项只能是合法的地址表达式，也就是说，输入项必须是某个存储单元的地址。如果不是地址，要使用"&"求地址运算符，如&a 就是取变量 a 的地址。

每个格式说明都必须用%开头，以一个"格式字符"作为结束。允许用于输入的格式字符和它们的功能如表 2.17 所示。

另外，字符"l"用于输入长整型数据（可用%ld、%lo、%lx）和double型数据（用%lf或%le）。字符"h"用于输入短整型数据（可用%hd、%ho、%hx）。字符"*"表示本输入项在读入后不赋给相应的变量。除此之外，还可以设置域宽（为一正整数），用于指定输入数据所占宽度（列数）。

表 2.17　scanf()使用的格式字符及其说明

| 格式字符 | 说明 |
| --- | --- |
| c | 输入一个字符 |
| d | 输入十进制整数 |
| i | 输入整数，整数可以是带前导 0 的八进制数，带前导 0x（或 0X）的十六进制数 |
| o | 以八进制形式输入整数 |
| x | 以十六进制形式输入整数 |
| u | 输入无符号十进制整数 |
| f | 以带小数点的形式或指数形式输入实数 |
| e | 与 f 的作用相同 |
| s | 输入字符串 |

调用 scanf()函数输入数据时，要注意以下几点。

① 如果相邻两个格式指示符之间，不指定数据分隔符（如逗号、冒号等），则相应的两个输入数据之间至少用一个空格分开，或者用 Tab 键分开，或者输入一个数据后，直接回车，然后再输入下一个数据。例如：

```
scanf(%d%d",&a,&b);
```

假设给 a 输入 10，给 b 输入 20，则正确的输入操作为：

10␣20↙

或者：

10↙
20↙

② scanf()函数中没有精度控制，如scanf("%5.2f",&x);是错误的。不能企图用此语句输入小数为 2 位的实数。

③ 格式字符串中出现的普通字符（包括转义字符形式的字符），务必原样输入。例如：

```
scanf("a=%d,b=%d",&a,&b);
```

假设给 a 输入 10，给 b 输入 20，正确的输入操作为：

a=10,b=20↙

另外，scanf()函数中，对于格式字符串内的转义字符（如：'\n'），系统并不把它当转义字符来解释，从而产生一个控制操作，而是将其视为普通字符，所以也要原样输入。例如：

```
scanf("a=%d,b=%d\n",&a,&b);
```

假设给 a 输入 10，给 b 输入 20，正确的输入操作为：

a=10,b=20\n↙

为了改善人机交互性,同时简化输入操作,在设计输入操作时,一般先用 printf()函数输出一个提示信息,再用 scanf()函数进行数据输入。例如:

```
printf("a=");scanf("%d",&a);
printf("b=");scanf("%d",&b);
```

④ 输入数据时,遇到以下情况时系统认为该数据输入结束。

- 遇到空格,或者回车键,或者 Tab 键。
- 遇到输入域宽度结束。例如 "%3d",只取三列。
- 遇到非法输入。例如,在输入数值数据时,遇到字母等非数值符号(数值符号仅由数字字符 0~9、小数点和正负号构成)。

⑤ 使用格式说明符 "%c" 输入单个字符时,空格和回车等均作为有效字符被输入。例如:

```
scanf("%c%c%c",&ch1,&ch2,&ch3);
printf("ch1=%c,ch2=%c,ch3=%c\n");
```

假设输入:A␣B↙,则系统将字母 A 赋值给 ch1,空格赋值给 ch2,B 赋值给 ch3。

(2) getche 和 getchar 函数

getche 和 getchar 函数每次只读取一个字符,其使用格式如下:

```
ch=getche()    或   ch=getchar()
```

其中,ch 必须是一个字符型变量。它们的差别是:

- getche 函数包含在头文件 conio.h 中,getchar 函数包含在头文件 stdio.h 中。
- getche 函数读取字符时,不必按 Enter 键,程序会自动读取该字符;当以 getchar 函数读取字符时,在输入完字符后,必须按 Enter 键,程序才会读取该字符。

(3) gets()函数

该函数每次读取一个字符串,其使用格式如下:

```
gets(str)
```

其中,str 必须是一个字符串变量,它与 scanf("%s",str)的差别是:使用 gets()函数输入的字符串可以含有空格,而 scanf("%s",str)不能输入含空格的字符串。例如,有以下程序:

```
#include <stdio.h>
void main()
{   char str[10];
    scanf("%s",str);
    printf("str=%s\n",str);
}
```

在执行时若输入 abc␣efg,则输出为 str=abc。其中 "␣" 表示一个空格字符。将上述程序改为:

```
#include <stdio.h>
void main()
{   char str[10];
    gets(str);
    printf("str=%s\n",str);
}
```

在执行时若输入 abc⌴efg，则字符串 str 原样输出。

## 2.2.2 例题解析

### 1. 单项选择题

**【例 2-2-1】** 以下错误的叙述是_____。
  A. 在C程序中，逗号运算符的优先级最低
  B. 在C程序中，APH和aph是两个不同的变量
  C. 若a和b类型相同，在计算了赋值表达式a=b后b中的值将放入a中，而b中的值不变
  D. 当从键盘输入数据时，对于整型变量只能输入整型数值，对于实型变量只能输入实型数值

▶ **解**：当从键盘输入数据时，对于实型变量也可以输入整型数值。本题答案为D

**【例 2-2-2】** 已知 char x='f',y='a';，则下列 C 语句的输出结果是_____。
```
printf("x=%c,y=%d\n",x-'c'+'C',x-y);
```
  A. x=F,y=5  B. x=A,y=4  C. x=F,y=4  D. x=A,y=5

▶ **解**：x-'c'+'C'返回x对应的大写字母，x-y返回 5。本题答案为A。

**【例 2-2-3】** 以下程序的执行结果是_____。
```
#include <stdio.h>
void main()
{   float a=3.1415;
    printf("|%6.0f|\n",a);
}
```
  A. |3.1415|      B. |⌴⌴⌴⌴⌴3|
  C. |⌴⌴⌴⌴3.|     D. |⌴⌴⌴3.0|

▶ **解**："|%6.0f|"表示输出实数，其小数位数为 0，实数总长度为 6。本题答案为B。

**【例 2-2-4】** 以下程序的执行结果是_____。
```
#include <stdio.h>
void main()
{
    printf("%f\n",2.5+1*7%2/4);
}
```
  A. 2.500000  B. 2.750000  C. 3.375000  D. 3.000000

▶ **解**：2.5+1*7%2/4=2.5+1*1/4=2.5+1/4=2.5+0=2.5。本题答案为A。

**【例 2-2-5】** 以下程序的执行结果是_____。
```
#include <stdio.h>
void main()
{   int n=023;
    printf("%d\n",--n);
}
```
  A. 18    B. 22    C. 23    D. 19

▶ **解**：n=$[23]_8$=19，输出n-1 即 18。本题答案为A。

【例2-2-6】下列程序的执行结果是_____。

```
#include <stdio.h>
void main()
{   double d=3.2;
    int x,y;
    x=1.2;
    y=(x+3.8)/5.0;
    printf("%d\n",d*y);
}
```

  A. 3      B. 3.2      C. 0      D. 3.07

▶ 解：x为整型，x=1.2转化为整数后变为1，y=(x+3.8)/5.0=4.8/5.0=0.96，y为整型，y=0.96转化为整数后变为0。本题答案为C。

【例2-2-7】下列程序执行后的执行结果是（小数点后只写一位）_____。

```
#include <stdio.h>
void main()
{   double d;float f;long l;int i;
    i=f=l=d=20/3;
    printf("%d %ld %f %f\n",i,l,f,d);
}
```

  A. 6 6 6.000000 6.000000    B. 6 6 6.666667 6.666667
  C. 6 6 6.000000 6.666667    D. 6 6 6.7 6.000000

▶ 解：d=20/3（整除）=6.0，6.0赋给l后变为6，6赋给f后变为6.0，6.0赋给i后变为6。本题答案为A。

【例2-2-8】以下程序段的执行结果是_____。

```
int a=1234;
printf("%2d\n",a);
```

  A. 12      B. 34      C. 1234      D. 提示出错，无结果

▶ 解：当域宽较小时不起作用。本题答案为C。

【例2-2-9】以下程序的执行结果是_____。

```
#include <stdio.h>
void main()
{   float a;
    a=1/10000000;
    printf("%g\n",a);
}
```

  A. 0.00000e+00    B. 0.0    C. 1.00000e-07    D. 0

▶ 解：float型变量a只能接受7位有效数字，只此，a=$10^{-8}$中，小数点后的第8位1忽略，所以，a=0.0000000，由%g格式的定义可知本题答案为D。

【例2-2-10】如果x为float类型变量，则以下语句输出为_____。

```
float x=213.82631;
printf("%4.2f\n",x);
```

  A. 213.82      B. 宽度不够，不能输出
  C. 213.82631     D. 213.83

▶ 解：输出时只保留小数点后两位。本题答案为D。

【例2-2-11】以下程序的执行结果是_____。

```
#include <stdio.h>
void main()
{   int i=2;
    printf("%d,%d\n",i++,i--);
}
```

  A. 1,2    B. 2,1    C. 1,1    D. 2,2

▶ 解：printf()语句中改变变量i的值，从右向左计算表达式的值，先执行i--，返回2，i=1，再执行i++，返回1，i=2。本题答案为A。

本题在Turbo C中的结果为选项A，而在VC++中的结果为选项D。

【例2-2-12】以下程序的执行结果是_____。

```
#include <stdio.h>
void main()
{   int i=2;
    printf("%d,%d\n",++i,--i);
}
```

  A. 1,1    B. 2,1    C. 1,2    D. 2,2

▶ 解：printf()语句中改变变量i的值，从右向左计算表达式的值，先执行--i，i=1，返回1，再执行++i，i=2，返回2。本题答案为B。

本题在Turbo C和VC++中的结果均为选项B。

【例2-2-13】以下程序的执行结果是_____。

```
#include <stdio.h>
void main()
{   int i=2;
    printf("%d,%d,%d\n",i,++i,--i);
}
```

  A. 2,2,1   B. 1,1,1   C. 2,2,2   D. 1,2,2

▶ 解：printf()语句中改变变量i的值，从右向左计算表达式的值，先执行--i，i=1，返回1，再执行++i，i=2，返回1，最后执行i，返回其值2。本题答案为A。

本题在Turbo C和VC++中的结果均为选项A。

【例2-2-14】有如下程序：

```
#include <stdio.h>
void main()
{   int y=3,x=3,z=1;
    printf("%d %d\n",(++x,y++),z+2);
}
```

运行该程序的输出结果是____。

  A. 3 4    B. 4 2    C. 4 3    D. 3 3

▶ 解：y=3,x=3,z=1，printf语句中，先执行z+2为3，(++x,y++)为一个逗号表达式，返

回y++即y值3。本题答案为D。

【例2-2-15】若有以下程序段（n所赋的是八进制数）：
```
short int m=32767,n=032767;
printf("%d,%o\n",m,n);
```
执行后输出结果是_____。

  A. 32767,32767        B. 32767,032767

  C. 32767,77777        D. 32767,077777

▶ 解：对于十进制和八进制数分别采用十进制和八进制格式输出。本题答案为A。

【例2-2-16】若x为char型变量，则以下程序段的输出结果是_____。
```
x='1';
printf("%3c\n",x);
printf("%2c%2c\n",x,x);
printf("%1c%4c\n",x,x);
```
 A. ␣1     B. ␣␣1     C. ␣1     D. ␣1

  ␣11      ␣1␣1      ␣11      ␣11

  1␣␣1     1␣␣␣1     1␣␣1     1␣␣␣1

▶ 解：注意不指定"-"时表示右对齐。本题答案为B。

【例2-2-17】执行下列程序时输入123␣456␣789↙，输出结果是_____。
```
#include <stdio.h>
void main()
{   char s[100];
    int c,i;
    scanf("%c",&c);
    scanf("%d",&i);
    scanf("%s",s);
    printf("%c,%d,%s\n",c,i,s);
}
```
 A. 123,456,789    B. 1,456,789    C. 1,23,456,789    D. 1,23,456

▶ 解：1赋给c，23赋给i，以一个空格结束，456赋给s，以一个空格结束。本题答案为D。

【例2-2-18】若有以下程序段：
```
int m=0xabc,n=0xabc;
m-=n;
printf("%X\n",m);
```
执行后输出结果是_____。

 A. 0X0     B. 0x0     C. 0      D. 0XABC

▶ 解：m和n相等，m-=n语句即为m=m-n=0。本题答案为C。

【例2-2-19】当接受用户输入的含空格的字符串时，应使用的函数是_____。

 A. scanf()    B. gets()    C. getchar()    D. getc()

▶ 解：scanf函数不能接受用户输入的含空格的字符串。本题答案为B。

【例2-2-20】若x和y都是int型变量，x=100，y=200，且有下面的程序段：
```
printf("%d",(x,y));
```

上面程序段的输出结果是_____。

    A. 200                                          B. 100
    C. 100 200                                      D. 输出格式符不够，输出不确定的值

▶ 解：(x,y)看成是一个逗号表达式。本题答案为A。

【例 2-2-21】有如下程序：

```
#include<stdio.h>
void main()
{   int a;float b, c;
    scanf("%2d%3f%4f",&a,&b,&c);
    printf("a=%d,b=%f,c=%f\n",a,b,c);
}
```

若运行时从键盘上输入 9876543210✓，则上面程序的输出结果是_____。

    A. a=98, b=765, c=4321                          B. a=10, b=432, c=8765
    C. a=98, b=765.000000, c=4321.000000            D. a=98, b=765.0, c=4321.0

▶ 解：98 赋给a，765 赋给b，4321 赋给c。本题答案为C。

【例 2-2-22】若 a 是 float 型变量，b 是 unsigned 型变量，以下输入语句合法的是_____。

    A. scanf("%6.2f%d",&a,&b);                      B. scanf("%f%n",&a,&b);
    C. scanf("%f%3o",&a,&b);                        D. scanf("%f%f",&a,&b);

▶ 解：在scanf()中可以指定域宽，但不能规定小数点后的位数，所以选项A的%6.2f不合法，选项B中%n不合法；选项D中unsigned型变量的输入格式描述符只能用%d、%o或%x。本题答案为C。

【例 2-2-23】有输入语句 scanf("a=%d,b=%d,c=%d",&a,&b,&c)，为使变量 a 的值为 3，b 的值为 7，c 的值为 5，从键盘上输入的数据的正确格式是_____。

    A. 375✓            B. 3,7,5✓           C. a=3,b=7,c=5✓        D a=3⎵b=7⎵c=5✓

▶ 解：采用scanf函数输入时应按原格式输入数据。本题答案为C。

【例 2-2-24】若已定义 a、b、c、d 为 int 型变量，为了将整数 10 赋给 a 和 c，将整数 20 赋给 b 和 d，则对应以下 scanf 函数调用语句的正确输入方式是_____。

```
scanf("%d%d",&a,&b);
scanf("%d,%d",&c,&d);
```

    A. 1020✓                                        B. 10 20✓
       1020✓                                           10 20✓
    C. 10,20✓                                       D. 10 20✓
       10,20✓                                          10,20✓

▶ 解：采用scanf函数输入时应按原格式输入数据。本题答案为D。

【例 2-2-25】C 语言中，执行下列语句时，要使 x 和 y 的值均为 1.25，正确的输入是_____。

```
scanf("x=%f,y=%f",&x,&y);
```

    A. 1.25,1.25✓     B. 1.25⎵1.25✓      C. x=1.25,y=1.25✓      D. x=1.25⎵y=1.25✓

▶ 解：采用scanf函数输入时应按原格式输入数据。本题答案为C。

【例2-2-26】已知i、j、k为int型变量,若从键盘输入1,2,3↙,使i的值为1、j的值为2、k的值为3,以下选项中正确的输入语句是_____。

A. scanf("%2d%2d%2d",&i,&j,&k);          B. scanf("%d %d %d",&i,&j,&k);
C. scanf("%d,%d,%d", &i,&j,&k);          D. scanf("i=%d,j=%d,k=%d",&i,&j,&k);

▶ 解:采用scanf函数输入时应按原格式输入数据。本题答案为C。

2. 填空题

【例2-2-27】在printf()函数中以小数形式输出单、双精度实数,应采用格式符_____。

▶ 解:本题答案为f。

【例2-2-28】在scanf()函数中格式符x用于输入_____。

▶ 解:本题答案为十六进制整数。

【例2-2-29】在scanf()函数中要输入一个字符串,应采用格式符%_____。

▶ 解:本题答案为s。

【例2-2-30】有以下程序,输入123456789↙,其输出结果是_____。

```
#include <stdio.h>
void main()
{   int a,b;
    float f;
    scanf("%2d%*2d%2d%f",&a,&b,&f);
    printf("%d,%d,%f\n",a,b,f);
}
```

▶ 解:先将前两位12赋给a,遇到%*2d,跳过输入中两位即34,再将56赋给b,最后将789赋给f。本题答案为12,56,789.000000。

3. 判断题

【例2-2-31】判断以下叙述的正确性。

(1)标准格式输入函数scanf()可以从键盘上接收不同数据类型的数据项。
(2)C语言中字符数据和字符串数据都用格式说明符"%s"来输出。
(3)C语言中格式说明符"%10.4f"中10表示数据输出的最小宽度,4表示小数位数。
(4)格式字符"%e"以指数形式输出实数数字部分小数位数7位。
(5)若i=3,则printf("%d",-i++);输出的值为-4。
(6)若有定义和语句int a;char c;float f;scanf("%d,%c,%f",&a,&c,&f);,若通过键盘输入10,A,12.5↙,则a=10,c='A',f=12.5。
(7)若有double d,输入数据d的格式为scanf("%f",&f)。
(8)C语言本身并不提供输入输出语句,但可以通过输入输出函数实现输入输出功能。
(9)用scanf输入字符串时,字符串中不能含有空格。

▶ 解:(1)正确。
(2)错误。字符数据用格式说明符"%c"来输出,字符串数据用格式说明符"%s"来输出。
(3)正确。
(4)错误。输出实数数字部分小数位数6位,例如,double d=1.23;printf("%e\n",d);

输出结果为 1.230000e+000。

(5) 错误。输出值为-3。

(6) 正确。

(7) 错误。输入数据d的格式为scanf("%lf",&f)或scanf("%le",&f)。

(8) 正确。

(9) 正确。用scanf输入字符串时，以空格或回车键表示输入结束。

4. 简答题

【例2-2-32】分析以下程序的执行结果。

```
#include <stdio.h>
void main()
{   int i=10;
    printf("%d,%d,%d\n",++i,++i,++i);
}
```

▶ 解：对于printf()的输出表列，在计算表达式值时，采用从右向左的顺序进行。对于语句printf("%d,%d,%d\n",++i,++i,++i);，先计算最右边的++i，i=11，返回11，再计算中间的++i，i=12，返回12，最后计算左边的++i，i=13，返回13。程序输出为13,12,11。

本题在Turbo C和VC++中的输出结果均为13,12,11。

【例2-2-33】分析以下程序的执行结果。

```
#include <stdio.h>
void main()
{   int i=10;
    printf("%d,%d,%d\n",i--,i--,i--);
}
```

▶ 解：对于printf()的输出表列，在计算表达式值时，采用从右向左的顺序进行。对于语句printf("%d,%d,%d\n",i--,i--,i--);，先计算最右边的i--，返回10，i=9，再计算中间的i--，返回9，i=8，最后计算左边的i--，返回8，i=7。程序输出为8,9,10。

本题在Turbo C中的输出为8,9,10，在VC++中的输出为10,10,10。

【例2-2-34】分析以下程序的执行结果。

```
#include <stdio.h>
void main()
{   int i=10;
    printf("%d,%d,%d\n",i--,++i,i--);
}
```

▶ 解：对于printf()的输出表列，在计算表达式值时，采用从右向左的顺序进行。对于语句printf("%d,%d,%d\n",i--,++i,i--);，先计算最右边的i--，返回10，i=9，再计算中间的++i，i=10，返回10，最后计算左边的i--，返回10，i=9。程序输出为10,10,10。

本题在Turbo C中的输出为10,10,10，在VC++中的输出为11,11,10。

# 第3章 选择语句和循环语句

基本知识点：选择语句和循环语句的语法格式及基本用法。
重　　点：break和continue在循环语句中的使用方法。
难　　点：使用选择语句和循环语句解决复杂的应用问题。

## 3.1 知识点1：选择语句

### 3.1.1 要点归纳

选择语句的功能是在指定的条件取不同的值时,执行相应的语句。也就是说,选择语句是从一个或多个语句中有条件地选择零个或一个语句执行。C语言的选择语句分为if语句和switch语句两种。

**1. if语句**

if语句有三种使用形式。

（1）单分支if语句

其使用格式如下：

```
if (条件) 语句;
```

其执行过程是：先计算"条件"表达式的值，如果该值不等于0，表示条件为真，则执行"语句"；否则，不执行"语句"。

（2）双分支if语句

其使用格式如下：

```
if (条件) 语句1;
else 语句2;
```

其执行过程是：先计算"条件"表达式的值，如果该值不等于0，表示条件为真；否则表示条件为假。在条件为真时执行"语句1"；否则执行"语句2"。其控制流程如图3.1所示。

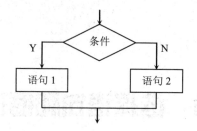

图 3.1  if...else 语句结构

（3）多分支 if 语句

其使用格式如下：

```
if (<条件1>) 语句1；
else if (条件2) 语句2；
    ：
else if (条件n) 语句n；
else 语句n+1；
```

其执行过程是：先计算"条件 1"的值，如果为真，执行"语句 1"；否则，计算"条件 2"的值，如果为真，执行"语句 2"；…，否则，计算"条件 n"的值，如果为真，执行"语句 n"；否则，执行"语句 n+1"。其控制流程如图 3.2 所示。

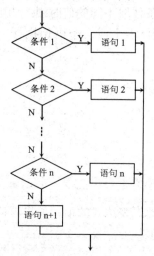

图 3.2  if...else if...else 语句结构

if 语句允许嵌套，嵌套时 else 与其前面最靠近的 if 配对。

2. switch（开关）语句

switch 语句用于方便地从多个语句中选择一个或多个语句执行，因此称为多路开发语句。其使用格式如下：

```
switch (<表达式>)
{
case 常量表达式1:语句1；
case 常量表达式2:语句2；
    ：
```

```
case 常量表达式 n:语句 n;
default: 语句 n+1;
}
```

其执行过程是：先计算"表达式"的值，它一定是整型值（若为其他类型，最后都要转换为整型数）。并自上而下将它与 case 后面的常量表达式比较。若等于某个常量表达式（由常量和运算符构成的表达式），控制就转向该常量表达式后面的语句去执行。若"表达式"的值与每个常量表达式的值都不相等，而其中有 default 子句，则控制转向这个子句去执行；若没有 default 子句，则该 switch 语句无结果，相当于空语句。其控制流程图如图 3.3 所示。

在case后的每个语句，既也可以是单语句，也可以是复合语句。case常量表达式和default子句可以按任何顺序出现，但其本身不改变控制流程。在运行中要退出switch语句，就要使用break语句。一般地，使用带break语句的switch语句格式如下：

```
switch (表达式)
{
case 常量表达式 1:语句 1;break;
case 常量表达式 2:语句 2;break;
   ⋮
case 常量表达式 n:语句 n;break;
default: 语句 n+1;break;
}
```

其控制流程如图 3.4 所示。

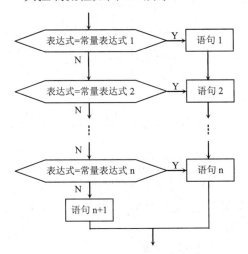
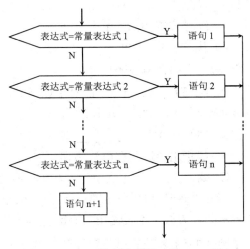

图 3.3  switch 控制流程图    图 3.4  switch 控制流程图（带 break 语句）

switch语句的每个case子句的结尾不要忘了加break，否则将导致多个分支重叠（除非有意使多个分支重叠）。case后面只能是整型或字符型的常量或常量表达式。

## 3.1.2 例题解析

### 1. 单项选择题

【例 3-1-1】以下错误的语句为_____。

A. if(x>y);
B. if(x=y)&&(x!=0) x+=y;
C. if(x!=y) scanf("%d",&x);else scanf("%d",&y);
D. if(x<y) {x++;y++;}

▶ 解：if语句的条件表达式必须包含在一个括号中。本题答案为B。

【例3-1-2】以下错误的if语句形式是_____。
A. if(x>y&&x!=y);
B. if(x==y) x+=y;
C. if(x!=y) scanf("%d",&x) else scanf("%d",&y);
D. if(x<y) {x++;y++;}

▶ 解：选项C中if后面的scanf函数之后掉了一个语句结束符";"。本题答案为C。

【例3-1-3】C语言的if语句中，用作判断的条件表达式为_____。
A. 任意表达式                B. 逻辑表达式
C. 关系表达式                D. 算术表达式

▶ 解：在C语言中没有逻辑型变量，它是一种"表达式"化了的语言，故任何类型的表达式都可以用作类型判断，且判断的标准是零值为假，非零值即真。本题答案为A。

【例3-1-4】为了避免在嵌套的条件语句if-else中产生二义性，C语言规定：else子句总是与____配对。
A. 缩排位置相同的if           B. 同一行上的if
C. 其之后最近的if             D. 其之前最近的if

▶ 解：本题答案为D。

【例3-1-5】已知 int a,b;，对于以下if语句：
```
if (a=b) printf("a=b\n");
```
在编译时，C编译程序_____。
A. 能指出该语句有语法错误    B. 不能指出该语句有语法错误
C. 编译正确，其功能是当b为0时输出"a=b"  D. 以上都不对

▶ 解："a=b"可以看成是一个条件表达式，由b的值决定其真假，当b为0时，a=b返回0表示条件为假，不会输出"a=b"。本题答案为B。

【例3-1-6】若执行以下程序时从键盘上输入9，则输出结果是_____。
```
#include <stdio.h>
void main()
{   int n;
    scanf("%d",&n);
    if(n++<10) printf("%d\n",n);
    else printf("%d\n",n--);
}
```
A. 11        B. 10        C. 9        D. 8

▶ 解：n=9，执行n++返回9，n=10，所以n++<10为真，输出n值。本题答案为B。

【例3-1-7】以下程序的输出结果是_____。

```
#include <stdio.h>
void main()
{   int x=2,y=-1,z=2;
    if(x<y)
        if(y<0) z=0;
        else z+=1;
    printf("%d\n",z);
}
```

  A. 3      B. 2      C. 1      D. 0

▶ **解**：x<y为假，直接执行printf语句。本题答案为B。

**【例3-1-8】** 有如下程序：

```
#include <stdio.h>
void main()
{   float x=2.0,y;
    if(x<0.0) y=0.0;
    else if(x<10.0) y=1.0/x;
    else y=1.0;
    printf("%f\n",y);
}
```

该程序的输出结果是_____。

  A. 0.000000   B. 0.250000   C. 0.500000   D. 1.000000

▶ **解**：依条件执行y=1.0/x=0.5。本题答案为C。

**【例3-1-9】** 有以下程序：

```
#include <stdio.h>
void main()
{   int  i=1,j=1,k=2;
    if((j++ || k++) && i++)
        printf("%d,%d,%d\n",i,j,k);
}
```

执行后输出结果是_____。

  A. 1,1,2     B. 2,2,1     C. 2,2,2     D. 2,2,3

▶ **解**：执行j++，j=2，返回1为真，不执行k++，k值不变，再执行i++，i=2，返回1为真，所以表达式((j++ || k++) && i++)为真，执行printf语句。本题答案为C。

**【例3-1-10】** 有以下程序：

```
#include <stdio.h>
void main()
{   int   a=5,b=4,c=3,d=2;
    if(a>b>c)
        printf("%d\n",d);
    else if((c-1>=d)==1)
        printf("%d\n",d+1);
    else
        printf("%d\n",d+2);
}
```

执行后输出结果是_____。

  A. 2      B. 3      C. 4      D. 编译时有错，无结果

▶ 解：a>b为真即1，1>c为假，c-1>=d为真即1，执行printf("%d\n",d+1)语句。本题答案为B。

【例3-1-11】以下程序的运行结果为_____。

```
#include <stdio.h>
void main()
{   int a=2,b=-1,c=2;
    if (a<b)
        if(a<b) c=0;
        else c+=1;
    printf("%d\n",c);
}
```

A. 0      B. 1      C. 2      D. 3

▶ 解：a<b为假，直接执行printf语句。本题答案为C。

【例3-1-12】有一函数，$y=\begin{cases} 1 & x>0 \\ 0 & x=0 \\ -1 & x<0 \end{cases}$，以下程序段中不能根据x值正确计算出y值的是_____。

A. if(x>0) y=1;
    else if(x==0) y=0;
    else y=-1;

B. y=0;
    if(x>0) y=1;
    else if(x<0) y=-1;

C. y=0;
    if(x>=0);
    if(x>0) y=1;
    else y=-1;

D. if(x>=0)
    if(x>0) y=1;
    else y=0;
    else y=-1;

▶ 解：在选项C中，若x=0，先执行y=0，if (x>0)的条件为假，执行else包含的y=-1语句，结果x=0，y=-1，错误。本题答案为C。

【例3-1-13】若a、b、c1、c2、x、y均是整型变量，正确的switch语句是_____。

A. switch(a+b);
   { case 1:y=a+b; break;
     case 0:y=a-b; break;
   }

B. switch(a*a+b*b)
   { case 3:
     case 1:y=a+b;break;
     case 3:y=b-a,break;
   }

C. switch a
   { case c1:y=a-b; break;
     case c2: x=a*d; break;
     default:x=a+b;
   }

D. switch(a-b)
   { default:y=a*b;break;
     case 3:case 4:x=a+b;break;
     case 10:case 11:y=a-b;break;
   }

▶ 解：选项A中switch(a+b)后的分号错误，选项B中出现重复的常量表达式；选项C中条件应包含在括号中。本题答案为D。

【例3-1-14】若有定义float w; int a, b;，则合法的switch语句是_____。

A. switch(w)
   {  case 1.0: printf("*\n");
      case 2.0: printf("**\n");
   }

B. switch(a);
   {  case 1 printf("*\n");
      case 2 printf("**\n");
   }

C. switch(b)
   {  case 1: printf("*\n");
      default: printf("\n");
      case 1.0+2: printf("**\n");
   }

D. switch(a+b);
   {  case 1:printf("*\n");
      case 2: printf("**\n");
      default: printf("\n");
   }

▶ 解：选项A中常量表达式不为整型；选项B中"case 常量表达式"后没有":"号；选项C中"case 1.0+2:"错误。本题答案为D。

【例3-1-15】若a、b均是整型变量，正确的switch语句是_____。

A. swich(a)
   {  case 1.0:printf("i\n");
      case 2:printf("you\n");
   }

B. switch(a)
   {  case b:printf("i\n");
      case 1:printf("you\n');
   }

C. switch(a+b)
   {  case 1:printf("i\n");
      case 2*a:printf("you\n");
   }

D. switch(a+b)
   {  case 1:printf("i\n");
      case 2:printf("you\n");
   }

▶ 解：选项A中常量表达式不为整型；选项B中常量表达式中包含变量；选项C中"case 2*a:"错误。本题答案为D。

【例3-1-16】有以下程序：

```
#include <stdio.h>
void main()
{   int a=15,b=21,m=0;
    switch(a%3)
    {
    case 0:m++;break;
    case 1:m++;
        switch(b%2)
        {
        default:m++;
        case 0:m++;break;
        }
    }
    printf("%d\n",m);
}
```

程序运行后的输出结果是_____。

A. 1            B. 2            C. 3            D. 4

▶ 解：a%3=0，执行m++和printf语句。本题答案为A。

【例3-1-17】有如下程序：

```
#include <stdio.h>
void main()
{   int x=1,a=0,b=0;
    switch(x)
    {
    case 0:b++;
    case 1:a++;
    case 2:a++;b++;
    }
    printf("a=%d,b=%d\n",a,b);
}
```

该程序的输出结果是_____。

  A. a=2,b=1    B. a=1,b=1    C. a=1,b=0    D. a=2,b=2

▶ 解：执行case 1 对应的语句，由于没有break语句，实际执行a++，a++，b++。本题答案为A。

【例3-1-18】有如下程序：

```
#include <stdio.h>
void main()
{   float x=2.0,y;
    if (x<0.0) y=0.0;
    else if(x<10.0) y=1.0/x;
    else y=1.0;
    printf("%f\n",y);
}
```

该程序的输出结果是_____。

  A. 0.000000    B. 0.250000    C. 0.500000    D. 1.000000

▶ 解：x<0.0 为假，x<10.0 为真，执行y=1.0/x=0.5。本题答案为C。

## 2. 填空题

【例3-1-19】若从键盘输入58，则以下程序输出的结果是_____。

```
#include <stdio.h>
void main()
{   int a;
    scanf("%d",&a);
    if(a>50)  printf("%d",a);
    if(a>40)  printf("%d",a);
    if(a>30)  printf("%d",a);
}
```

▶ 解：a=58，三个if语句的条件都成立。本题答案为585858。

【例3-1-20】下列程序的输出结果是_____。

```
#include <stdio.h>
void main()
{   int n='c';
    switch(n++)
    {
    default: printf("error");break;
    case 'a':case 'A':case 'b':case 'B':
        printf("good");break;
```

```
      case 'c':case 'C':printf("pass");
      case 'd':case 'D':printf("warn");
    }
}
```

▶ 解：n为int型变量，执行n++后，n为'd'对应的ASCII码，但该表达式仍返回'c'对应的ASCII码，与case 'c'匹配，由于其后的语句没有break语句，故执行printf("pass")和printf("warn")两个语句。本题答案为passwarn。

【例 3-1-21】根据以下 if 语句写出与其功能相同的 switch 语句（x 的值在 0～100 之间）。if 语句：

```
if (a<40) b=1;
else if (a<50) b=11;
else if (a<60) b=111;
else if (a<70) b=1111;
else if (a<80) b=11111;
```

switch 语句：

```
switch(  ①  )
{
   ②   b=1;break;
case 4:b=11;break;
case 5:b=111;break;
case 6:b=1111;break;
   ③   b=11111;break;
}
```

▶ 解：本题答案为①a/10 ②case 0:case 1:case 2:case 3: ③case 7:。

【例 3-1-22】以下程序的输出结果是_____。

```
#include <stdio.h>
void main()
{   int x=0,y=2,z=3;
    switch(x)
    {
    case 0: switch(y==2)
        {
          case 1:printf("*");break;
          case 2:printf("%");break;
        }
    case 1: switch(z)
        {
          case 1:printf("$");
          case 2:printf("*");break;
          default:printf("#");
        }
    }
}
```

▶ 解：x=0，y=2，执行外层switch的case 0 的语句，输出 "*"，再执行执行外层switch的case 1 的语句，输出 "#"。本题答案为*#。

## 3. 判断题

【例 3-1-23】判断以下叙述的正确性。

（1）在"if (表达式) 语句 1 else 语句 2"的结构中，如果表达式为a>10，则else的条件隐含为a<10。

（2）C语言规定，else总是与它上面、最近的、尚未配对的if配对。

（3）在if语句的三种形式中，如果要想在满足条件时执行一组（多个）语句，则必须把这一组语句用{}括起来组成一个复合语句。

（4）各种形式的if语句是不能互相嵌套的。

（5）if (a>b) printf("%d",a)'else printf("%d",b);语句可以用printf("%d",a>b?a:b);替代。

▶ 解：（1）错误。else的条件隐含为a≤10。

（2）正确。　　　　（3）正确。

（4）错误。各种形式的if语句可以互相嵌套。

（5）正确。

【例 3-1-24】判断以下叙述的正确性。

（1）switch…case结构中case后的表达式必须为常量表达式。

（2）可以用swicth结构实现的程序都可以使用if语句来实现。

（3）switch…case结构中条件表达式和常量表达式值可以为float类型。

（4）switch语句在执行break语句或者遇到switch语句的"}"时结束。

（5）由float x=3e-6,y=3e-6;可得x==y的逻辑值总是为真。

▶ 解：（1）正确。　　　（2）正确。

（3）错误。switch…case结构中条件表达式和常量表达式值都必须是整型或字符型，不允许是浮点型。

（4）正确。　　　　（5）错误。通常不要比较几个浮点数是否相等。

## 4. 简答题

【例 3-1-25】阅读下面的程序：

```
#include <stdio.h>
void main()
{   int a,b,m,n;
    scanf("%d%d,\n",&a,&b);
    m=1;n=1;
    if (a>0) m=m+n;
    if (a<b) n=2*m;
    else if (a==b) n=5;
    else n=m+1;
    printf("m=%d n=%d\n",m,n);
}
```

回答以下问题：

（1）当输入为-1 -2✓时，程序的运行结果是什么？

（2）当输入为1 0✓时，程序的运行结果是什么？

（3）为了输出n=4，变量a和b应具备什么条件？

解：（1）m=1，n=1，输入后，a=-1，b=-2，a>0 为假，a<b和a==b都为假，执行语句n=m+1=2；所以输出为m=1 n=2。

（2）m=1，n=1，输入后，a=1，b=0，a>0 为真，执行语句m=m+n=2；a<b和a==b都为假，执行语句n=m+1=3；所以输出为m=2 n=3。

（3）要使n=4，就应执行语句m=m+n和n=2*m，为此要求满足条件a>0 和a<b，即 0<a<b。

### 5. 程序设计题

【例 3-1-26】编写一个程序，将给定的百分制成绩转换为成绩等级A、B、C、D、E。90 分以上为A，80～89 分为B，70～79 分为C，60～69 分为D，60 分以下为E。

解：使用switch语句进行转换。对应的程序如下：

```c
#include <stdio.h>
void main()
{   int s;
    printf("分数:");
    scanf("%d",&s);
    switch(s/10)
    {
    case 9:
    case 10:printf("A\n");break;
    case 8:printf("B\n");break;
    case 7:printf("C\n");break;
    case 6:printf("D\n");break;
    case 5: case 4: case 3: case 2: case 1: case 0:
        printf("E\n");break;
    }
}
```

【例 3-1-27】编写一个程序，输入年份和月份，判断该年是否是闰年，并根据给出的月份判断是什么季节和该月有多少天？闰年的条件是年份能被 4 整除但不能被 100 整除，或者能被 400 整除。

解：直接根据闰年的定义求解，如果是闰年，2 月份为 29 天；否则为 28 天，其他月份相同。规定 3～5 月为春季，6～8 月为夏季，9～11 月为秋季，1、2 和 12 月为冬季。程序如下：

```c
#include <stdio.h>
void main()
{   int y,m,leap,season,days;
    printf("年份,月份:");
    scanf("%d,%d",&y,&m);
    if ((y%4==0 && y%100!=0) || (y%400==0))
        leap=1;                    /*为闰年*/
    else
        leap=0;                    /*为平年*/
    if (m>=3 && m<=5)
        season=1;
    else if (m>=6 && m<=8)
        season=2;
    else if (m>=9 && m<=11)
        season=3;
    else
```

```
            season=4;
    switch (m)
    {
    case 1:case 3:case 5:case 7:case 8:case 10:
    case 12:days=31;break;         /*1、3、5、7、8、10、12月份为31天*/
    case 4:case 6:case 9:
    case 11:days=30;break;         /*4、6、9、11月份为30天*/
    case 2:if (leap==1) days=29;
           else days=28;
    }
    printf("%d年%s闰年\n",y,(leap==1 ? "是" : "不是"));
    printf("该季节是");
    switch(season)
    {
    case 1:printf("春季\n");break;
    case 2:printf("夏季\n");break;
    case 3:printf("秋季\n");break;
    case 4:printf("冬季\n");break;
    }
    printf("当月天数:%d\n",days);
}
```

【例 3-1-28】编写一个程序，根据用户输入的三角形的三条边长判定是何种三角形，对于有效三角形，求其面积。

▶ 解：判定几类三角形的过程如下。

（1）能够组成三角形：满足两边之和大于第三边的条件，又分为以下三种情况。

- 等边三角形：三边相等。
- 等腰三角形：两边相等（三种情况）。
- 直角三角形：两边平方和等于第三边平方（三种情况）。
- 一般三角形。

（2）不能组成三角形：不满足两边之和大于第三边的条件。

对应的程序如下：

```
#include <stdio.h>
#include <math.h>
void main()
{   float a,b,c;
    float s,area;
    printf("a,b,c=");
    scanf("%f,%f,%f",&a,&b,&c);
    if (a+b>c && b+c>a && a+c>b)
    {   s=(a+b+c)/2;
        area=sqrt(s*(s-a)*(s-b)*(s-c));
        printf("area=%f\n",area);
        if (a==b && b==c)
            printf("等边三角形\n");
        else if (a==b || a==c || b==c)
            printf("等腰三角形\n");
        else if ((a*a+b*b==c*c) || (a*a+c*c==b*b) ||(b*b+c*c==a*a))
            printf("直角三角形\n");
        else
```

```
        printf("一般三角形\n");
    }
    else
        printf("不能组成三角形\n");
}
```

## 3.2 知识点 2：循环语句

### 3.2.1 要点归纳

循环语句是在满足指定的条件时，重复执行某个语句。这个语句既可以是单个语句，也可以是复合语句。循环语句有while、do-while和for等几种语句类型。

#### 1. while循环语句

while循环语句的使用格式如下：

```
while (条件) 语句;
```

其执行过程是：首先计算"条件"表达式的值，如果为真，则执行"语句"，然后继续计算"条件"表达式的值，如果还为真，再执行"语句"，…，当某次计算"条件"表达式的值为假时，才退出该循环语句。其控制流程如图3.5所示。

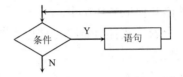

图 3.5 while 循环语句的执行流程

#### 2. do-while循环语句

do-while循环语句的使用格式如下：

```
do
    语句;
while (条件);
```

其执行过程是：先执行一次"语句"，再计算"条件"表达式的值，如果为真，则继续执行"语句"一次，然后再计算"条件"表达式的值，如果为真，再执行"语句"，…，当某次计算"条件"表达式的值为假时，才退出该循环语句。其控制流程如图3.6所示。

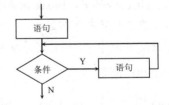

图 3.6 do-while 循环语句的执行流程

 提示　while语句与do-while语句的差别是，后者至少执行"语句"一次，而前者不一定。

#### 3. for循环语句

for循环语句的一般格式如下：

```
for (表达式1;表达式2;表达式3)
    语句;
```

其执行过程是：先计算"表达式 1"；进行第一轮循环：计算"表达式 2"，若为假，则退出循环；否则执行循环体中的"语句"；接着执行计算"表达式 3"；再进行第二轮循环：计算"表达式 2"，若为假，则退出循环；否则执行循环体中的"语句"，接着计算"表达式 3"；…。其控制流程如图 3.7 所示。

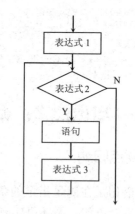

图 3.7　for 循环语句的执行流程

使用 for 循环语句有以下几点注意事项：

① "表达式 1"可以省略，此时应在该语句之前给循环变量赋初值。其后的分号不能省略。

② "表达式 2"可以省略，即不继续判定条件，循环无终止进行下去。需要在循环体中用 break 等语句退出循环。

③ "表达式 3"可以省略，这样需要在循环体中让循环变量变化，以保证循环能正常结束。

④ "表达式 1"和"表达式 3"可以同时省略，这样为①和③两种情况同时出现。需要使用相关语句保证循环结束。

⑤ 三个表达式都可省略，这样为②和④两种情况同时出现。需要使用相关语句保证循环结束。

### 4. break 语句

在执行循环过程时，如果出现某种条件，要求从循环中跳出来，能够实现这种功能的语句是 break 语句。

break 语句的使用格式很简单，由关键字 break 和分号构成，其语法形式如下：

```
break;
```

break 语句的功能如下：

- 在 switch 语句中，break 用来使程序流程跳出 switch 语句，继续执行 switch 后的语句（在 3.1 节中介绍过）。
- 在循环语句中，break 用来从最近的循环体内跳出来。

### 5. continue 语句

和 break 语句一样，continue 语句的使用格式也很简单，由关键字 continue 和分号构成，其语法形式如下：

```
continue;
```

continue 语句只能用于在循环语句中，作用为结束本次循环，即跳过循环体中尚未执行的语句，接着进行下一次是否执行循环的判定。

 break 与 continue 的区别是：break 用于终止本层的循环语句，而 continue 用于终止本层循环的本趟循环。

## 3.2.2 例题解析

### 1. 单项选择题

【例 3-2-1】对 for(表达式 1; ;表达式 3)可理解为_____。
    A. for(表达式 1;0;表达式 3)      B. for(表达式 1;表达式 3;表达式 3)
    C. for(表达式 1;1;表达式 3)      D. for(表达式 1;表达式 1;表达式 3)

▶ 解："表达式 2" 缺省，表示不进行条件判断，等价于 "表达式 2" 总为真。本题答案为 C。

【例 3-2-2】以下叙述正确的是_____。
    A. 不能使用 do-while 语句构成的循环
    B. do-while 语句构成的循环必须用 break 语句才能退出
    C. do-while 语句构成的循环，当 while 语句中的表达式值为非零时结束循环
    D. do-while 语句构成的循环，当 while 语句中的表达式值为零时结束循环

▶ 解：do-while 循环中，"条件" 为假（0）时退出循环。本题答案为 D。

【例 3-2-3】以下描述中正确的是_____。
    A. 由于 do while 循环中循环体语句只能是一条可执行语句，所以循坏体内不能使用复合语句
    B. do-while 循环由 do 开始，用 while 结束，在 while(表达式)后面不能写分号
    C. 在 do-while 循环体中，一定要有能使 while 后面表达式的值变为零（假）的操作
    D. do-while 循环中，根据情况可以省略 while

▶ 解：do-while 循环中不能省略 while，循环体可以使用复合语句，while(表达式)后面一定要写分号。本题答案为 C。

【例 3-2-4】下面有关 for 循环的正确描述是_____。
    A. for 循环只能用于循环次数已经确定的情况
    B. for 循环是先执行循环体语句，后判断表达式
    C. 在 for 循环中，不能用 break 语句跳出循环体
    D. for 循环的循环体语句中，可以包含多条语句，但必须用花括号括起来

▶ 解：在 for 循环中可以用 break 语句跳出循环体，所以 for 循环不只能用于循环次数已经确定的情况，另外，在执行循环循环体语句之前要判断表达式。本题答案为 D。

【例 3-2-5】有以下程序段：

```
int n=0,p;
do
{
    scanf("%d",&p);n++;
} while(p!=12345 && n<3);
```

此处 do-while 循环的结束条件是_____。
    A. p 的值不等于 12345 并且 n 的值小于 3
    B. p 的值等于 12345 并且 n 的值大于等于 3
    C. p 的值不等于 12345 或者 n 的值小于 3

D. p的值等于12345或者n的值大于等于3

▶ 解：do-while循环的结束条件为！(p!=12345 && n<3)，即p==12345 || n>=3。本题答案为D。

【例3-2-6】以下程序的运行结果为_____。

```
#include <stdio.h>
void main()
{   int k,j,s;
    for(k=2;k<6;k++,k++)
    {   s=1;
        for(j=k;j<6;j++) s+=j;
    }
    printf("%d\n",s);
}
```

A. 9　　　　　　　B. 1　　　　　　　C. 11　　　　　　　D. 10

▶ 解：外循环中"表达式3"为k++,k++，也就是说，每次循环后k增大2，外循环执行2次，后一次执行求出的s覆盖前一次执行的结果。当k=4时，执行内循环s=1+4+5=10。本题答案为D。

【例3-2-7】下面程序的运行结果是_____。

```
#include <stdio.h>
void main()
{   int a=1,b=2,c=2,t;
    while(a<b<c)
    {   t=a;a=b;b=t;    /*a、b 交换*/
        c--;
    }
    printf("%d,%d,%d",a,b,c);
}
```

A. 1,2,0　　　　　　B. 2,1,0　　　　　　C. 1,2,1　　　　　　D. 2,1,1

▶ 解：第1次循环a=1，b=2，c=2，a<b返回1（真），a<b<c即为1<c为真，交换a、b的值，c变为1；第2次循环a=2，b=1，c=1，a<b返回0（假），a<b<c即为0<c为真，交换a、b的值，c变为0；此时，a=1，b=2，c=0，a<b返回1（真），a<b<c即为1<c为假，不再执行循环体。本题答案为A。

【例3-2-8】以下能正确计算 1×2×3×4×5×6×7×8×9×10 的程序段是_____。

A. do { i=1;s=1;
       s=s*i;
       i++;
   } while (i<=10) ;

B. do { i=1;s=0;
       s=s*i;
       i++;
   } while (i<=10) ;

C. i=1;s=1;
   do { s=s*i;
       i++;
   } while (i<=10) ;

D. i=1;s=0;
   do { s=s*i;
       i++;
   } while (i<=10) ;

▶ 解：i=1和s=1的置初值语句应放在do-while循环语句之前。本题答案为C。

【例3-2-9】设有以下程序段：

```
int x=0,s=0;
while(!x!=0) s+=++x;
printf("%d",s);
```

则_____。

A. 运行程序段后输出 0　　　　　　　B. 运行程序段后输出 1

C. 程序段中的控制表达式是非法的　　D. 程序段执行无限次

▶ 解：x=0，!x=1，!x!=0 为真，执行s+=++x，++x返回 1，x=1，s=s+1=1；x=1，!x=0，!x!=0 为假，不再执行循环语句。本题答案为B。

【例3-2-10】以下程序的输出结果是_____。

```
#include <stdio.h>
void main()
{   int a=0,i;
    for(i=1;i<5;i++)
    {   switch(i)
        {
        case 0:
        case 3:a+=2;
        case 1:
        case 2:a+=3;
        default:a+=5;
        }
    }
    printf("%d\n",a);
}
```

A. 31　　　　　　B. 13　　　　　　C. 10　　　　　　D. 20

▶ 解：i=1，执行a+=3 和a+=5 语句，a=8；i=2，执行a+=3 和a+=5 语句，a=16；i=3，执行a+=2、a+=3 和a+=5 语句，a=26；i=4，执行a+=5 语句，a=31。本题答案为A。

【例3-2-11】以下程序的运行结果为_____。

```
#include <stdio.h>
void main()
{   int i,j,m=0;
    for(i=1;i<=15;i+=4)
        for(j=3;j<=19;j+=4)
            m++;
    printf("%d\n",m);
}
```

A. 12　　　　　　B. 15　　　　　　C. 20　　　　　　D. 25

▶ 解：i=1：j=3，m++→m=1，j=7，m++→m=2，j=11，m++→m=3，j=15，m++→m=4，j=19，m++→m=5，即m增大 5；对于i=5，i=9，i=13 三次外循环，m每次增大 5，所以m=20。本题答案为C。

【例3-2-12】以下程序的运行结果为_____。

```
#include <stdio.h>
void main()
{   int i;
    for(i=1;i<=5;i++)
    {   if(i%2) printf("*");
        else continue;
```

```
        printf("#");
    }
    printf("$\n");
}
```

  A. *#*#*#$      B. #*#*#*$      C. *#*#$      D. #*#*$

▶ 解：i=1：i%2=1，输出一个"*"和一个"#"。i=2：i%2=0，执行continue，不会输出一个"#"。i=3：i%2=1，输出一个"*"和一个"#"。i=4：i%2=0，执行continue，不会输出一个"#"。i=5：i%2=1，输出一个"*"和一个"#"，最后输出一个"$"。本题答案为A。

**【例3-2-13】** 有如下程序：

```
#include <stdio.h>
void main()
{   int x=23;
    do
    {   printf("%d",x--);
    } while(!x);
}
```

该程序的执行结果是_____。

  A. 321      B. 23      C. 不输出任何内容    D. 陷入死循环

▶ 解：先执行printf语句，输出23，x=22，!x为假，退出循环语句。本题答案为B。

**【例3-2-14】** 下面程序的运行结果是_____。

```
#include <stdio.h>
void main()
{   int y=10;
    do {y--;} while(--y);
    printf("%d\n",y--);
}
```

  A. -1      B. 1      C. 8      D. 0

▶ 解：do-while循环一直执行到y=0为止。本题答案为D。

**【例3-2-15】** 有如下程序：

```
#include <stdio.h>
void main()
{   int n=9;
    while(n>6)
    {   n--;
        printf("%d",n);
    }
}
```

该程序的输出结果是_____。

  A. 987      B. 876      C. 8765      D. 9876

▶ 解：根据n的初值和循环执行过程可知while语句执行3次。本题答案为B。

**【例3-2-16】** 有以下程序：

```
#include <stdio.h>
void main()
{   int i=0,s=0;
    do
```

```
        {   if(i%2)
            {
                i++;continue;
            }
            i++;
            s+=i;
        } while(i<7);
        printf("%d\n",s);
    }
```

执行后输出结果是_____。

  A. 16      B. 12      C. 28      D. 21

▶ 解：i=0，i%2 为假，执行i++和s+=i→i=1，s=1；i<7 成立，i%2 为真，执行i++→i=2，执行continue开始下一轮循环；

i=2，i%2 为假，执行i++和s+=i→i=3，s=4；i<7 成立，i%2 为真，执行i++→i=4，执行continue开始下一轮循环；

i=4，i%2 为假，执行i++和s+=i→i=5，s=9；i<7 成立，i%2 为真，执行i++→i=6，执行continue开始下一轮循环；

i=6，i%2 为假，执行i++和s+=i→i=7，s=16；i<7 不成立，循环终止。

本题答案为A。

**【例 3-2-17】** 以下程序的输出结果是_____。

```
#include <stdio.h>
void main()
{   int i=0,a=0;
    while(i<20)
    {   for(;;)
        {   if(i%10==0) break;
            else i--;
        }
        i+=11;
        a+=i;
    }
    printf("%d\n",a);
}
```

  A. 21      B. 32      C. 33      D. 11

▶ 解：i=0，执行for循环，i%10==0 成立，退出for循环，执行i+=11 和a+=i→i=11，a=11；

i=11，执行for循环，i%10==0 不成立，执行i--→i=10，i%10==0 成立，退出for循环，执行i+=11 和a+=i→i=21，a=21；while循环i<20 条件不成立，退出while循环。

本题答案为B。

**【例 3-2-18】** 有以下程序段：

```
int k=0;
while(k=1) k++;
```

while循环执行的次数是_____。

  A. 无限次           B. 有语法错，不能执行

C. 一次也不执行　　　　　　　　　　　　D. 执行 1 次

▶ 解：while循环语句的条件k=1 总是为真。本题答案为A。

为了防止本例错误的出现，一种好的编程风格是，在条件表达式中将常量放在比较运算符的左侧，如while (1==k)。

【例 3-2-19】以下程序中，while 循环的循环次数是_____。

```
#include <stdio.h>
void main()
{   int i=0;
    while(i<10)
    {   if(i<1) continue;
        if(i==5) break;
        i++;
    }
}
```

　　A. 1　　　　　　　B. 10　　　　　　　C. 6　　　　　　　D. 死循环，不能确定次数

▶ 解：i=0，执行while语句，遇到第一个if语句时跳到while语句的开头，i<10 又成立，遇到第一个if语句时跳到while语句的开头，……。i始终不变，陷入死循环。本题答案为D。

【例 3-2-20】以下程序执行后 sum 的值是_____。

```
#include <stdio.h>
void main()
{   int i,sum;
    for(i=1;i<6;i++)
        sum+=i;
    printf("%d\n",sum);
}
```

　　A. 15　　　　　　　B. 14　　　　　　　C. 不确定　　　　　　　D. 0

▶ 解：sum没有赋初值，所以其值不确定。本题答案为C。

【例 3-2-21】有以下程序：

```
#include <stdio.h>
void main()
{   int x=3;
    do
    {   printf("%d ",x-=2);
    } while (!(--x));
}
```

其输出结果是_____。

　　A. 1　　　　　　　B. 3　0　　　　　　　C. 1 -2　　　　　　　D. 死循环

▶ 解：x=3，执行printf语句，x=1，输出 1，--x返回 0（x=0），!(--x)返回真；x=0，执行printf语句，x=-2，输出-2，--x返回-3（x=-3），!(--x)返回假，循环终止。

本题答案为C。

【例 3-2-22】有以下程序：

```
#include <stdio.h>
void main()
```

```
{   int i,s=0;
    for(i=1;i<10;i+=2)  s+=i+1;
    printf("%d\n",s);
}
```

程序执行后的输出结果是_____。

  A. 自然数 1～9 的累加和　　　　　　B. 自然数 1～10 的累加和

  C. 自然数 1～9 中的奇数之和　　　　D. 自然数 1～10 中的偶数之和

▶ 解：for循环的"表达式3"为i+=2，即每次递增2，也就是说for执行的i值为1、3、5、7、9，而循环体为s+=i+1，即s=2+4+6+8+10=30。本题答案为D。

【例3-2-23】下面程序的功能是输出图 3.8 所示的图案,在下划线处应填入的是_____。

```
#include <stdio.h>
void main()
{   int i,j;
    for(i=1;i<=4;i++)
    {   for(j=1;j<=4-i;j++)
            printf(" ");
        for(j=1;j<=_____;j++)
            printf("*");
        printf("\n");
    }
}
```

```
      *
     ***
    *****
   *******
```

图3.8　金字塔图案

  A. i　　　　　　B. 2*i-1　　　　　　C. 2*i+1　　　　　　D. i+2

▶ 解：第i行（i从1开始）有2*i-1个"*"号。本题答案为B。

【例3-2-24】以下程序的功能是按顺序读入10名学生4门课程的成绩，计算出每位学生的平均分并输出，程序如下：

```
#include <stdio.h>
void main()
{   int n,k;
    float score,sum,ave;
    sum=0.0;
    for(n=1;n<=10;n++)
    {   for(k=1;k<=4;k++)
        {   scanf("%f",&score);
            sum+=score;
        }
        ave=sum/4.0;
        printf("NO%d:%f\n",n,ave);
    }
}
```

上述程序运行后结果错误，调试中发现有一条语句出现在程序中的位置错误。这条语句是_____。

  A. sum=0.0;　　　　　　　　　　　B. sum+=score;

  C. ave=sum/4.0;　　　　　　　　　D. printf("NO%d:%f\n",n,ave);

▶ 解：因为要计算每个学生的平均分，所以对每个学生成绩求和，因此，对每个学生要执行sum=0.0。本题答案为A。

【例3-2-25】有如下程序，运行时输入"china?"，其执行结果是_____。

```
#include <stdio.h>
void main()
{   char c;
    c=getchar();
    while (c!='?')
    {   putchar(c);
        c=getchar();
    }
}
```

  A. china      B. china?      C. China      D. China?

▶ 解：最后输入的"?"不会输出。本题答案为A。

【例3-2-26】如下程序的执行结果是_____。

```
#include <stdio.h>
void main()
{   int x,y;
    for (x=1,y=1;x<=100;x++)
    {   if (y>=20) break;
        if (y%3==1)
        {   y+=3;
            continue;
        }
        y-=5;
    }
    printf("%d\n",x);
}
```

  A. 9      B. 8      C. 7      D. 6

▶ 解：当y>=20时通过break语句终止for循环。本题答案为B。

【例3-2-27】如下程序的执行结果是_____。

```
#include <stdio.h>
void main()
{   int m=9;
    do
    {   printf("%3d",m-=2);
    } while (--m);
}
```

  A. 7 4 1      B. 9 3      C. 1 0      D. 3 1

▶ 解：每次循环m减小3。本题答案为A。

2. 填空题

【例3-2-28】C语言中，break语句只能用于_____和_____语句中。

▶ 解：本题答案为switch，循环。

【例3-2-29】下列程序段是从键盘输入的字符中统计数字字符的个数，用换行符结束循环，请填空。

```
int n=0;char c;
c=getchar();
while(   ①   )
```

```
    {  if( ②  )  n++;
       c=getchar();
    }
```

● 解：本题答案为①c!='\n' ②c>='0' && c<='9'。

【例 3-2-30】若 for 循环用以下形式表示：

for(表达式 1;表达式 2;表达式 3) 循环体语句；

则执行语句for(i=0;i<3;i++) printf("*");时，表达式 1 执行__①__次，表达式 3 执行__②__次。

● 解：本题答案为①1，②3。

【例 3-2-31】以下函数求 x 的 y 次方。

```
double fun(double x,int y)
{   int i;double z =1.0;
    for (i=1;i  ①  ;i++)
        z = ② ;
    return(z);
}
```

● 解：本题答案为①<=y，②z*x。

【例 3-2-32】下列程序计算 2 到 100 的偶数的累加和，请填空。

```
#include <stdio.h>
void main()
{   int i,sum=0;
    for(_____) sum+=i;
    printf("sum=%d\n",sum);
}
```

● 解：注意循环变量i每次递增 2。本题答案为i=2;i<=100;i+=2。

【例 3-2-33】以下程序的输出结果是_____。

```
#include <stdio.h>
void main()
{   int s,i;
    for(s=0,i=1;i<3;i++,s+=i);
    printf("%d\n",s);
}
```

● 解：s=2+3=5。本题答案为 5。

【例 3-2-34】以下程序的输出结果是_____。

```
#include <stdio.h>
void main()
{   int x=15;
    while(x>10 && x<50)
    {   x++;
        if(x/3){  x++;break;  }
        else continue;
    }
    printf("%d\n",x);
}
```

● 解：x=15，执行x++→x=16，x/3=5 返回 1，执行x++→x=17，再执行break语句退出while循环。本题答案为 17。

【例3-2-35】以下程序的输出结果是_____。

```c
#include <stdio.h>
void main()
{   int i=1,j=1;
    for (;j<10;j++)
    {   if (j>5) break;
        if (j%2!=0)
        {   j+=3;
            continue;
        }
        j-=1;
    }
    printf("%d,%d\n",i,j);
}
```

▶ 解：i=1，j=1，j%2!=0 为真，执行j+=3→j=4，遇到continue重新执行循环体（需执行for循环的"表达式3"即j++→j=5）；j=5，j%2!=0 为真，执行j+=3→j=8，遇到continue重新执行循环体（需执行for循环的"表达式3"即j++→j=9）；j=9，j>5，退出for循环。本题答案为：1,9。

提示　在for循环语句遇到continue语句时还需执行for循环的"表达式3"。

【例3-2-36】以下程序的输出结果是_____。

```c
#include <stdio.h>
void main()
{   int a,b;
    for (a=1,b=1;a<100;a++)
    {   if (b>=20) break;
        if (b%3==1)
        {   b+=3;
            continue;
        }
        b-=5;
    }
    printf("b=%d\n",b);
}
```

▶ 解：a=1，b=1，b%3==1 为真，执行b+=3→b=4，遇到continue重新执行循环体（需执行for循环的"表达式3"即a++→a=2）；a=2，b=4。b%3==1 为真，执行b+=3→b=7，遇到continue重新执行循环体（需执行for循环的"表达式3"即a++→a=2）；如此循环直到a=8，b=22 时遇到break语句退出for循环。本题答案为b=22。

【例3-2-37】以下程序的输出结果是_____。

```c
#include <stdio.h>
void main()
{   int i,x;
    for (i=1;i<100;i++)
    {   x=i;
        if (++x%2==0)
            if (++x%3==0)
                if (++x%7==0)
```

```
        printf("%d ",x);
    }
    printf("\n");
}
```

▶ 解：在 1～99 中找这样的i，同时满足(i-2)%2=0、(i-1)%3=0 和i%7=0，即i=7a（i只能取 7、14、21、28、35、42、49、56、63、70、77、84、91、98 中的数），i=2b+2（i为大于 2 的偶数，i只能取 14、28、42、56、70、84、98 中的数），i=3c+1（i减 1 能被 3 整除，i只能取 28、70），其中a、b、c为正整数。本题答案为 28 70。

【例 3-2-38】以下程序的输出结果是_____。

```
#include <stdio.h>
void main()
{   int i,j,k,col=10;
    for (i=1;i<=11;i++)
    {   for (j=1;j<=col;j++)
            printf(" ");
        for (k=1;k<=i;k++)
            printf("*");
        printf("\n");
        col--;
    }
}
```

图 3.9  程序输出图案

▶ 解：注意两种循环的使用。本题输出结果如图 3.9 所示。

【例 3-2-39】以下程序的输出结果是_____。

```
#include <stdio.h>
void main()
{   unsigned num=14682;
    unsigned k=1;
    do
    {   k*=num%10;
        num/=10;
    } while(num);
    printf("%d\n",k);
}
```

▶ 解：求参数num的各个数字的乘积。本题答案为 384。

【例 3-2-40】下面程序的功能是计算 1 到 10 之间奇数之和及偶数之和，请填空。

```
#include <stdio.h>
void main()
{   int a,b,c,i;
    a=c=0;
    for (i=0;i<10;i+=2)
    {   a+=i;
        _____;
        c+=b;
    }
    printf("偶数之和=%d\n",a);
    printf("奇数之和=%d\n",c-11);
}
```

▶ 解：for循环中i扫描所有偶数，b扫描所有奇数。本题答案为b=i+1。

【例 3-2-41】下面程序的功能是输出 100 以内能被 3 整除且个位数为 6 的所有整数,请填空。

```
#include <stdio.h>
void main()
{   int  i,j;
    for(i=0;  ①  ; i++)
    {   j=i*10+6;
        if(  ②  ) continue;
        printf("%d",j);
    }
}
```

▶ 解:用j表示这样的数,i表示其十位上的数字,显然i从 0 到 9,能被 3 整除的条件为j%3==0。注意这里使用continue语句,即不满足该条件时继续找。本题答案为①i<10  ②j%3 !=0。

【例 3-2-42】以下程序的功能是:从键盘上输入若干学生的成绩,统计并输出最高成绩和最低成绩,当输入负数时结束输入。

```
#include <stdio.h>
void main()
{   float x,amax,amin;
    scanf("%f",&x);
    amax=x;amin=x;
    while(  ①  )
    {   if(x>amax) amax=x;
        if(  ②  ) amin=x;
        scanf("%f",&x);
    }
    printf("\namax=%f\namin=%f\n",amax,amin);
}
```

▶ 解:while循环条件为非负数,x扫描输入的所有数。本题答案为①x>=0  ②x<amin。

3. 判断题

【例 3-2-43】判断以下叙述的正确性。

(1) while语句中的循环体至少执行一次。

(2) 由i=-1;while (i<10) i+=2;i++;可知此while循环的循环体执行次数为 6 次。

(3) 若有说明int c;则while(c=getchar());是正确的C语句。

(4) 以下程序的输出结果为s=15。

```
#include <stdio.h>
void main()
{   int i=0,s=0;
    while (i<5)
    {   i++;
        if (i==2) continue;
        s+=i;
    }
    printf("s=%d\n",s);
}
```

▶ 解:(1) 错误。

（2）正确。注意最后的i++语句不包含在循环体中。

（3）正确。但除非强制中断，否则不会退出while循环。

（4）错误。i循环从 0～4，s累加 1～5 的值，但当i=2 时跳过s+=i语句（从while语句条件判断开始执行），所以s=1+3+4+5=13。

【例 3-2-44】判断以下叙述的正确性。

（1）do-while循环由do开始，while结束，循环体可能一次也不做。

（2）在do-while循环中，任何情况下都不能省略while。

（3）C语言中，do-while语句构成的循环只能用break语句退出。

（4）以下程序的输出结果为s=13。

```
#include <stdio.h>
void main()
{   int i=1,s=0;
    do
    {   if (i==2) continue;
        i++;
        s+=i;
    } while (i<5);
    printf("s=%d\n",s);
}
```

▶ 解：（1）错误。do-while循环语句中的循环体至少做一次

（2）正确。

（3）错误。当while条件不成立时也会退出循环。

（4）错误。当i=2 时跳过i++;s+=i语句，从while语句条件判断开始执行，但i值没有改变仍为 2，这样陷入死循环。

【例 3-2-45】判断以下叙述的正确性。

（1）对于for(表达式 1;表达式 2;表达式 3) 循环体;语句来说，循环体中的continue语句意味着转去执行表达式 2。

（2）for循环的三个表达式都可以省略。

（3）循环for(;;)的循环条件始终为真。

（4）for语句的循环体至少执行一次。

（5）两层循环for (i=0;i<5;i+=2) for (j=0;j<5;j++)的循环体的执行次数为 15。

▶ 解：（1）错误。continue语句意味着转去执行表达式 3。

（2）正确。

（3）正确。

（4）错误。当表达式 2 开始就不满足时，其循环体一次都不会执行。

（5）正确。这两层循环的循环变量没有关系，外循环执行 3 次（i=0、2、4），内循环执行 5 次（j=0、1、2、3、4），共计执行 3×5=15 次。

【例 3-2-46】判断以下叙述的正确性。

（1）C语言的三种循环不可以互相嵌套。

（2）continue语句对于while和do-while循环来说，意味着转去计算while表达式。

（3）在循环外的语句不受循环的控制，在循环内的语句也不受循环的控制。
（4）do-while语句的循环体至少执行 1 次，while和for循环的循环体可能一次也执行不到。
（5）执行break语句时退出到包含该break语句的所有循环外。
（6）for循环、while循环和do-while循环结构之间可以相互转化。
（7）for、while和do-while循环结构的循环体均为紧接其后的第一个语句（含复合语句）。
（8）while和do-while循环不论什么条件下它们的结果都是相同的。

▶ 解：（1）错误。C语言的三种循环是可以互相嵌套的。
（2）正确。
（3）错误。在循环内的语句受循环的控制。
（4）正确。
（5）错误。当有多层循环时，执行break语句时退出到包含该break语句的那一层循环外。
（6）正确。
（7）正确。
（8）错误。

### 4．简答题

【例 3-2-47】分析以下程序的执行结果。

```c
#include <stdio.h>
void main()
{   int i=0,s=0;
    for (;;)
    {   i+=2;
        if (i>6)
        {   printf("s=%d\n",s);
            break;
        }
        if (i==6) continue;
        s+=i;
    }
}
```

▶ 解：执行条件for循环，每次i增大 2，执行第 3 次for循环时，i=6，执行continue语句，再次执行for循环，i=8，退出循环语句，s=2+4=6。程序输出为s=6。

【例 3-2-48】分析以下程序的执行结果。

```c
#include <stdio.h>
void main()
{   int i=20,n=0;
    do
    {   n++;
        switch(i%4)
        {
        case 0:i=i-7;
            break;
        case 1:
        case 2:
        case 3:i++;
```

```
            break;
        }
    } while (i>=0);
    printf("n=%d\n",n);
}
```

▶ **解**：i的初值为20，进入do-while循环体后，i值逐渐减小，但由于switch语句的作用，是以一种进进退退的方式减小的。程序输出为n=17。

【例3-2-49】分析以下程序的运行结果。

```
#include <stdio.h>
void main()
{   int x;
    for (x=1;x<100;x++)
        if (++x%2==0)              /*if语句1*/
            if (++x%3==0)          /*if语句2*/
                if (++x%5==0)      /*if语句3*/
                    printf("%d ",x);
}
```

▶ **解**：执行for循环。第1次循环x=1：if语句1（x=2）为真，if 语句2（x=3）为真，if 语句2（x=4）为假。第2次循环x=5：if 语句1（x=6）为真，if语句2（x=7）为假。第3次循环x=8：if语句1（x=9）为假。之后每次循环，x为偶数，if语句1的条件均为假。所以整个程序段中不可能执行printf语句。程序无任何数据输出。

【例3-2-50】阅读以下程序：

```
#include <stdio.h>
void main()
{   int i,a,b,c;
    printf("a b c:");
    scanf("%d%d%d",&a,&b,&c);
    for (i=0;i<a;i++)
        switch(b)
        {
        case 1:if (c+i>5)
                    printf("%c",'y');
                else
                    printf("%c",'x');
                break;
        case 2:if (c+i<5)
                    printf("%c",'y');
                else
                    printf("%c",'x');
                break;
        default:printf("%c",'x');
        }
}
```

试回答以下问题：
（1）上述程序若要输出 yyx，则 a、b、c 的初值应为多少？
（2）上述程序若要输出 xy，则 a、b、c 的初值应为多少？

▶ **解**：程序中a值为循环次数，输出几个字母，a值就取几。

（1）为了输出 yyx，应有 a=3，从 switch 中看到，i 值是渐增的，先要输出 y，后输出 x，所以只能执行 case 2 子句，故 b=2；另外，为了输出 yyx，应使 c+i（0）<5、c+i（1）<5、c+i（2）>=5 正好满足，这样 c=3。

（2）为了输出 xy，应有 a=2，x 在前 y 在后，b=1；为了输出 xy，故应使 c+i（0）<=5、c+i（1）>5 正好满足，这样 c=5。

**【例 3-2-51】** 说明以下两个程序段的不同点。

程序段 1：

```
int i,n=0;
for (i=0;i<10;i++)
{   n++;
    if (i>5) continue;
}
printf("i=%d,n=%d\n",i,n);
```

程序段 2：

```
int i=0,n=0;
while (i<10)
{   n++;
    if (i>5) continue;
    i++;
}
printf("i=%d,n=%d\n",i,n);
```

▶ **解**：表面上看这两个程序段的功能是相同的，只是将程序段 1 中的 for 语句用相应的 while 语句替换。的确，如果其中没有 continue 语句或将 continue 改为 break 语句，这两段程序的功能是相同的。但 continue 语句的功能是退出本次执行的循环体，重新开始下一次，对于 for 循环，"表达式 3"不包含在循环体中，所以在下次循环之前执行"表达式 3"，而 while 循环不包含"表达式 3"。

对于程序段 1，执行 for 语句，当 i=6 时，满足 if 条件，执行 continue 语句，执行 i++，i 值为 7，执行下一次循环，如此直到<表达式 2>即 i<10 不再满足，此时 i=10，n=10。

对于程序段 2，执行 while 语句，当 i=6 时，满足 if 条件，执行 continue 语句，i 值仍为 6，执行下一次循环，满足 if 条件，执行 continue 语句，i 值仍为 6，执行下一次循环，…，如此形成了死循环。

为了使程序段 2 与程序段 1 功能等价，只需将与 for 语句"表达式 3"对应的语句放在 continue 语句之前执行即可。即改为：

```
n=0;i=0;
while (i<10)
{   n++;
    i++;
    if (i>5) continue;
}
printf("i=%d,n=%d\n",i,n);
```

**【例 3-2-52】** 有如下程序段：

```
int x,y;
scanf("%d%d",&x,&y);
do
```

```
{   x*=1.8;
    y/=3;
} while (y-x>=10);
```

将上述do-while结构的程序段改写为:

(1) while结构;

(2) for结构。

**解**:(1) 对应的while结构如下:

```
int x,y;
scanf("%d%d",&x,&y);
x*=1.8;
y/=3;
while (y-x>=10)
{   x*=1.8;
    y/=3;
}
```

(2) 对应的 for 结构如下:

```
int x,y;
scanf("%d%d",&x,&y);
for (x*=1.8,y/=3;y-x>=10;x*=1.8,y/=3);
```

从解题结果看到,for循环结构代码最紧缩,即最节省代码。

### 5. 程序设计题

**【例 3-2-53】** 编写一个程序将十进制整数n转换成二进制数,要求从低位到高位输出二进制数的各位。

**解**:采用除2留余法进行数制转换。对应的程序如下:

```
#include <stdio.h>
void main()
{   int n,i=0;
    printf("n=");
    scanf("%d",&n);
    printf("对应的二进制数:");/*从低位到高位输出二进制数的各位*/
    while (n!=0)
    {   printf("%d ",n%2);
        i++;
        n=n/2;
    }
    printf("\n");
}
```

本程序的一次执行结果如下:

```
n=12↙
对应的二进制数:0 0 1 1
```

**【例 3-2-54】** 编写一个程序,输入若干个整数,以-1 标记输入结束,输出其中的最大数和最小数。

**解**:采用一个while循环接收用户输入,用break退出循环。第一次输入时,将该数赋给max和min,对以后输入的数进行比较,将较大的赋给max,较小的赋给min。这样只需对数组扫描一趟即可求出其中的最大数和最小数。对应的程序如下:

```c
#include <stdio.h>
void main()
{   int n,min,max,first=1;
    printf("输入数序:");
    while (1)
    {   scanf("%d",&n);
        if (n==-1) break;        /*输入-1 表示结束*/
        if (first)               /*输入第一个有效数*/
        {   first=0;
            min=max=n;
        }
        else                     /*输入其他有效数*/
        {   if (max<n) max=n;
            else if (n<min) min=n;
        }
    }
    if (!first) printf("Max=%d,Min=%d\n",max,min);
    else printf("没有输入任何有效数\n");
}
```

【例 3-2-55】编写一个程序，输出菱形图案，第一行为一个字母 A，第二行为三个字母 B，依此类推，第 n 行为 2n-1 个相应的字母，以后每行递减。n 由键盘输入。

**解**：使用for循环实现本题功能，外层for循环每输出一行执行一次。对于每输出的一行，先用for输出相应的空格，即进行输出定位，然后，用for循环输出相应个数的字母。其中用c标记每行要输出的字母，初值为'A'，每输出一行，c增1，从而改变输出的字母，以便依次取'A'、'B'、'C'等。对应的程序如下：

```c
#include <stdio.h>
void main()
{   char c;
    int i,j,k,n;
    printf("输入n:");
    scanf("%d",&n);
    printf("对应的菱形图\n");
    c='A';
    for (k=1-n;k<=n-1;k++)
    {   i=n-abs(k);              /*调用内部函数 abs(k)求 k 的绝对值*/
        for (j=1;j<=n-i+1;j++)   /*输出行定位*/
            printf(" ");
        for (j=1;j<=2*i-1;j++)   /*输出字母*/
            printf("%c",c);
        printf("\n");
        c++;                     /*取下一个字母*/
    }
}
```

当用户输入n为 5 时，其输出结果如图 3.10 所示。

```
对应的菱形图
    A
   BBB
  CCCCC
 DDDDDDD
EEEEEEEEE
 FFFFFFF
  GGGGG
   HHH
    I
```

图 3.10  程序执行结果

【例3-2-56】编写一个程序，对输入的正整数n，输出{0,1,…,n-1}的所有子集。例如，输入 3 时，输出如下：

{}，{0}，{1}，{0,1}，{2}，{0,2}，{1,2}，{0,1,2}

▶ 解：当n=3 时子集与序号之间的关系如表 3.1 所示，对于序号i，将其转换成二进制数abc，若c为 1 对应子集元素为 0，若b为 1 对应子集元素为 1，若a为 1 对应子集元素为 2。对应的程序如下：

表 3.1　子集与序号之间的关系

| 子集 | 序号 i | 对应的二进制数 |
| --- | --- | --- |
| {} | 0 | 000 |
| {0} | 1 | 001 |
| {1} | 2 | 010 |
| {0,1} | 3 | 011 |
| {2} | 4 | 100 |
| {0,2} | 5 | 101 |
| {1,2} | 6 | 110 |
| {0,1,2} | 7 | 111 |

```
#include <stdio.h>
void main()
{   int n,m,i,j,k;
    printf("n:");
    scanf("%d",&n);
    m=1;
    for (i=1;i<=n;i++)          /*计算m,使m=2^n*/
        m=m*2;
    m--;                        /*m=2^n-1*/
    for (i=0;i<=m;i++)          /*求每个集合的元素*/
    {   printf("{ ");
        j=i;
        k=0;                    /*k为对应的数字,从 0 开始,至多为n-1*/
        while (j!=0)            /*将i采用辗转相除法从低位到高位转换成二进制数*/
        {
            if (j%2==) printf("%d ",k);   /*求出位的数字j,若为 1 输出对应的k*/
            k++;
            j/=2;
        }
        printf("} ");
        if ((i+1)%5==0) printf("\n");     /*每行输出 5 个集合*/
    }
    printf("\n");
}
```

【例3-2-57】编写一个程序，利用公式 $e=1+\dfrac{1}{1!}+\dfrac{1}{2!}+\dfrac{1}{3!}+\cdots+\dfrac{1}{n!}$ 求出 e 的近似值，其中 n 由用户输入。

▶ 解：采用for循环求各项的值，并进行累加。在求n!时，由于前一项已求出temp=(n-1)!，没有必要从 1 到n相乘来求n!，只需将temp乘以n即可求出n!。对应的程序如下：

```
#include <stdio.h>
void main()
{   int i,j,n;
    double e=1,temp=1;
    printf("n:");
    scanf("%d",&n);
    for (i=1;i<=n;i++)
    {   temp*=i;                /*temp=i!*/
        e+=1/(double)temp;
    }
    printf("e=%f\n",e);
}
```

【例 3-2-58】编写一个程序,求分数序列 $\frac{2}{1}$、$\frac{3}{2}$、$\frac{5}{3}$、$\frac{8}{5}$、$\frac{13}{8}$、$\frac{21}{13}$、…的前 50 项之和。

**解**：用 s 累加各项之和,当前项为 $\frac{y}{x}$,对于第一项 $\frac{2}{1}$,x=1,y=2；对于第二项 $\frac{3}{2}$,x=原来的 y,y=原来的 x+原来的 y；如此推移下去。对应的程序如下：

```
#include <stdio.h>
void main()
{   int x,y,n,i,temp;
    double s=0;
    printf("n:");
    scanf("%d",&n);
    x=1;
    y=2;
    for (i=1;i<=n;i++)
    {   s+=(double)y/x;
        temp=x;
        x=y;
        y=temp+y;
    }
    printf("s=%f\n",s);
}
```

## 3.3 知识点 3：穷举法

### 3.3.1 要点归纳

#### 1. 什么是穷举法

穷举法也称为枚举法,它是算法设计中最常用的方法之一。其基本思想是不重复、不遗漏地穷举所有可能情况,以便从中寻找满足条件的结果。

#### 2. 穷举法编程方法

在穷举法编程中,主要是使用循环语句和选择语句,循环语句用于穷举所有可能的情况,而选择语句判定当前的条件是否为所求的解。其基本格式如下：

```
for (循环变量 x 取所有可能的值)
```

```
{   if (x满足指定的条件)
       输出 x;
}
```

例如，在象棋算式里，不同的棋子代表不同的数，有如下的算式，编写一个程序求这些棋子各代表哪些数字。

$$\begin{array}{r} 兵炮马卒 \\ +\ 兵炮车卒 \\ \hline 车卒马兵卒 \end{array}$$

▶ **解**：通过分析该算式求解：先从卒入手，卒和卒相加，和的个位数仍是卒，这个数只能是0，确定卒是0后，所有是卒的地方，都为0。这时，会看到"兵+兵=车 0"，从而得到兵为5，车是1。进一步得到"马+1=5"，所以，马=4，又有"炮+炮=4"，从而，炮=2。最后的结果：兵=5，炮=2，马=4，卒=0，车=1。

采用穷举法求解：设兵、炮、马、卒和车的取值分别为a、b、c、d、e。则a、b、c、d、e的取值范围为0~9。依上式有：

m=a*1000+b*100+c*10+d;
n=a*1000+b*100+e*10+d;
s=e*10000+d*1000+c*100+a*10+d;
m+n=s

可以用多重循环来列举出它们各种不同的取值情况，逐一地判断它们是否满足上述等式；为了避免同一数字被重复使用，可设立逻辑数组x，x[i]（0≤i≤9）值为1时表示数i没有被使用，为0时表示数i已被使用。对应的程序如下：

```
#include <stdio.h>
void main()
{  int x[10];
   int a,b,c,d,e,i,m,n,s;
   for (i=0;i<=9;i++) x[i]=1;          /*x 数组置初值*/
   for (a=1;a<=9;a++)
   { x[a]=0;                            /*表示不能再让其他变量取与 a 相同的值*/
      for (b=0;b<=9;b++)
       if (x[b])                        /*如果 b 取的当前值未被其他的变量重复*/
       { x[b]=0;                        /*表示不能再让其他变量取与 b 相同的值*/
          for (c=0;c<=9;c++)
           if (x[c])                    /*如果 c 取的当前值未被其他的变量重复*/
           { x[c]=0;                    /*表示不能再让其他变量取与 c 相同的值*/
              for (d=0;d<=9;d++)
               if (x[d])                /*如果 d 取的当前值未被其他的变量重复*/
               { x[d]=0;                /*表示不能再让其他变量取与 d 相同的值*/
                  for (e=0;e<=9;e++)
                   if (x[e])
                   { m=a*1000+b*100+c*10+d;
                      n=a*1000+b*100+e*10+d;
                      s=e*10000+d*1000+c*100+a*10+d;
                      if (m+n==s)
                        printf("兵:%d 炮:%d 马:%d 卒:%d 车:%d\n",
                           a,b,c,d,e);
```

```
                }
                x[d]=1;                /*本次循环末找到解,让d取其他值*/
            }
            x[c]=1;                    /*本次循环末找到解,让c取其他值*/
        }
        x[b]=1;                        /*本次循环末找到解,让b取其他值*/
    }
    x[a]=1;                            /*本次循环末找到解,让a取其他值*/
}
```

本程序的执行结果如下：

兵:5 炮:2 马:4 卒:0 车:1

### 3.3.2 例题解析

#### 1. 填空题

【例3-3-1】以下程序的输出结果是_____。

```
#include <stdio.h>
void main()
{   int i,j,s;
    for (i=1;i<10;i++)
        for (j=0;j<10;j++)
        {   s=i*10+j;
            if (s%8==0 && s%10==0)
                printf("%d ",s);
        }
}
```

▶ 解：采用穷举法求所有能被8和10整除的两位数。本题答案为40 80。

【例3-3-2】以下程序的输出结果是_____。

```
#include <stdio.h>
void main()
{   int i,j,s1,s2;
    for (i=1;i<10;i++)
        for (j=1;j<10;j++)
        {   s1=i*10+j;
            s2=j*10+i;
            if (s1==s2)
                printf("%d ",s1);
        }
}
```

▶ 解：采用穷举法求所有这样的两位数ab，ab=ba。本题答案为 11 22 33 44 55 66 77 88 99。

#### 2. 程序设计题

【例3-3-3】有值为1~4的3个数字，能组成多少个互不相同且无重复数字的三位数？都是多少？

▶ 解：采用穷举法，可填在百位、十位、个位的数字都是1~4。组成所有的排列后再

去掉不满足条件的排列。程序如下:

```
#include <stdio.h>
void main()
{   int i,j,k;
    int count=0;            /*累计三位数的个数*/
    printf("\n");
    for(i=1;i<5;i++)        /*以下为三重循环*/
        for(j=1;j<5;j++)
            for (k=1;k<5;k++)
            {   if (i!=k && i!=j && j!=k)    /*确保i、j、k三位互不相同*/
                {   printf("%d,%d,%d\n",i,j,k);
                    count++;
                }
            }
    printf("count=%d\n",count);
}
```

【例3-3-4】有一圆心在原点,半径为10的圆。编写一个程序将圆内所有的整点(即点的纵横坐标都为整数的点)的坐标输出。

▶ 解:以r为半径的圆环上的点(x, y)满足$x^2+y^2=r^2$,求出所有0~9为半径的圆环上的整点即为本题的解。对应的程序如下:

```
#include <stdio.h>
void main()
{   int x,y,r,num=1;
    for (r=0;r<=9;r++)
        for (x=-r;x<=r;x++)
            for (y=-r;y<=r;y++)
                if (x*x+y*y==r*r)
                {   printf("(%2d,%2d) ",x,y);
                    if (num++%8==0)
                        printf("\n");
                }
    printf("\n");
}
```

【例3-3-5】有甲、乙、丙三人对一块矿石进行判断,每人判断两次。甲认为这块矿石不是铁,也不是铜;乙认为这块矿石不是铁,是锡;丙认为这块矿石不是锡,是铁;已知老工人两次判断都对,普通队员两次判断一对一错,实习生两次判断都错。试问此矿石是什么矿?甲、乙、丙三人的身份各为什么?

▶ 解:设铁、铜和锡的标记分别为0、1和2。则这块矿石的标记x只能取0、1或2。对应的程序如下:

```
#include <stdio.h>
void main()
{   int x;
    int a,a1,a2,b,b1,b2,c,c1,c2;
    for (x=0;x<3;x++)
    {   a1=(x!=0);
        a2=(x!=1);
        a=a1 && a2;
        b1=(x!=0);
        b2=(x==2);
```

```
            b=b1 && b2;
            c1=(x!=2);
            c2=(x==0);
            c=c1 && c2;
            if ((a1+a2+b1+b2+c1+c2)==3 && (a+b+c==1))
            {   switch(x)
                {
                case 0:printf("该矿石是铁\n");break;
                case 1:printf("该矿石是铜\n");break;
                case 2:printf("该矿石是锡\n");break;
                }
                if (a==1) printf("甲是老工人\n");
                if ((a1==1 && a2==0) || (a1==0 && a2==1))
                    printf("甲是普通队员\n");
                if (a1==0 && a2==0)     printf("甲是实习生\n");
                if (b==1) printf("乙是老工人\n");
                if ((b1==1 && b2==0) || (b1==0 && b2==1))
                    printf("乙是普通队员\n");
                if (b1==0 && b2==0) printf("乙是实习生\n");
                if (c==1) printf("丙是老工人\n");
                if ((c1==1 && c2==0) || (c1==0 && c2==1))
                    printf("丙是普通队员\n");
                if (c1==0 && c2==0)     printf("丙是实习生\n");
            }
        }
}
```

本程序的执行结果如下:

```
该矿石是铁
甲是普通队员
乙是实习生
丙是老工人
```

【例3-3-6】有a、b、c、d、e 5个不同的球,准备分给甲、乙、丙、丁、戊5个小朋友。已知:小朋友甲不要a球,小朋友乙不要b球,小朋友丙不要c球。编程求共有多少种不同的分法。

▶ 解:a、b、c、d、e 5个球的编号分别为1~5。甲、乙、丙、丁、戊5个小朋友分到的球分别为a、b、c、d、e。a、b、c、d、e的取值均为 1~5。并用x[]数组实现它们分到的球不同,若a!=1&&b!=2&&c!=3 为真,便得到一种分法。程序如下:

```
#include <stdio.h>
void main()
{   int a,b,c,d,e;
    int x[6],i,count=0;
    for (i=1;i<=5;i++)       /*x[i]数组元素为 1 表示 i 可用,即没有其他变量取值 i*/
        x[i]=1;
    for (a=1;a<=5;a++)       /*穷举 a*/
    {   x[a]=0;              /*赋值为 0 表示其他变量不能再取与 a 相同的值*/
        for (b=1;b<=5;b++)   /*穷举 b*/
            if (x[b])        /*如果没有其他变量取与 b 相同的值*/
            {   x[b]=0;
                for (c=1;c<=5;c++)
```

```
                if (x[c])
                {   x[c]=0;
                    for (d=1;d<=5;d++)
                        if (x[d])
                        {   x[d]=0;
                            for (e=1;e<=5;e++)
                                if (x[e])
                                {   x[e]=0;
                                    if (a!=1 && b!=2 && c!=3)
                                        count++;
                                    x[e]=1;
                                }
                            x[d]=1;
                        }
                    x[c]=1;
                }
            x[b]=1;
        }
        x[a]=1;
    }
    printf("分法数=%d\n",count);
}
```

本程序的执行结果如下：

分法数=64

【例3-3-7】编写一个程序，输出所有这样的三位数：这个三位数本身恰好等于其每个数字的立方和（如$153=1^3+5^3+3^3$）。

▶ **解**：设三位数为i（100≤i≤999），它的各位数字从高到低位分别为a、b和c。若a*a*a+b*b*b+c*c*c==i，则输出i。对应的程序如下：

```
#include <stdio.h>
void main()
{   int i,n,a,b,c;
    for (i=100;i<=999;i++)
    {   n=i;
        c=n%10;n=n/10;
        b=n%10;n=n/10;
        a=n;
        if (a*a*a+b*b*b+c*c*c==i)
            printf("%d ",i);
    }
    printf("\n");
}
```

本程序的执行结果如下：

153 371 371 407

【例3-3-8】编写一个程序求x，使$x^2$=□□□□□□□□□，每个□内的数字互不相同。

▶ **解**：采用穷举法求解，x的可能取值范围为：10000～$\sqrt{987654321}$（因为987654321是满足题意的最大9位数）。用一个数组p[]来判定是否出现重复的数字位，首先所有元素置初值1，若数字t在$x^2$中某位上出现，则置p[t]=0，如果$x^2$中不重复出现的数字有9个，则输出x。对应的程序如下：

```c
#include <stdio.h>
#include <math.h>
void main()
{   long x,y,y2;
    int p[10],i,t,k,num=0;
    printf("求解结果如下:\n");
    for (x=10000;x<sqrt(987654321);x++)  /*穷举 x*/
    {   for (i=1;i<=9;i++)                           /*数组 p 置初值*/
            p[i]=1;
        y2=y=x*x;k=0;
        for (i=1;i<=9;i++)
        {   t=y2%10;                                 /*t 为对应位上出现的一个数字*/
            y2=y2/10;
            if (p[t]==1)                             /*如果 t 这个数字尚未出现*/
            {   k++;                                 /*k 记录 x*x 中不重复出现的数字个数*/
                p[t]=0;                              /*置为 0 表示数字 t 在 x*x 中已出现过*/
            }
        }
        if (k==9)                                    /*若 9 位上的数字均不相同,则输出这个解*/
        {   printf("%3d:%ld^2=%ld  ",++num,x,y);
            if (num%3==0)                            /*控制每行输出三个解*/
                printf("\n");
        }
    }
}
```

# 第4章 数 组

> 基本知识点：数组的基本概念、一维数组、二维数组和多维数组的定义和使用方法。
> 重　　点：字符数组、字符串数组和数组的基本排序方法。
> 难　　点：利用数组解决复杂的应用问题。

## 4.1 知识点1：数组的基本概念

### 4.1.1 要点归纳

数组是相同类型的元素集合，在C语言中，数组分为一维数组、二维数组和多维数组。每个数组元素都表示一个变量，都可以像普通变量那样操作。

**1. 一维数组**

任何数组在使用之前必须进行定义，即指定数组名称、大小和元素类型。一旦定义了一个数组，系统就将为它在内存中分配一个所申请大小的存储空间。

（1）一维数组的定义

一维数组的定义方式如下：

类型说明符 数组名[常量表达式]；

其中，"类型说明符"是指数组的数据类型，也就是每个数组元素的类型。"数组名"指定数组的名称。在C语言中规定，一个数组的名称表示该数组在内存中所分配的一块存储区域的首元素首地址，因此，数组名是一个地址常量，不允许对其进行修改；"常量表达式"表示该数组拥有多少个元素，即定义了数组的大小，它必须是正整数。

> C语言中规定一个数组中的元素下标必须从0开始。所以，定义数组时，"常量表达式"指出数组的长度，长度为n时，数组元素下标只能从0到n-1。

例如，int a[10];定义了一个含10个整型数的数组a。

（2）一维数组元素的引用

一维数组元素的引用方式如下：

数组名[下标]

其中,"下标"可以是整型常量或整型表达式。它是某个数组元素到数组开始元素的位置偏移量,第1个元素的偏移量是0,第2个元素的偏移量是1,依次类推。

例如,a[3]表示引用数组a的下标为3的元素即第4个元素。

(3)一维数组的初始化

数组的初始化就是在定义数组时对全部或部分元素赋初值。一维数组的初始化有如下几种方式。

在定义一个数组时,如果对数组不赋初值,在Turbo C中给数组元素取值0。而在VC++中取随机值,如果定义数组时,前面加上static(说明为静态数组),则系统自动对所有数据元素赋0。

① 对数组的全部元素赋初始值。例如:

```
static int a[3]={10,20,30};
```

该语句执行之后有:

```
a[0]=10,a[1]=20,a[2]=30
```

② 对数组的部分元素赋初始值。例如:

```
static int a[5]={10,20,30};
```

该语句执行之后有:

```
a[0]=10,a[1]=20,a[2]=30,a[3]=0,a[4]=0
```

采用这种方式初始化时只能缺省后面的元素初值,例如,static int a[5]={10,,30};是错误的,因为缺省了中间的元素。

③ 对数组的全部元素赋初始值时,也可将数组定义为一个不确定长度的数组。例如:

```
static int a[]={10,20,30};
```

该语句执行之后a数组的长度自动确定为3,并有:

```
a[0]=10,a[1]=20,a[2]=30
```

### 2. 二维数组

(1)二维数组的定义

二维数组的定义方式如下:

```
类型说明符 数组名[常量表达式1][常量表达式2];
```

其中,"类型说明符"是指数组的数据类型,也就是每个数组元素的类型。"常量表达式1"指出数组的行数,"常量表达式2"指出数组的列数,它们必须都是正整数。

在定义二维数组时,注意以下几点。

① 二维数组中元素的顺序是:按行优先存放,即在内存中先顺序存放第一行的元素,

再存放第二行的元素，如此等等。

② 二维数组可看成是一个特殊的一维数组，它的元素又是一维数组。

例如：以下语句定义了一个 3×4（3 行 4 列）的二维数组 b，每个数组元素为 float 型。

```
float b[3][4];
```

该数组元素的存储顺序是：b[0][0], b[0][1], b[0][2], b[0][3], b[1][0], b[1][1], b[1][2], b[1][3], b[2][0], b[2][1], b[2][2], b[2][3]。

（2）二维数组元素的引用

二维数组元素的引用方式如下：

```
数组名[下标1][下标2]
```

其中，下标可以是整型常量或整型表达式。由于二维数组是以行优先排列的，所以，对于如下定义的二维数组：

```
int A[M][N];/*M行N列*/
```

其元素 A[i][j]（$0 \leq i \leq M-1$，$0 \leq j \leq N-1$）排在第 $i \times N+j+1$ 个存储位置。例如，上面定义的二维数组 b，b[1][2]元素的序号=1×4+2+1=7。

（3）二维数组的初始化

二维数组的初始化有如下几种方式。

① 分行给二维数组赋初始值，例如：

```
static int b[3][2]={{1,2},{3,4},{5,6}};
```

该语句执行之后有：

```
b[0][0]=1,b[0][1]=2,b[1][0]=3,b[1][1]=4,b[2][0]=5,b[2][1]=6
```

② 按数组在存储时的排列顺序赋初始值，例如：

```
static int b[3][2]={1,2,3,4,5,6};
```

该语句执行之后有：

```
b[0][0]=1,b[0][1]=2,b[1][0]=3,b[1][1]=4,b[2][0]=5,b[2][1]=6
```

③ 允许省略第一维长度来给二维数组赋初始值，例如：

```
int b[][2]={1,2,3,4,5,6};
```

该语句执行之后，自动计算出第一维长度=⌈6/2⌉=3（⌈x⌉表示大于 x 的最小整数），因此同样有：

```
b[0][0]=1,b[0][1]=2,b[1][0]=3,b[1][1]=4,b[2][0]=5,b[2][1]=6
```

对于三维及三维以上的多维数组，其定义、初始化和使用方式与二维数组类似。

## 4.1.2 例题解析

### 1. 单项选择题

【例 4-1-1】以下关于C语言中数组的描述正确的是_____。
    A. 数组的大小是固定的，但可以有不同的类型的数组元素
    B. 数组的大小是可变的，但所有数组元素的类型必须相同
    C. 数组的大小是固定的，所有数组元素的类型必须相同
    D. 数组的大小是可变的，可以有不同的类型的数组元素
  ▶ 解：数组是具有相同类型的数据的集合，在C语言中规定数组的大小是固定的。所以本题答案为C。

【例 4-1-2】以下有关 C 语言中数组说法正确的是_____。
    A. 数组元素的数据类型可以不一致
    B. 数组元素的个数可以不确定，允许随机变动
    C. 可以使用动态内存分配技术，定义元素个数可变的数组
    D. 定义一个数组后，就确定了它所容纳的具有相同数据类型元素的个数
  ▶ 解：C语言中一个数组所有元素的数据类型必须相同，且不存在元素个数可变的数组。本题答案为D。

【例 4-1-3】以下定义正确的是_____。
    A. static int a[]={1,1,1,1};        B. int a[]={1,2};
    C. int a(20);                        D. int 4a[4];
  ▶ 解：选项B中下标不能缺省；选项C中指定下标要用中括号；选项D中数组名是不合法的标识符。本题答案为A。

【例 4-1-4】若有定义 float a[]={1,2,3,4};，则下列叙述正确的是_____。
    A. 将 4 个初值依次赋给a[1]～a[4]
    B. 将 4 个初值依次赋给a[0]～a[3]
    C. 将 4 个初值依次赋给a[6]～a[9]
    D. 因为数组长度与初值个数不相同，所以此语句错误
  ▶ 解：数组下标从 0 开始。本题答案为B。

【例 4-1-5】以下一维数组 a 的正确定义是_____。
    A. int a(10);                     B. int n=10,a[n];
    C. int n; scanf("%d",&n);int a[n];    D. #define SIZE 10 int a[SIZE];
  ▶ 解：选项A是错误的，因为定义数组的长度应在方括号中；选项B是错误的，数组的长度只能是常量表达式或符号常量，这里n是变量；选项C是错误的，原因同B；选项D是正确的，其中SIZE是符号常量。本题答案为D。

【例 4-1-6】若有语句 int arr[10];，则下列对 arr 的描述正确的是_____。
    A. 定义了一个名称为arr的一维整型数组，共有 10 个元素
    B. 定义了一个名称为arr的一维整型数组，共有 11 个元素

C. 定义数组arr的第9个元素为整型变量

D. 定义了一个名称为arr的一维整型数组，共有9个元素

▶ 解：定义中10表示数组arr的长度即元素个数。本题答案为A。

【例4-1-7】以下能对一维数组a所有元素正确初始化的语句是_____。

  A. int a[20]={1,2,3,4,5};     B. int a[30]={};

  C. int a[]={1};         D. a[20]=(10);

▶ 解：选项A和B只给部分元素置初值，选项D语法错误。本题答案为C。

【例4-1-8】在定义 int a[10];之后，对a的元素引用正确的是_____。

  A. a[10]   B. a[6.3]   C. a(6)   D. a[10-10]

▶ 解：选项A是错误的，因为其数组下标10超界；选项B是错误的，因为数组下标只能是正整数；选项C是错误的，因为数组下标只能用方括号括起来；D是正确的，等价于a[0]。本题答案为D。

【例4-1-9】若有定义 int a[][3]={0,0};，则下列叙述正确的是_____。

  A. 数组a的每个元素都可得到初值0

  B. 二维数组a第一维的大小为4

  C. 数组a的行数为2

  D. 只有元素a[0][0]和a[0][1]可得到初值0，其余元素均得不到初值

▶ 解：第1维的长度=「初始化元素个数/第2维的长度」=1。该数组不是静态数组。本题答案为D。

【例4-1-10】若有定义 int a[4][5]={0};，则下列叙述正确的是_____。

  A. 只有元素a[0][0]可得到初值0

  B. 此定义语句错误

  C. 数组a中各元素都可得到初值，但其值不确定

  D. 数组a中每个元素均可得到初值0

▶ 解：若定义为static int a[4][5]={0};，则只有a[0][0]得到初值0。本题答案为A。

【例4-1-11】以下对二维数组a进行错误初始化的是_____。

  A. int a[][3]={3,2,1,1,2,3};     B. int a[][3]={{3,2,1},{1,2,3}};

  C. int a[2][3]={{3,2,1},{1,2,3}};   D. int a[][]={{3,2,1},{1,2,3}};

▶ 解：对二维数组的初始化不能两个维的长度都省略。本题答案为D。

【例4-1-12】以下数组定义中错误的是____。

  A. int a[2][3];         B. int b[][3]={0,1,2,3};

  C. int c[100][100]={0};     D. int d[3][]={{1,2},{1,2,3},{1,2,3,4}};

▶ 解：二维数组初始化时允许省略第一维长度来给二维数组赋初始值，但不允许省略第二维的长度。本题答案为D。

【例4-1-13】在定义 int a[2][3];之后，对a的引用正确的是_____。

  A. a(1,2)   B. a[1,3]   C. a[1>2][!1]   D. a[2][0]

▶ 解：a[1>2][!1]等价于a[0][0]，是正确的引用。本题答案为C。

【例 4-1-14】以下程序的输出结果是_____。
```
#include <stdio.h>
void main()
{   int i,a[10];
    for(i=9;i>=0;i--)
        a[i]=10-i;
    printf("%d%d%d\n",a[2],a[5],a[8]);
}
```
  A. 258      B. 741      C. 852      D. 369

▶ 解：a[2]=10-2=8，a[5]=10-5=5，a[8]=10-8=2。本题答案为C。

【例 4-1-15】有以下程序：
```
#include <stdio.h>
void main()
{   int m[][3]={1,4,7,2,5,8,3,6,9};
    int i,k=2;
    for(i=0;i<3;i++)
        printf("%d",m[k][i]);
}
```
执行后输出结果是_____。
  A. 4 5 6     B. 2 5 8     C. 3 6 9     D. 7 8 9

▶ 解：输出m[2][0]、m[2][1]和a[2][2]。本题答案为C。

【例 4-1-16】以下程序的输出结果是_____。
```
#include <stdio.h>
void main()
{   static int a[4][4]={{1,3,5},{2,4,6},{3,5,7}};
    printf("%d%d%d%d\n",a[0][3],a[1][2],a[2][1],a[3][0]);
}
```
  A. 0650     B. 1470     C. 5430     D. 输出值不定

▶ 解：初始化后，a[0][0]~a[0][2]分别为1、3、5，a[1][0]~a[1][2]分别为2、4、6，a[2][0]~a[2][2]分别为3、5、7，其他值均为0。本题答案为A。

【例 4-1-17】有如下程序：
```
#include <stdio.h>
void main()
{   static int a[3][3]={{1,2},{3,4},{5,6}},i,j,s=0;
    for(i=0;i<3;i++)
        for(j=0;j<=i;j++)
            s+=a[i][j];
    printf("%d\n",s);
}
```
该程序的输出结果是_____。
  A. 18      B. 19      C. 20      D. 21

▶ 解：求二维数组a的下三角之和，s=1+2+4+5+6+0=19。本题答案为B。

【例 4-1-18】以下程序的输出结果是_____。
```
#include <stdio.h>
void main()
```

```
{   int b[3][3]={0,1,2,0,1,2,0,1,2},i,j,t=1;
    for(i=0;i<3;i++)
        for(j=i;j<=i;j++)
            t=t+b[i][b[j][j]];
    printf("%d\n",t);
}
```

A. 3　　　　　　B. 4　　　　　　C. 1　　　　　　D. 9

▶ 解：t=1+b[0][b[0][0]]+b[1][b[1][1]]+b[2][b[2][2]]=1+b[0][0]+b[1][1]+b[2][2]=1+0+1+2=4。本题答案为B。

【例 4-1-19】下面的程序中_____有错误（每行程序前面的数字是行号）。

```
1   #include <stdio.h>
2   void main()
3   {
4       float a[3]={0,0};
5       int i;
6       for(i=0;i<3;i++) scanf("%d",a[i]);
7       for(i=1;i<3;i++) a[0]=a[0]+a[i];
8       printf("%f\n",a[0]);
9   }
```

A. 没有　　　　　B. 第 4 行　　　　C. 第 6 行　　　　D. 第 8 行

▶ 解：第 6 行的scanf应改为scanf("%d",&a[i])。本题答案为C。

2. 填空题

【例 4-1-20】已知int a[2][3]={{1,3},{8}};，则a[0][1]值为___①___，a[1][1]值为___②___。

▶ 解：本题答案为①3　②0。

【例 4-1-21】若有定义 int a[3][4]={{1,2},{0},{4,6,8,10}};，则初始化后，a[1][2]=___①___，a[2][1]=___②___。

▶ 解：本题答案为①0　②6。

【例 4-1-22】有以下程序：

```
#include <stdio.h>
void main()
{   int i,j,row,col,m;
    static int arr[3][3]={{100,200,300},{28,72,-30},{-850,2,6}};
    m=arr[0][0];
    for(i=0;i<3;i++)
        for(j=0;j<3;j++)
            if(arr[i][j]<m)
            {   m=arr[i][j];
                row=i;
                col=j;
            }
    printf("%d,%d,%d\n",m,row,col);
}
```

执行后输出的结果是_____。

▶ 解：注意二维数组赋初值。本题答案为-850,2,0。

【例 4-1-23】有以下程序：

```
#include <stdio.h>
void main()
{   int a[4][4]={{1,2,-3,-4},{0,-12,-13,14},{-21,23,0,-24},
               {-31,32,-33,0}};
    int i,j,s=0;
    for(i=0;i<4;i++)
    {   for(j=0;j<4;j++)
        {   if(a[i][j]<0)continue;
            if(a[i][j]==0)break;
            s+=a[i][j];
        }
    }
    printf("%d\n",s);
}
```

执行后输出的结果是____。

▶ 解：注意二维数组赋初值。本题答案为 58。

【例 4-1-24】以下程序可求出矩阵a的两条对角线上的元素之和。请将正确的语句填入____处。

```
#include <stdio.h>
void main()
{   int a[3][3]={1,3,6,7,9,11,14,15,17},sum1=0,sum2=0,i,j;
    for(i=0;i<3;i++)
        for(j=0;j<3;j++)
            if(i==j) sum1=sum1+a[i][j];
    for(i=0;i<3;i++)
        for( ___①___ ; ___②___ ;j--)
            if((i+j)==2) sum2=sum2+a[i][j];
    printf("sum1=%d,sum2=%d\n",sum1,sum2);
}
```

▶ 解：注意二维数组赋初值。本题答案为①j=2 ②j>=0

【例 4-1-25】阅读下列程序说明和 C 代码，请将正确的语句填入____处。

```
#include <stdio.h>
#define N 100
int a[N][N];
void main()
{   int row,col,max,min,n;
    /*输入合法的 n(n<100)和输入 n*n 个整数到数组 a 的代码略*/
    for (row=0;row<n;row++)
    {
        for (max=a[row][0],col=1;col<n;col++)
            if ( ___①___ ) max=a[row][col];
        if ( ___②___ ) min=max;
        else if ( ___③___ ) min=max;
    }
    printf("The min of max numbers is %d\n",min);
}
```

▶ 解：在n行n列的矩阵a中，每行都有最大的数，本程序的功能是求这n个最大数中的最小的一个。本题答案为：

① a[row][col]>max        /*比较判定有较大者*/

② row==0               /*给 min 置初值*/
③ max<min              /*比较判定有较小者*/

### 3. 判断题

【例 4-1-26】判断以下叙述的正确性。

（1）数组名代表该数组的首元素的首地址。
（2）数组元素通常也称为下标变量。必须先定义数组，才能使用下标变量。
（3）数组名能与其他变量名相同。数组名后是用方括号括起来的常量表达式，不能用圆括号。
（4）一个数组可以存放不同类型的值。
（5）定义数组时可以同时给数组赋初值，初值的个数可以超过数组的长度，多余的被忽略。
（6）在数组定义后，可以使用语句如a[]={1,2,3};给数组初始化。
（7）对于数值型数组来说，可以一次引用整个数组。
（8）C语言中，数组元素的下标是从 1 开始的，下标不能越界。
（9）C语言中，数组名是一个常量，是数组首元素的内存地址，可以重新赋值。
（10）如果想使一个数组中全部元素的值为 0，可以写成：int a[10]={0*10}。

▶ 解：（1）正确。　　（2）正确　　（3）正确。
（4）错误。一个数组仅仅能存放相同类型的值。
（5）错误。初值的个数可以超过数组的长度时出错，例如int a[3]={1,2,3,4};是错误的。
（6）错误。在数组定义后，不能再给数组整体赋值。
（7）错误。对于数值型数组一次只能引用一个数组元素。
（8）错误。数组元素的下标是从 0 开始的，下标不能越界。
（9）错误。数组名是一个常量，是数组首元素的内存地址，不能重新赋值。
（10）错误。

【例 4-1-27】判断以下叙述的正确性。

（1）C语言中，二维数组元素在内存中也是顺序存放的，它们的地址是连续的。
（2）二维及多维数组在定义的同时给数组赋初值时，可以省略数组的各维长度。
（3）C语言中，在对全部数组元素赋初值时，必须指定数组的长度。
（4）若有定义和语句：

```
int a[3][3]={{3,5},{8,9},{12,35}},i,sum=0;
for(i=0;i<3;i++) sum+=a[i][2-i];
```

则sum的值为 21。

（5）语句static int a[3][4]={{1},{5},{9}};的作用是将数组各行第一列的元素赋初值，其余元素值为 0。

▶ 解：（1）正确。
（2）错误。二维数组在定义的同时给数组赋初值时，只能省略数组第一维的长度。如int a[][2]={1,2,3,4,5,6};是正确的，而int a[3][]={1,2,3,4,5,6};和int a[][]={1,2,3,4,5,6};都是错误的。
（3）错误。对于一维数组可以不指定数组长度，二维可以省略数组第一维的长度。

（4）正确。　（5）正确。

4. 简答题

**【例4-1-28】** 已知int a[][3]={0,1,2,3,4,5,6,7};，求数组a第一维的大小。

▶ **解**：在定义二维数组并初始化时，若省略第一维，则其长度=⌈初始化列表长度/第二维大小⌉（其中⌈x⌉返回大于等于x的最小整数），本题第一维的大小=⌈8/3⌉=3。

**【例4-1-29】** 对于下列定义，指出哪些是正确的？哪些是错误的？为什么？

（1）int a[][3];

（2）int b['0'];

（3）char c[10]={"abcd\n"};

（4）char d[10]="abcd\n";

（5）float f[][3]={1,2,3,4,5,6}

（6）double e[2,3];

▶ **解**：（1）没有指出数组第一维的长度，也没有进行初始化，所以是错误的。

（2）'0'被转换成int型即ASCII值48，所以是正确的。

（3）正确。　（4）正确。

（5）说明语句没有结尾的分号，所以是错误的。

（6）存在语法错误。

**【例4-1-30】** 分析以下程序的执行结果。

```
#include <stdio.h>
void main()
{   int i=0,j=0,x=0;
    static int a[][4]={0,2,0,3,0,3,4,0,4,5,6,7,6,5,0,0};
    while (i<4 && j<4)
    {   x+=a[3-i][j];
        i++;j++;
    }
    printf("%d\n",x);
}
```

▶ **解**：本程序用于计算4×4二维数组即4阶方阵a的次对角线上的元素之和。程序输出为：18。

**【例4-1-31】** 分析以下程序的执行结果。

```
#include <stdio.h>
void main()
{   int m,i,j;
    int a[5][5];
    m=1;
    for (i=0;i<5;i++)
        for (j=0;j<5;j++)
            if (i<j)
                a[i][j]=1;
            else
            {   a[i][j]=10;
                m++;
            }
```

```
    for (i=0;i<5;i++)
    {   for (j=0;j<5;j++)
            printf("%-3d",a[i][j]);
        printf("\n");
    }
}
```

▶ **解**：本程序是对一个二维数组a进行赋值并输出。赋值方式是：对于行号小于列号的元素即右上角赋值1，对于其他元素赋值10。其中的m不起任何作用。程序输出为：

```
10 1  1  1  1
10 10 1  1  1
10 10 10 1  1
10 10 10 10 1
10 10 10 10 10
```

### 5. 程序设计题

【例4-1-32】编写一个程序，对于给定的行数n在二维数组a中产生如下形式的杨辉三角形并输出：

```
1
1 1
1 2 1
1 3 3 1
1 4 6 4 1
……
```

▶ **解**：用一个较大的二维数组 a[N][N]来存放杨辉三角形。分析杨辉三角形可知，对于给定的行数 n，1～n 行的第一个元素和最后一个元素均为 1。从第三行起，对于该行的第二个元素到该行的倒数第二个元素 a[i][j]，有 a[i][j]=a[i-1][j-1]+a[i-1][j]的关系，利用这个关系求出数组 a。最后输出 a。对应的程序如下：

```
#include <stdio.h>
#define N 100
void main()
{   int a[N][N];
    int i,j,n;
    printf("n:");
    scanf("%d",&n);
    for (i=1;i<=n;i++)
    {   a[i][1]=1;                  /*每行的第一个元素和最后一个元素均为1*/
        a[i][i]=1;
    }
    for (i=3;i<=n;i++)              /*从第3行起求第2个元素及之后的元素*/
        for (j=2;j<i;j++)
            a[i][j]=a[i-1][j-1]+a[i-1][j];
    for (i=1;i<=n;i++)              /*输出a*/
    {   for (j=1;j<=i;j++)
            printf("%-3d",a[i][j]);
        printf("\n");
    }
}
```

【例4-1-33】给定一个整数数组 b[0..N-1]，b 中连续的相等元素构成的子序列称为平台。编写一个程序求出 b 中最长平台的长度。

▶ 解：设b中最长平台的长度为max，先置max=0，从b[0]开始扫描，元素下每个平台的长度p。当max<p时，将p赋给max。对应的程序如下：

```c
#include <stdio.h>
void main()
{   int i=0,p,max=0,n=12;
    int b[]={1,2,1,3,1,1,3,3,3,2,1,1};
    while (i<n)
    {   p=1;i++;                           /*b[i]构成长度为1的平台*/
        while (i<n && b[i-1]==b[i])        /*找平台*/
        {   p++;
            i++;
        }
        if (p>max) max=p;                  /*比较找出最长平台的长度*/
    }
    printf("max=%d\n",max);
}
```

【例 4-1-34】有一条环形铁路上，共有 n 个车站（车站的顺序如图 4.1 所示）现有检查组去检查服务质量，从第 i 个车站开始，每隔 m 个站检查一个，直到所有的站都检查完。编写一个程序输出检查顺序。

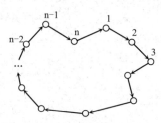

图4.1 车站的顺序图

▶ 解：用一个数组A存放车站编号（0～n-1），这里用A[0]存放编号为n的车站。当检查了某个车站后，将其编号置为-1以避免重复检查。并将最后的检查顺序存放到一维数组B中，最后输出B。对应的程序如下：

```c
#include <stdio.h>
#define N 100                              /*最多车站数目*/
void main()
{   int A[N],B[N],n,m,i,j,k=0,k1;          /*k记录检查车站的个数*/
    printf("n,i,m:");
    scanf("%d,%d,%d",&n,&i,&m);
    A[0]=n;                                /*置初值*/
    for (j=1;j<n;j++)
        A[j]=j;
    B[k++]=i;
    A[i]=-1;j=i;
    while (k<n)
    {   k1=0;                              /*用k1累加间隔车站个数*/
        while (k1<=m)
        {   j=(j+1)%n;                     /*车站是环形排列的*/
            if (A[j]!=-1) k1++;
        }
        B[k++]=A[j];
        A[j]=-1;
    }
    printf("检查顺序:\n");                 /*输出结果*/
```

```
        for (j=0;j<n;j++)
            printf("%3d",B[j]);
        printf("\n");
}
```

【例 4-1-35】编写一个程序,计算 1997!的值。(提示:1997!的值已超过计算机所能表示的整数范围,请考虑其他技巧。)

▶ 解:假设 1997!之值不超过 10000 位,用一个含有 10000 个元素的整型数组num存放其结果,每个元素存放一位。num[0]存放个位数字,num[1]存放十位数字,依次类推。假如,8!计算出来的值 40320 放在num中,即为:

|   | 4 | 3 | 2 | 1 | 0 |
|---|---|---|---|---|---|
|…| 4 | 0 | 3 | 2 | 0 |

当前数组长度 len=4,求 9!时,将 n=9 与各位依次相乘,rem 保存当前进位数字(0≤rem≤9),其过程如下:

①rem 置初值 0
②i=0: rem=rem+num[0]*9=0+0=0,num[0]=rem%10=0,rem=rem/10=0
③i=1: rem=rem+num[1]*9=0+18=18,num[1]=rem%10=8,rem=rem/10=1
④i=2: rem=rem+num[2]*9=0+27=28,num[2]=rem%10=8,rem=rem/10=2
⑤i=3: rem=rem+num[3]*9=2+0=2,num[3]=rem%10=2,rem=rem/10=0
⑥i=4: rem=rem+num[4]*9=0+36=36,num[4]=rem%10=6,rem=rem/10=3
⑦rem=3,len=len+1=5,num[5]=rem%10=3,rem=rem/10=0,结束。

num各位结果为 3、6、2、8、8、0,即 9!=362880。

利用上述思想得到求 1997!的程序如下:

```
#include <stdio.h>
#define Maxlen 10000
#define N 1997
int mult(int num[],int len,int n)    /*num:被乘的数组,len:数组长度,n:乘数*/
{   int i,rem=0;
    for (i=0;i<len;i++)              /*将 n 与每个位上的数字相乘*/
    {   rem+=num[i]*n;
        num[i]=rem%10;
        rem=rem/10;
    }
    if (rem>0)                       /*处理最高进位*/
    {   num[len]=rem%10;
        len++;
        rem=rem/10;
    }
    return len;
}
void main()
{   int num[Maxlen];
    int len=1,i;
    num[0]=1;
    for (i=2;i<=N;i++)
        len=mult(num,len,i);
```

```
    for (i=len-1;i>=0;i--)          /*输出结果*/
       printf("%d",num[i]);
    printf("\n");
}
```

【例4-1-36】假设有一对小兔子,出生第二个月后变成一对大兔子,第三个月后变成一对老兔子,并开始每月出生一对小兔子,随后以此类推。编写一个程序,求15个月内共有多少对兔子。

▶ 解:求第n个月内的兔子总数F(n)的公式如下:

F(1)=1

F(2)=1

F(n)=F(n−1)+F(n−2)    n>2

使用一个数组存放兔子个数。对应的程序如下:

```
#include <stdio.h>
void main()
{   int F[16],i;
    F[1]=1;
    F[2]=1;
    for (i=3;i<=15;i++)
       F[i]=F[i-1]+F[i-2];
    printf("Sum=%d\n",F[15]);
}
```

【例4-1-37】假设10个整数用一个一维数组存放,编写一个程序求其最大值和次大值。

▶ 解:用max1和max2分别存放最大值和次大值,先将a[0]和a[1]中较大的值赋给max1,较小者赋给max2,再在a[2]~a[n-1]中比较查找。对应的程序如下:

```
#include <stdio.h>
void main()
{   int a[]={1,8,3,4,7,9,6,10,2,5};
    int n=10,max1,max2,i;
    max1=a[0]>a[1]?a[0]:a[1];
    max2=a[0]>a[1]?a[1]:a[0];
    for (i=2;i<n;i++)
       if (max1<a[i])
       {   max2=max1;
           max1=a[i];
       }
    printf("max1=%d,max2=%d\n",max1,max2);
}
```

【例4-1-38】编写一个程序,实现很长整数相加的过程。

▶ 解:很长整数一般指无法用long型数存储的数,为此用两个字符数组add1和add2进行存储,然后从个位对齐转入到str1和str2字符数组中,再进行相加运算。程序如下:

```
#include <stdio.h>
void main()
{   char add1[40],add2[40];
    char str1[48],str2[48],str3[50];
    int len,len1,len2,i,j,k;
    printf("被加数:");
    scanf("%s",add1);
```

```
        printf("加  数:");
        scanf("%s",add2);
        for (i=0;i<50;i++)           /*str1、str2、str3 字符数组初始化*/
            str3[i]=48;              /*字符 0 对应的 ASCII 码为 48*/
        for (i=0;i<48;i++)
            str1[i]=48;
        for (i=0;i<48;i++)
            str2[i]=48;   /*将 add1、add2 中的数字串按个位对齐分别转入 str1、str2 中*/
        for (i=0;add1[i]!='\0';i++)
        len1=i;
        for (i=0;add2[i]!='\0';i++)
        len2=i;
        if (len1>len2)                /*len=max(len1,len2)*/
            len=len1;
        else
            len=len2;
        for (i=len1-1;i>=0;i--)
            str1[len-len1+i]=add1[i];
        str1[len]='\0';
        for (i=len2-1;i>=0;i--)
            str2[len-len2+i]=add2[i];
        str2[len]='\0';
        for (i=len-1;i>=0;i--)
        {   j=(str1[i]-48)+(str2[i]-48)+str3[i+1]-48;
            if (j>9)                  /*有进位的情况*/
            {   k=j-10;
                str3[i+1]=k+48;
                str3[i]=str3[i]+1;
            }
            else str3[i+1]=j+48;      /*无进位的情况*/
        }
        str3[len+1]='\0';
        printf("相加结果:");
        if (str3[0]=='0')             /*str3[0]用作进位,若无进位可不显示*/
            i=1;
        else
            i=0;
        for (j=i;j<=len;j++)
            printf("%c",str3[j]);
        printf("\n");
}
```

本程序的一次执行结果如下:

被 加 数:5555555555555555555✓
加   数:5555555555555555555✓
相加结果:11111111111111111110

## 4.2 知识点 2：字符数组和字符串数组

### 4.2.1 要点归纳

#### 1. 字符数组

字符数组是用来存放若干个字符的数组，其定义和引用方式与前面讨论的相同。在 C 语

言中没有提供一个字符串类型符,字符串被定义为一个字符数组。例如:

```
char str[10];
```

定义 str 是一个字符数组,其中有 10 个元素,每个元素是一个字符。字符数组除了有一般数组所具有的性质外,还具有它自己的特殊性:

- 字符数组存储的是一串字符序列,其中还可以包含转义字符序列。
- 一个字符数组的字符构成一个字符串。因此,它用一个特殊的串结束符号放在字符串的最后位置上标记一个串的结束,这个串结束标记为 ASCII 字符的 0,即空字符,表示成"\0"。例如,上面定义的 str 字符数组最多可以存储 9 个字符,还剩一个字符位置用来存放串结束符。

可以在定义字符数组的同时进行初始化。例如,下面的定义语句:

```
char s[5]={'A','B','C','D','\0'};                    //初始化方法1
```

将字符数组s初始化成:

```
s[0]='A',s[1]='B',s[2]='C',s[3]='D',s[4]='\0'
```

但这种为字符数组初始化的方法比较麻烦。它不仅要为每个元素都加上一对单引号,还要最后多加一个字符串结束标记。可以使用简单的方法为字符数组进行初始化。例如:

```
char s[5]="ABCD";  或 char s[5]={"ABCD"};           //初始化方法2
```

提示

在初始化方法 2 中,由于C语言给字符串自动加上串结束标识"\0",所以数组长度应比初始化元素个数多 1。初始化方法 1 和初始化方法 2 的区别是,采用前者时,C语言不会自动添加"\0",采用后者时,C语言会自动添加"\0"。

这种赋初值的方法,编译系统会自动在字符串的结尾加上一个结束标记。当然,也可以使用以下更简单的方法定义并初始化字符数组s,即省去数组的长度:

```
char s[]="ABCD";
```

字符数组s在内存中的存储方式为:

| s[0] | s[1] | s[2] | s[3] | s[4] |
|---|---|---|---|---|
| A | B | C | D | \0 |

由于字符串结束符的存在,一个字符串在内存中所占的存储空间比实际存储的字符个数多 1。

### 2. 字符串数组

字符串数组是这样的数组,它的每个元素又都是一个字符串。字符串数组是二维数组。采用二维字符串数组时,可先将二维变成若干个一维数组,其处理方法与一维数组相同。例如:

```
char s[2][10];
```

该语句定义s是一个具有两个字符串元素的字符串数组,每个字符串元素的长度为 10 个字符,包括字符串结束符"\0"。

一维字符串数组元素的引用,使用的是第一个下标元素,如s[0]表示数组中第一个字符串元素的首地址,s[1]表示数组中第二个字符串元素的首地址。

可以使用以下几种方法对字符串数组进行赋值操作。

(1)初始化赋值

在定义字符数组时赋值。例如:

```
static char name[2][8]={"Mary","Smith"};
```

结果为:

```
name[0]="Mary",name[1]="Smith"
```

(2)使用一般赋值语句赋值

对二维数组的每个字符元素进行赋值。例如:

```
name[0][0]='M';name[0][1]='a';name[0][2]='r';name[0][3]='y';
```

则将字符串"Mary"赋给name[0]。

另外,还可以使用标准 I/O 函数和标准字符串函数给字符串数组赋值。

### 3. 字符串处理函数

下面介绍几种常用的函数,调用这些函数时,在程序的开头应添加预编译命令:

```
#include <string.h>
```

(1)puts(字符数组)

将一个字符串(以\0 结束的字符序列)输出到终端。用puts函数输出的字符串中可以包含转义字符。

(2)gets(字符数组)

从终端输入一个字符串到字符数组,并且得到一个函数值,该函数值为字符数组的起始地址。

(3)strcat(字符数组1,字符数组2)

连接两个字符数组中的字符串,把字符串 2 连接到字符串 1 的后面,结果放在字符数组 1 中,函数调用后得到一个函数值,该函数值为字符数组 1 的地址。

(4)strcpy(字符数组1,字符串2)

将字符串 2 复制到字符数组 1 中。其中字符数组 1 必须定义得足够大,以便容纳被复制的字符串,且字符数组 1 必须是数组名形式或字符型指针变量。

注意,不能用赋值语句将一个字符串常量或字符数组直接赋给一个字符数组,如下面的赋值语句是不合法的:

```
str1="China";
str1=str2;
```

而只能用strcpy函数处理。如：

```
strcpy(str1,"China");
strcpy(str1,str2);
```

（5）strcmp(字符串1,字符串2)

比较字符串1和字符串2。如果字符串1等于字符串2，函数返回值为0；如果字符串1大于字符串2，函数返回值为一正整数；如果字符串1小于字符串2，函数返回值为一负整数。

 对两个字符串比较时不能用if (str1==str2) ...，而只能用if (strcmp(str1,str2)==0) ...。

（6）strlen(字符串)

返回"字符串"的长度。函数值为"字符串"的实际长度，不包括\0在内。例如：

```
char str[20]="China";
printf("%d\n",strlen(str));
```

输出结果不是20，也不是6，而是5。

（7）strlwr(字符串)

将"字符串"中的大写字母转换成小写字母。

（8）strupr(字符串)

将"字符串"中的小写字母转换成大写字母。

### 4.2.2 例题解析

**1. 单项选择题**

【例4-2-1】以下错误的语句是_____。
  A. static char word[]={'C','h','i','n','a'};  B. static char word[]={"China"};
  C. static char word[]="China";  D. static char word[]='China';
  解：字符串应用双引号括起来。本题答案为D。

【例4-2-2】以下对C语言字符数组的描述错误的是_____。
  A. 字符数组可以存放字符串
  B. 字符数组中的字符串可以进行整体输入输出
  C. 可以在赋值语句中通过赋值运算符"="对字符数组整体赋值
  D. 字符数组的下标从0开始
  解：不能在赋值语句中用赋值运算符"="对字符数组整体赋值。本题答案为C。

【例4-2-3】已知char str1[10],str2[]={"China"};，则在程序中能将字符串"China"赋给数组str1的正确语句是____。
  A. str1={"China"};  B. strcpy(str1,str2);  C. str1=str2;  D. strcpy(str2,str1);
  解：注意是将str2整体复制给str1。本题答案为B。

【例4-2-4】以下程序的执行结果是_____。

```
#include <stdio.h>
void main()
{   char s[]={'a','b','\0','c','\0'};
    printf("%s\n",s);
}
```

    A. 'a''b'         B. ab         C. ab c         D. 以上都不对

▶ 解：printf函数输出字符串时以空格'\0'表示结束。本题答案为B。

【例4-2-5】已知char c1[]={"abcd"};char c2[]={'a','b','c','d'};，则下列叙述正确的是_____。

    A. 数组c1和数组c2等价         B. 数组c1和数组c2的长度相同

    C. 数组c1的长度大于数组c2的长度         D. 以上都不对

▶ 解：语句char c1[]={"abcd"}是定义一个字符数组并进行初始化，系统按照C语言对字符数组的处理规定，在字符串的末尾自动加上串结束标记'\0'，因此c1数组的长度是5，而数组c2是按照字符方式对数组进行初始化的，系统不会自动加上串标记'\0'，所以数组c2的长度为4。本题答案为C。

上机验证程序如下：

```
#include <stdio.h>
void main()
{   char c1[]="abcd";
    char c2[]={'a','b','c','d'};
    printf("c1=%d\n",sizeof(c1));
    printf("c2=%d\n",sizeof(c2));
}
```

这里不应使用strlen函数，因为c2不以'\0'结尾，strlen(c2)返回结果错误。

【例4-2-6】以下程序段的输出结果是_____。

```
char s[]="\\141\141abc\t";
printf ("%d\n",strlen(s));
```

    A. 9         B. 12         C. 13         D. 14

▶ 解：注意s中的转义字符。本题答案为A。

【例4-2-7】已知char string1[10]="abcde",string2[10]="xyz";，则下列C语言程序段的输出结果是_____。

```
printf("%d",strlen(strcpy(string1,string2)));
```

    A. 3         B. 5         C. 8         D. 9

▶ 解：将string2复制到string1，输出string1的长度。本题答案为A。

【例4-2-8】有以下程序：

```
#include <stdio.h>
#include <string.h>
void main()
{   char s[]="\n123\\";
    printf("%d,%d\n",strlen(s),sizeof(s));
}
```

执行后输出结果是_____。

    A. 赋初值的字符串有错         B. 6,7         C. 5,6         D. 6,6

▶ 解：strlen返回字符串的长度，sizeof返回该字符串占用内存空间长度，包括字符串结束标志'\0'。本题答案为C。

**【例4-2-9】** 以下程序的输出结果是_____。

```c
#include <stdio.h>
void main()
{   char ch[3][5]={"AAAA","BBB","CC"};
    printf("\"%s\"\n",ch[1]);
}
```

    A. "AAAA"          B. "BBB"          C. "BBBCC"      D. "CC"

▶ 解："\""是转义字符，输出一个"""。本题答案为B。

## 2. 填空题

**【例4-2-10】** 以下程序的运行结果是_____。

```c
#include <stdio.h>
#include <string.h>
void main()
{   char s1[40]="ab",s2[20]="cdef";
    int i=0;
    strcat(s1,s2);
    while(s1[i]!='\0')
    {   s2[i]=s1[i];
        i++;
    }
    s2[i]='\0';
    puts(s2);
}
```

▶ 解：程序先将s2连接到s1之后，然后将s1复制到s2中。本题答案为abcdef。

**【例4-2-11】** 以下程序的运行结果是_____。

```c
#include <stdio.h>
#include <string.h>
void main()
{   char s1[40]={"some string * "};
    char s2[]={"test"};
    printf("%d ",strlen(s2));
    strcat(s1,s2);
    printf("%s\n",s1);
}
```

▶ 解：输出s2的长度后，将s2连接到s1之后再输出s1。本题答案为 4 some string * test。

**【例4-2-12】** 下列函数用于确定一个给定字符串 str 的长度，请填空。

```c
int strlen(char str[])
{   int num=0;
    while ( ① ) ++num;
    return( ② );
}
```

▶ 解：该程序的设计思想是str[num]元素不为'\0'字符，则++num即后移，直到str[num]元素为'\0'字符，此时的num就是str的长度。本题答案为① str[num]!='\0' ② num。

**【例4-2-13】** 下面程序的作用是输出两个字符串中较短字符串的长度，请填空。

```
#include <stdio.h>
#include <string.h>
void main()
{   char p1[20],p2[20];
    int i1,i2,num;
    gets(p1); gets(p2);           /*输入字符串p1和p2*/
    i1= ① ;                        /*求字符串p1的长度*/
    i2= ② ;                        /*求字符串p2的长度*/
    num=( ③ )? ④ : ⑤ ;            /*求i1和i2中较小者*/
    printf("num\%d\n",num);
}
```

▶ 解：本题答案为①strlen(p1)　②strlen(p2)　③i1<i2　④i1　⑤i2。

【例 4-2-14】下列函数 inverse 的功能是使一个字符串按逆序存放，请填空。

```
void inverse(char str[])
{   char m;
    int i,j;
    for (i=0,j=strlen(str);i< ① ;i++, ② )
    {   m=str[i];
        str[i]= ③ ;
        ④ ;
    }
}
```

▶ 解：用i从前向后扫描str，用j从后向前扫描str，将str[i]与str[j-1]进行交换。继续这一过程直到i>=strlen(str)/2。本题答案为① strlen(str)/2，② j--，③ str[j-1]，④ str[j-1]=m。

【例 4-2-15】以下程序用于统计字符串中最长单词的长度和在字符串中的位置，其中单词全由字母组成。请填空。

```
#include <stdio.h>
int alph(char c)
{   if ((c>='a' && c<='z') || (c>='A' && c<='Z'))
        ① ;                       /*为字母时返回1*/
    else
        ② ;                       /*否则返回0*/
}
void main()
{   static char string[]={"I am happy."};
    int len=0,i,length=0,flag=1,p,p1;
    for (i=0; ③ ;i++)
        if (alph(string[i]))      /*若string[i]是字母*/
            if (flag)
            {   p1=i;
                ④ ;               /*将取位置标记flag置为0*/
                len++;
            }
            else  ⑤ ;             /*单词长度增1*/
        else
        {   flag=1;
            if (len>length)       /*将最大单词长度放入length*/
            {   length=len;
                p=p1;
            }
```

```
            len=0;
         }
   printf("最长的单词:");
   for (i=p;i<p+length;i++)
      printf("%c",string[i]);
   printf("\n");
}
```

▶ **解**：程序中，length为最长单词的长度，p为最长单词的位置，设计思路参见程序注释。本题答案为①return 1，②return 0，③string[i]!='\0'，④flag=0，⑤len++。

【例 4-2-16】下面程序的作用是将以下给出字符按其格式读入数组 ss 中,然后输出行列号之和为 3 的数组元素。请填空。

```
#include <stdio.h>
void main()
{   char ss[4][3]={'A','a','f','c','B','d','e','b','C','g','f','D'};
    int x,y,z;
    for (x=0; ①   ;x++)
       for (y=0; ②   ;y++)
       {   z=x+y;
           if ( ③ )
              printf("%c\n",ss[x][y]);
       }
}
```

▶ **解**：其中用x、y作为行号和列号循环求解，采用的编程方法是穷举法。本题答案为①x<=2  ②y<=2  ③z==3。

### 3. 判断题

【例 4-2-17】判断以下叙述的正确性。

（1）C语言中，gets()函数的返回值是用于存放输入字符串的字符数组的首地址。

（2）有以下程序：

```
#include <stdio.h>
#include <string.h>
void main()
{   int a,b;
    char str[5]="ABC";
    a=strlen("ABC");
    b=sizeof(str);
    printf("a=%d,",a);
    printf("b=%d\n",b);
}
```

其输出结果是：a=4,b=4。

（3）已知字符数组str1 的初值为"China"，则语句str2=str1;执行后字符数组str2 也存放字符串"China"。

（4）char c[]="Very Good";是一个合法的为字符串数组赋值的语句。

（5）字符处理函数strcpy(str1,str2)的功能是把str1 接到str2 的后面。

（6）char s[5]="abcde";是合法的字符数组定义语句。

▶ **解**：（1）正确。

（2）错误。"ABC"字符串在内存中占 4 个字节，其长度为 3，str 数组的长度为 5，无论放几个字符，其长度仍为 5。应输出：a=3,b=5。

（3）错误。字符数组之间不能直接整体赋值，应为 strcpy(str2,str1)。

（4）正确。

（5）错误。字符处理函数 strcat(str1,str2) 的功能是把 str1 接到 str2 的后面。

（6）错误。应改为 char s[6]="abcde";或 char s[]="abcde";。

【例 4-2-18】判断以下叙述的正确性。

（1）采用 char str[4][10];语句定义的字符串数组通常用于存放 4 个长度不超过 9 个字符的字符串。

（2）char s[][10]={"abcde","12345"};是合法的字符串数组定义语句。

（3）在定义语句 char s[2][10]={"abcde","12345"};执行后，可以对通过 s[0]、s[1]来输出两个字符串，如 printf("%s,%s\n",s[0],s[1])。

（4）在定义语句 char s[2][10];执行后，可以通过 s[0]="abcde";进行赋值操作。

（5）在定义语句 char s[2][10]={"ab","1234"};执行后，s[0]和 s[1]的长度都是 10。

（6）在定义语句 char s[2][10]={"ab","1234"};执行后，s[0]和 s[1]占用的内存空间分别为 3、5 个字节。

▶ 解：（1）正确。

（2）正确。

（3）正确。

（4）错误。应改为 strcpy(s[0],"abcde")。

（5）错误。s[0]和 s[1]的长度分别为 2 和 4。

（6）错误。s[0]和 s[1]占用的内存空间均为 10 个字节。

4．简答题

【例 4-2-19】对于下列定义，指出哪些是正确的？哪些是错误的？为什么？

（1）int a[10]={'A','B','C','D'};

（2）float b[3][]={{2.1,2.2,2.3},{3.2,3.3,3.4},{4.3,4.4,4.5}};

（3）int n=10;double c[n];

（4）char d[][4]={"JA","FE","MA","AP","MA","JU","JU","AU","SE","OC","MO","DE"};

▶ 解：（1）正确。

（2）二维数组定义时只能省略第一维。所以是错误的。

（3）数组的大小必须是常量。错误。

（4）正确，该数组包含 12 个元素。

【例 4-2-20】分析以下程序的执行结果。

```
#include <stdio.h>
void main()
{   char s1[]="this book",s2[]="this hook";
    int i;
    for (i=0;s1[1]!='\0' && s2[i]!='\0';i++)
        if (s1[i]==s2[i])
```

```
            printf("%c",s1[i]);
    printf("\n");
}
```

▶ **解**：本程序用于输出两个字符数组s1和s2对应位置相同的字符。程序输出为this ook。

【例4-2-21】分析以下程序的执行结果。

```
#include <stdio.h>
#include <string.h>
void main()
{   static char s[][10]={"while","for","switch","if","break",
        "continue"};
    char temp[10];
    int i,j;
    for (i=0;i<6;i++)
        for (j=5;j>=1;j--)
            if (strcmp(s[j],s[j-1])<0)
            {   strcpy(temp,s[j]);
                strcpy(s[j],s[j-1]);
                strcpy(s[j-1],temp);
            }
    for (i=0;i<6;i++)
        printf("%s\n",s[i]);
}
```

▶ **解**：本程序用于对字符串数组s中各字符串按词典顺序排列。程序输出为：

```
break
continue
for
if
switch
while
```

【例4-2-22】分析以下程序的执行结果。

```
#include <stdio.h>
void func(char str[])
{   int a,b;
    for (a=b=0;str[a]!='\0';a++)
        if (str[a]!='c')
            str[b++]=str[a];
    str[b]='\0';
}
void main()
{   static char str[]="abcdef";
    func(str);
    printf("str[]=%s\n",str);
}
```

▶ **解**：其中，函数func扫描字符数组str，将其中不为字符'c'的元素留下来，去掉为'c'的元素。程序输出为str[]=abdef。

5. 程序设计题

【例4-2-23】编写一个程序，对于输入的十进制正整数，转换成指定进制（二进制、八进制或十六进制）的数并输出。

▶ **解**：用一个字符数组b存放各进制对应的数字序列。采用辗转相除法进行进制转换，将结果存放在c数组中，在输出时采用对应进制的数字表示，例如，输入十进制数n=999，转换成进制base=16，转换结果c[2]=3，c[1]=14，c[0]=7，输出时需将c[1]对应的14转换成E输出。对应的程序如下：

```
#include <stdio.h>
#define N 100
void main()
{   char b[]="0123456789ABCDEF";
    int c[64],d,i=0,base;
    long n;
    printf("n:");              /*输入 n*/
    scanf("%ld",&n);
    do
    {   printf("base:");       /*输入 base*/
        scanf("%d",&base);
    } while (base!=2 && base!=8 && base!=16);
    do                         /*采用辗转相除法进行进制转换*/
    {   c[i]=n%base;
        i++;
        n=n/base;
    } while(n!=0);
    for (--i;i>=0;--i)         /*输出转换指定进制的数序*/
    {   d=c[i];
        printf("%c",b[d]);
    }
    printf("\n");
}
```

【例 4-2-24】编写一个程序，输入一个字符串，统计其中各个不同的字符出现的频度。

▶ **解**：对于输入的str，用字符数组a存放其中不同字符的个数，整型数组c存放a中对应字符出现的频度。对应的程序如下：

```
#include <stdio.h>
#define Max 100                          /*最大的字符串长度*/
int fun(char str[],char a[],int c[])     /*返回 str 中不同字符的个数*/
{   int i,j,k=0,len=0;
    for (;str[len]!='\0';len++);         /*len 为 str 的长度*/
    a[0]=str[0];c[0]=1;k++;
    for (i=1;i<len;i++) c[i]=0;          /*置初值*/
    for (i=1;i<len;i++)                  /*扫描 str 中的所有字符*/
    {   j=0;
        while (j<k && a[j]!=str[i]) j++; /*检查 str[i]是否已在 a[]中*/
        if (j==k)                        /*str[i]未检查过*/
        {   a[k]=str[i];
            c[k]++; k++;
        }
        else c[j]++;                     /*str[i]已检查过*/
    }
    return k;
}
void main()
{   char str[Max],a[Max];
```

```
    int c[Max],k,i;
    printf("输入字符串:");
    gets(str);
    k=fun(str,a,c);
    printf("统计结果如下:\n");
    printf("  字符 ");
    for (i=0;i<k;i++)
        printf("%3c",a[i]);
    printf("\n");
    printf("  频度 ");
    for (i=0;i<k;i++)
        printf("%3d",c[i]);
    printf("\n");
}
```

本程序的一次执行结果如下:
输入字符串:Good  morning✓
统计结果如下:
　字符　 G  o  d     m  r  n  i  g
　频度　 1  3  1  1  1  1  2  1  1

【例4-2-25】编写一个程序，输入两个字符串 str1 和 str2，要求各串中无重复出现的字符，求两者的交集。若该交集非空，则输出之。

▶ **解**：采用最简单的逐一搜索方法。str1、str2 为两个源串，str3 存放两者的交集，并用count1、count2 和count3 分别作为这三个串的下标。将str1 中的每个字符取出后与str2 中所有字符逐一比较，若相等，则放入str3 中；否则放弃移至下一个字符，重复这一个过程，直到str1 中所有的字符都被处理完为止。对应的程序如下：

```
#include <stdio.h>
void main()
{   char str1[20],str2[20],str3[20];
    int count1=0,count2,count3=0;      /*分别作为str1,str2 和str3 的下标*/
    printf("输入 str1:");
    scanf("%s",str1);
    printf("输入 str2:");
    scanf("%s",str2);
    while (str1[count1]!='\0')         /*循环遍历str1 的字符*/
    {   count2=0;
        while (str2[count2]!='\0')     /*循环遍历str2 的字符*/
        {   if (str1[count1]==str2[count2])
            {   str3[count3]=str1[count1];
                count3++;
                break;                 /*有一次相等后退出与str2 中字符的比较*/
            }
            count2++;
        }
        count1++;
    }
    str3[count3]='\0';
    if (str3[0]!='\0')                 /*str3 非空,则输出之*/
        printf("交集=%s\n",str3);
}
```

本程序的一次执行结果如下:

```
输入str1:abcdefghijk↙
输入str2:123i4bc78h9↙
交集=bchi
```

【例4-2-26】编写一个程序,将用户输入的一个字符串转换成一个整数。

▶ **解**:用户输入的是一个整数字符串,从前向后扫描,依次为空格(可能没有空格)、符号(正数可能没有符号位)、数字。符号位用sign标记。以数字串s="1234"为例说明转换过程:

value=0;
扫描'1': value=10*value+1=1
扫描'2': value=10*value+2=12
扫描'3': value=10*value+3=123
扫描'4': value=10*value+4=1234

对应的程序如下:

```c
#include <stdio.h>
int cti(char s[])       /*将整数串 s 转换为整数*/
{   int i,sign,n;
    for (i=0;s[i]==' ' || s[i]=='\n' || s[i]=='\t';i++);
            /*跳过空格、制表符和换行符*/
    sign=1;
    if (s[i]=='+' || s[i]=='-')                 /*得到符号*/
        sign=(s[i++]=='+') ? 1 : -1;
    for (n=0;s[i]>='0' && s[i]<='9';i++)        /*变换成整数*/
        n=10*n+s[i]-'0';
    return (sign*n);
}
void main()
{   char s[50];
    int n;
    printf("输入一个字符串:");
    scanf("%s",s);
    n=cti(s);
    printf("对应的整数:%d\n\n",n);
}
```

【例4-2-27】编写一个程序,求两个字符串 s 和 t 的一个最长公共子串。

▶ **解**:以s为主串,t为子串,设index为最长公共子串在s中的序号,length指出最长公共子串的长度。扫描串s,扫描串t,当s的当前字符等于t的当前字符时,比较后面的字符是否相等,这样得到一个公共子串(至少长度为1,因为s与t的当前字符相等)。与length相比,将大者存放在length中。如此直到扫描完s为止。对应的程序如下:

```c
#include <stdio.h>
#include <string.h>
void MaxComStr(char s[],char t[],char c[])
{   /*求两个字符串 s 和 t 的最长公共子串,c 用于存放最长公共子串*/
    int index=0,length=0,i,j,k,length1;
    i=0;                         /*i 作为扫描 s 的指针*/
    while (s[i]!='\0')
```

```
            {  j=0;                      /*j作为扫描t的指针*/
               while (t[j]!='\0')
               {  if (s[i]==t[j])
                  {  length1=1;          /*找一个公共子串,其在s中的序号为i,长度为length1*/
                     for (k=1;i+k<strlen(s) && j+k<strlen(t)
                          && s[i+k]==t[j+k];k++)
                        length1++;
                     if (length1>length) /*将较大长度者赋给index与length*/
                     {  index=i;
                        length=length1;
                     }
                     j+=length1;         /*继续扫描t中第j+length1字符之后的字符*/
                  }
                  else j++;
               }
               i++;                      /*继续扫描s中第i字符之后的字符*/
            }
            for (i=0;i<length;i++)
               c[i]=s[index+i];
            c[length]='\0';
         }
         void main()
         {  char *s="aababcabcdabcde";
            char *t="xabcdy";
            char c[20];
            MaxComStr(s,t,c);
            printf("s=%s\n",s);
            printf("t=%s\n",t);
            printf("s 和 t 的最大公共子串:%s\n",c);
         }
```

程序执行结果如下:

s=aababcabcdabcde
t=xabcdy
s 和 t 的最大公共子串:abcd

## 4.3 知识点3：数组的排序

### 4.3.1 要点归纳

排序是将一个无序的数据序列按照某种顺序重新排列。一般地，数据序列以数组的方式进行存储。本节介绍几种常用的排序方法，除特别指明外，以下假设将数序递增排序。

**1. 冒泡排序**

冒泡排序的基本思想：设想被排序的数组R[0..n-1]垂直竖立，将每个元素R[i]看作是重量为R[i]的气泡。根据轻气泡不能在重气泡之下的原则，从下往上扫描数组R，凡扫描到违反本原则的轻气泡，就使其向上"飘浮"，如此反复进行，直到最后任何两个气泡都是轻者在上，重者在下为止。对应的函数如下：

```
void BubbleSort(int R[],int n)
{   //R[0..n-1]是待排序的数序,采用自下向上扫描的方法对R进行冒泡排序
```

```
    int i,j,tmp;
    int exchange;                    /*交换标志*/
    for (i=0;i<n-1;i++)              /*最多做n-1趟排序*/
    {   exchange=0;
        for (j=n-2;j>=i;j--)
            if (R[j+1]<R[j])         /*交换元素R[j+1]和R[j]*/
            {   tmp=R[j+1]; R[j+1]=R[j];R[j]=tmp;
                exchange=1;          /*发生了交换,故将交换标志置为真*/
            }
        if (exchange==0)             /*本趟未发生交换,提前终止算法*/
            return;
    }
}
```

例如,对于数序{9,8,7,6,5,4,3,2,1,0},对应的冒泡排序过程如图4.2所示。

```
初始关键字    9  8  7  6  5  4  3  2  1  0
i=0          0  9  8  7  6  5  4  3  2  1
i=1          0  1  9  8  7  6  5  4  3  2
i=2          0  1  2  9  8  7  6  5  4  3
i=3          0  1  2  3  9  8  7  6  5  4
i=4          0  1  2  3  4  9  8  7  6  5
i=5          0  1  2  3  4  5  9  8  7  6
i=6          0  1  2  3  4  5  6  9  8  7
i=7          0  1  2  3  4  5  6  7  9  8
i=8          0  1  2  3  4  5  6  7  8  9
```

图 4.2  冒泡排序过程

### 2. 直接插入排序

直接插入排序的基本思想:假设待排序的数据存放在数组R[0..n-1]中,排序过程的某一中间时刻,R被划分成两个子区间R[0..i-1]和R[i..n-1],其中,前一个子区间是已排好序的有序区;后一个子区间则是当前未排序的部分,不妨称其为无序区。直接插入排序的基本操作是将当前无序区的第1个元素R[i]插入到有序区R[0..i-1]中适当的位置上,使R[0..i]变为新的有序区。对应的函数如下:

```
void InsertSort(int R[],int n)
{   //对R[0..n-1]按递增顺序进行直接插入排序
    int i,j,tmp;
    for (i=1;i<n;i++)
        if (R[i]<R[i-1])             /*若R[i]≥有序区中所有元素,则位置不变*/
        {   tmp=R[i];j=i-1;
            do                       /*在有序区R[0..i-1]中查找R[i]的插入位置*/
            {   R[j+1]=R[j];         /*将大于R[i]的元素后移*/
                j--;
            } while (j>=0 && tmp<R[j]);   /*当tmp≥R[j]时终止*/
            R[j+1]=tmp;              /*将R[i]插入到正确的位置上*/
        }
}
```

例如,对于数序{9,8,7,6,5,4,3,2,1,0},对应的直接插入排序过程如图4.3所示。

| 初始关键字 | 9 | 8 | 7 | 6 | 5 | 4 | 3 | 2 | 1 | 0 |
|---|---|---|---|---|---|---|---|---|---|---|
| i=1 | [8 | 9] | 7 | 6 | 5 | 4 | 3 | 2 | 1 | 0 |
| i=2 | [7 | 8 | 9] | 6 | 5 | 4 | 3 | 2 | 1 | 0 |
| i=3 | [6 | 7 | 8 | 9] | 5 | 4 | 3 | 2 | 1 | 0 |
| i=4 | [5 | 6 | 7 | 8 | 9] | 4 | 3 | 2 | 1 | 0 |
| i=5 | [4 | 5 | 6 | 7 | 8 | 9] | 3 | 2 | 1 | 0 |
| i=6 | [3 | 4 | 5 | 6 | 7 | 8 | 9] | 2 | 1 | 0 |
| i=7 | [2 | 3 | 4 | 5 | 6 | 7 | 8 | 9] | 1 | 0 |
| i=8 | [1 | 2 | 3 | 4 | 5 | 6 | 7 | 8 | 9] | 0 |
| i=9 | [0 | 1 | 2 | 3 | 4 | 5 | 6 | 7 | 8 | 9] |

图 4.3 直接插入排序的过程

### 3. 直接选择排序

直接选择排序基本思想是：第 i 趟排序开始时，当前的有序区和无序区分别为 R[0..i-1] 和 R[i..n-1]（1≤i≤n-2），该趟排序则是从当前无序区中选出最小的元素 R[k]，将它与无序区的第 1 个元素 R[i] 交换，使 R[0..i] 和 R[i+1..n-1] 分别变为新的有序区和新的无序区。因为每趟排序均使有序区中增加了一个元素，且有序区中的元素均不大于无序区中元素，即第 i 趟排序之后 R[0..i]≤R[i+1..n-1]，所以进行 n-1 趟排序之后有 R[0..n-2]≤R[n-1]，也就是说，经过 n-2 趟排序之后，整个数组 R[0..n-1] 递增有序。对应的函数如下：

```
void SelectSort(int R[],int n)
{   int i,j,k,tmp;
    for (i=0;i<n-1;i++)              /*做第 i 趟排序(1≤i≤n-2)*/
    {   k=i;
        for (j=i+1;j<n;j++)          /*在无序区 R[i..n-1]中选最小者 R[k]*/
            if (R[j]<R[k])
                k=j;                 /*k 记下目前找到的最小者的位置*/
        if (k!=i)                    /*交换 R[i]和 R[k]*/
        {   tmp=R[i];
            R[i]=R[k];
            R[k]=tmp;
        }
    }
}
```

例如，对于数序{6,8,7,9,0,1,3,2,4,5}，其直接选择排序过程如图 4.4 所示。

| 初始关键字 | 6 | 8 | 7 | 9 | 0 | 1 | 3 | 2 | 4 | 5 |
|---|---|---|---|---|---|---|---|---|---|---|
| i=0 | [0] | 8 | 7 | 9 | 6 | 1 | 3 | 2 | 4 | 5 |
| i=1 | 0 | [1] | 7 | 9 | 6 | 8 | 3 | 2 | 4 | 5 |
| i=2 | 0 | 1 | [2] | 9 | 6 | 8 | 3 | 7 | 4 | 5 |
| i=3 | 0 | 1 | 2 | [3] | 6 | 8 | 9 | 7 | 4 | 5 |
| i=4 | 0 | 1 | 2 | 3 | [4] | 8 | 9 | 7 | 6 | 5 |
| i=5 | 0 | 1 | 2 | 3 | 4 | [5] | 9 | 7 | 6 | 8 |
| i=6 | 0 | 1 | 2 | 3 | 4 | 5 | [6] | 7 | 9 | 8 |
| i=7 | 0 | 1 | 2 | 3 | 4 | 5 | 6 | [7] | 9 | 8 |
| i=8 | 0 | 1 | 2 | 3 | 4 | 5 | 6 | 7 | [8] | 9 |

图 4.4 直接选择排序的过程

### 4. 快速排序

快速排序的基本思想：将原问题分解为若干个规模更小但结构与原问题相似的子问题；递归地解这些子问题，然后将这些子问题的解组合为原问题的解。因此快速排序分为三个步骤，即分解、求解和组合。其中，Partition(R,low,high)函数用于对R[low..high]做划分，即以R[low]为基准，将所有小于该基准元素前移到该基准的前端，将所有大于或等于该基准元素后移到该基准的后端，这样就将该基准元素放到了最终有序的位置上（这一过程称为划分）。QuickSort(R,0,n-1)用于对整个数序进行递归排序。对应的函数如下：

```
int Partition(int R[],int i,int j)
{ /*调用 Partition(R,low,high)时,对 R[low..high]做划分,返回基准元素的位置*/
    int pivot=R[i];          /*用区间的第 1 个元素作为基准*/
    while (i<j)              /*从区间两端交替向中间扫描,直至 i=j 为止*/
    {   while (i<j && R[j]>=pivot) j--;
        R[i++]=R[j];
        while (i<j && R[i]<=pivot) i++;
        R[j--]=R[i];
    }
    R[i]=pivot;
    return i;
}
void QuickSort(int R[],int low,int high)
{ /*对 R[low..high]快速排序*/
    int pivotpos;                              /*划分后的基准元素的位置*/
    if (low<high)                              /*仅当区间长度大于 1 时才须排序*/
    {   pivotpos=Partition(R,low,high);        /*对 R[low..high]划分*/
        QuickSort(R,low,pivotpos-1);           /*对左区间递归排序*/
        QuickSort(R,pivotpos+1,high);          /*对右区间递归排序*/
    }
}
```

例如，对于数序{6,8,7,9,0,1,3,2,4,5}，其对应的快速排序过程如图 4.5 所示。

| 初始关键字 | 6 | 8 | 7 | 9 | 0 | 1 | 3 | 2 | 4 | 5 |
|---|---|---|---|---|---|---|---|---|---|---|
| 第 1 次划分 | 5 | 4 | 2 | 3 | 0 | 1 | 6 | 9 | 7 | 8 |
| 第 2 次划分 | 1 | 4 | 2 | 3 | 0 | 5 | 6 | 9 | 7 | 8 |
| 第 3 次划分 | 0 | 1 | 2 | 3 | 4 | 5 | 6 | 9 | 7 | 8 |
| 第 4 次划分 | 0 | 1 | 2 | 3 | 4 | 5 | 6 | 9 | 7 | 8 |
| 第 5 次划分 | 0 | 1 | 2 | 3 | 4 | 5 | 6 | 9 | 7 | 8 |
| 第 6 次划分 | 0 | 1 | 2 | 3 | 4 | 5 | 6 | 8 | 7 | 9 |
| 最终结果 | 0 | 1 | 2 | 3 | 4 | 5 | 6 | 7 | 8 | 9 |

图 4.5 快速排序过程

### 5. 归并排序

先介绍将两个有序表直接归并为一个有序表的算法Merge()。设两个有序表存放在同一数组中相邻的位置上：R[low..mid]，R[mid+1..high]。先将它们合并到一个局部的暂存数组R1 中，待合并完成后将R1 复制回R中。为了简便，称R[low..mid]为第 1 段，R[mid+1..high]

为第 2 段。每次从两个段中取出一个记录进行关键字的比较，将较小者放入R1 中，最后将各段中余下的部分直接复制到R1 中。这样R1 是一个有序表，再将其复制回R中。对应的函数如下：

```c
#define Max 100                              /*最多元素个数*/
void Merge(int R[],int low,int mid,int high)
{   int R1[Max];
    int i=low,j=mid+1,k=0;                   /*k 是 R1 的下标,i、j 分别为第1、2 段的下标*/
    while (i<=mid && j<=high)                /*在第 1 段和第 2 段均未扫描完时循环*/
        if (R[i]<=R[j])                      /*将第 1 段中的记录放入 R1 中*/
        {   R1[k]=R[i];
            i++; k++;
        }
        else                                 /*将第 2 段中的记录放入 R1 中*/
        {   R1[k]=R[j];
            j++; k++;
        }
    while (i<=mid)                           /*将第 1 段余下部分复制到 R1 中*/
    {   R1[k]=R[i];
        i++; k++;
    }
    while (j<=high)                          /*将第 2 段余下部分复制到 R1 中*/
    {   R1[k]=R[j];
        j++; k++;
    }
    for (k=0,i=low;i<=high;k++,i++)          /*将 R1 复制回 R 中*/
        R[i]=R1[k];
}
```

Merge()实现了一次归并，接下来需利用 MergePass()解决一趟归并问题。在某趟归并中，设各子表长度为 length（最后一个子表的长度可能小于 length），则归并前 R[0..n-1]中共 $\lceil \frac{n}{length} \rceil$ 个有序的子表：R[0..1ength-1], R[length..2length-1], …, R[($\lceil \frac{n}{length} \rceil$)*length..n-1]。调用 Merge()将相邻的一对子表进行归并时，必须对表的个数可能是奇数、以及最后一个子表的长度小于 length 这两种特殊情况进行特殊处理：若子表个数为奇数，则最后一个子表无须和其他子表归并（即本趟轮空）；若子表个数为偶数，则要注意到最后一对子表中后一个子表的区间上界是 n-1。对应的函数如下：

```c
void MergePass(int R[],int length,int n)
{   int i;
    for (i=0;i+2*length-1<n;i=i+2*length)     /*归并 length 长的两相邻子表*/
        Merge(R,i,i+length-1,i+2*length-1);
    if (i+length-1<n)                         /*余下两个子表,后者长度小于length*/
        Merge(R,i,i+length-1,n-1);            /*归并这两个子表*/
}
```

自底向上的归并排序的基本思想是：第 1 趟归并排序时，将待排序的表 R[0..n-1]看作是 n 个长度为 1 的有序子表，将这些子表两两归并，若 n 为偶数，则得到 $\lceil n/2 \rceil$ 个长度为 2 的有序子表；若 n 为奇数，则最后一个子表轮空（不参与归并），故本趟归并完成后，前 $\lceil n/2 \rceil$-1 个有序子表长度为 2，但最后一个子表长度仍为 1；第 2 趟归并则是将第 1 趟归并所得到的 $\lceil n/2 \rceil$ 个有序的子表两两归并，如此反复，直到最后得到一个长度为 n 的有序表为止。

上述的每次归并操作,均是将两个有序的子表合并成一个有序的子表,故称其为"二路归并排序"。类似地有 k (k>2) 路归并排序。二路归并排序的函数如下:

```
void MergeSort(int R[],int n)    /*二路归并算法*/
{   int length;
    for (length=1;length<n;length=2*length)
        MergePass(R,length,n);
}
```

例如,对于数序{18,2,20,34,12,32,6,16},其二路归并排序过程如图 4.6 所示。

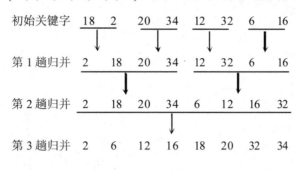

图 4.6    二路归并排序过程

### 4.3.2 例题解析

#### 1. 单项选择题

【例 4-3-1】有已按升序排序的字符串s,下面的程序将字符串s1的每个字符按升序插入到数组s中。

```
#include <stdio.h>
#include <string.h>
void main()
{   char s[30]="cehijknqrtuw";
    char s1[]="fobgvlapdms";
    int i,j,k;
    for (k=0;s1[k]!='\0';k++)
    {   j=0;
        while (s1[k]>=s[j] && s[j]!='\0')
            j++;
        for ( ① )
             ② ;
        s[j]=s1[k];
    }
    puts(s);
}
```

①A. i=strlen(s);i>=j;i--                B. i=strlen(s)+k;i>=j;i--
 C. i=j;i<=strlen(s)+k;i++               D. i=j;i<=strlen(s);i++
②A. s[i+1]=s[i]                          B. s[i]=s[i+1]
 C. s[i]=s[i-1]                          D. s[i-1]=s[i]

▶ 解:对于字符s1[k],在s数组中从头开始刚好找到一个大于它的字符s[j],将s[j..strle

n(s)-1]的字符后移一位，再将s1[k]插入到s[j]处。本题答案为①A ②A。

【例4-3-2】下面程序的功能是将已按升序排列的两个字符串a和b中的字符按升序归并到字符串c中。

```
#include <stdio.h>
#include <string.h>
void main()
{   char a[]="acegikm";
    char b[]="bdfhjlnpq";
    char c[30];
    int i=0,j=0,k=0;
    while (a[i]!='\0' && b[j]!='\0')
    {   if (a[i]<b[j])
            ___①___ ;
        else
            ___②___ ;
    }
    while (a[i]!='\0')
        ___③___ ;
    while (b[j]!='\0')
        ___④___ ;
    c[k]='\0';
    puts(c);
}
```

①A. c[k++]=a[i++]　　　　　　　　B. c[k]=a[i]
　C. a[i]=c[k]　　　　　　　　　　 D. c[k++]=a[i]
②A. c[k]=b[j]　　　　　　　　　　 B. c[k++]=b[j++]
　C. b[j]=c[k]　　　　　　　　　　 D. c[j++]=b[k++]
③A. c[k]=a[k]　　　　　　　　　　 B. a[i]=c[k]
　C. c[k++]=a[i++]　　　　　　　　D. b[j]=c[k]
④A. c[k]=b[j]　　　　　　　　　　 B. c[k++]=b[j]
　C. b[j++]=c[k++]　　　　　　　　D. c[k++]=b[j++]

▶ 解：采用类似于Merge()的算法。本题答案为①A，②B，③C，④D。

2. 填空题

【例4-3-3】以下程序对数组中的元素值进行从大到小的排序。请填空。

```
#include <stdio.h>
void main()
{   int a[]={2,4,15,3,17,5,8,23,9,7,11,13},i,j,k;
    for(k=0;k<12;k++)
        for(i=k+1;i<12;i++)
            if( a[i]__①__a[k])
            {   j=a[i];
                a[i]=__②__;
                ___③___ ;
            }
    for(i=0;i<12;i++)
        printf("%4d",a[i]);
```

```
        printf("\n");
}
```

▶ **解**：采用冒泡排序方法进行排序。本题答案为①> ②a[k] ③a[k]=j。

**【例4-3-4】**以下程序采用直接插入排序对数组 R 中的元素值进行从大到小的排序。请填空。

```
#include <stdio.h>
void main()
{   int i,j,tmp;
    int R[]={2,1,6,5,4,9,7,10,3,8,9},n=10;
    for (i=1;i<n;i++)
        if (  ①  )
        {   tmp=R[i];j=i-1;
            do
            {   R[j+1]=R[j];
                j--;
            } while (j>=0 &&  ②  );
              ③  ;
        }
    for (i=0;i<n;i++)
        printf("%d ",R[i]);
    printf("\n");
}
```

▶ **解**：注意递增排序和递减排序的区别。本题答案为①R[i]>R[i-1]，②tmp>R[j]，③R[j+1]=tmp。

**【例4-3-5】**下面程序的功能是：将字符数组 a 中下标值为偶数的元素从小到大排列，其他元素不变。请填空。

```
#include <stdio.h>
#include <string.h>
void main()
{   char a[]="clanguage",t;
    int  i, j, k;
    k=strlen(a);
    for(i=0;i<=k-2;i+=2)
        for(j=i+2; j<=k;  ①  )
            if(  ②  )
            {   t=a[i];
                a[i]=a[j];
                a[j]=t;
            }
    puts(a);
    printf("\n");
}
```

▶ **解**：采用冒泡排序法对字符数组中下标值为偶数的元素进行排序。本题答案为①j+=2 ②a[i]>a[j]。

3. 简答题

**【例4-3-6】**分析以下程序的执行结果。

```
#include <stdio.h>
```

```
void main()
{   static char s[]="china",c;
    int i,j;
    for (i=0;i<5;i++)
        for (j=4;j>=1;j--)
            if (s[j]<s[j-1])
            {   c=s[j];
                s[j]=s[j-1];
                s[j-1]=c;
            }
    printf("%s\n",s);
}
```

▶ **解**：采用冒泡排序法对字符数组进行排序。程序输出为achin。

### 4. 程序设计题

【例4-3-7】编写一个程序，将两个元素从小到大有序的一维数组归并成一个有序的一维数组。

▶ **解**：采用二路归并法，即比较a和b两个数组当前的元素，将较小的放入c数组中，最后将余下的全部元素放入c数组中。对应的程序如下：

```
#include <stdio.h>
#define M 6
#define N 4
void func(int a[],int b[],int c[])
{   int i=0,j=0,k=0;
    while (i<M && j<N)          /*当两个数组均未扫描完时循环*/
    if (a[i]<b[j])              /*条件为真时将a元素归到c中*/
    {   c[k]=a[i];
        i++;k++;
    }
    else                        /*条件为假时将b元素归到c中*/
    {   c[k]=b[j];
        j++;k++;
    }
    while (i<M)                 /*将a中未完的所有元素归到c中*/
    {   c[k]=a[i];
        i++;k++;
    }
    while (j<N)                 /*将b中未完的所有元素归到c中*/
    {   c[k]=b[j];
        j++;k++;
    }
}
void main()
{   int i;
    static int a[M]={2,5,8,11,20,35};
    static int b[N]={1,6,15,60},c[M+N];
    func(a,b,c);
    printf("归并结果:");
    for (i=0;i<M+N;i++)
        printf("%d ",c[i]);
    printf("\n");
}
```

【例4-3-8】编写一个程序,从键盘接收一个字符串,然后按照字符顺序从小到大进行排序,并删除重复的字符。

▶ **解**:对于输入的字符串str,首先采用直接选择排序法进行排序,再删除重复的字符后输出结果。对应的程序如下:

```
#include <stdio.h>
#include <string.h>
void main()
{   char str[100],i,j,k,c;
    printf("输入字符串:");
    gets(str);
    for (i=0;str[i]!='\0';i++)          /*直接选择排序*/
    {   for (j=k=i;str[j]!='\0';j++)
            if (str[k]>str[j])
                k=j;
        if (i!=k)                       /*交换*/
        {   c=str[k];
            str[k]=str[i];
            str[i]=c;
        }
    }
    printf("排序后字符串:%s\n",str);
    k=0;
    for (i=1;str[i]!='\0';i++)          /*删除重复的字符*/
    {   if (str[i]==str[i-1])           /*用k累加重复字符的个数*/
            k++;
        else
            str[i-k]=str[i];            /*前移k个字符*/
    }
    str[strlen(str)-k]='\0';            /*str长度减少k*/
    printf("删除后字符串:%s\n\n",str);
}
```

【例4-3-9】编写一个程序,用二维数组存储字符串"BASIC"、"ADA"、"Pascal"、"C"、"Fortran",将它们按从小到大的顺序排列后输出。

▶ **解**:采用直接选择排序法进行排序。对应的程序如下:

```
#include <stdio.h>
#include <string.h>
void main()
{   char str[5][8]={"BASIC","ADA","Pascal","C","Fortran"},c[8];
    int n=5,i,j,k;
    printf("排序前:");
    for (i=0;i<n;i++)
        printf("%s ",str[i]);
    printf("\n");
    for (i=0;i<n-1;i++)                 /*直接选择排序*/
    {   for (j=k=i;j<n;j++)
            if (strcmp(str[k],str[j])>0)
                k=j;
        if (i!=k)                       /*交换*/
        {   strcpy(c,str[k]);
            strcpy(str[k],str[i]);
```

```
            strcpy(str[i],c);
        }
    ]
    printf("排序后:");
    for (i=0;i<n;i++)
        printf("%s ",str[i]);
    printf("\n");
}
```

## 4.4 知识点4：数组的查找

### 4.4.1 要点归纳

数组的查找是指找出指定数据在数组中的位置（或下标）。常用的查找方法有顺序查找和二分查找。

**1. 顺序查找**

顺序查找基本思想是：从数组第一个元素开始，顺序扫描数组，依次将扫描到的元素和给定值k相比较，若当前扫描到的元素与k相等，则查找成功；若扫描结束后，仍未找到等于k的元素，则查找失败。相应的函数如下：

```
int SeqSearch(int R[],int n,int k)
{   /*在整数数组R[0..n-1]中顺序查找值为k的元素*/
    int i;
    while (i<n && R[i]!=K) i++;
    if (i<n)
        return i;              /*查找成功返回*/
    else
        return -1;             /*查找失败*/
}
```

**2. 二分查找**

二分查找（二分检索或折半查找），其基本思想是：设R[low..high]是当前的查找区间，若该区间为空，则返回-1；否则，首先确定该区间的中间位置mid=⌊(low+high)/2⌋；然后将待查的k值与R[mid]比较，若相等，则查找成功并返回此位置；若R[mid]>k，则新的查找区间是左子表R[0..mid-1]；若R[mid]<k，则新的查找区间是右子表R[mid+1..n-1]。下一次查找是针对新的查找区间进行的。相应的查找函数如下：

```
int BinSearch(int R[],int n,int k)
{   /*在有序表R[0..n-1]中二分查找k,成功时返回结点的位置,失败时返回-1*/
    int low=0,high=n-1,mid;     /*置当前查找区间上、下界的初值*/
    while (low<=high)           /*当前查找区间R[low..high]非空*/
    {   mid=(low+high)/2;
        if (R[mid]==k)
            return mid;         /*查找成功返回*/
        if (R[mid]>k)
            high=mid-1;         /*继续在R[low..mid-1]中查找*/
        else
            low=mid+1;          /*继续在R[mid+1..high]中查找*/
```

```
    }
    return -1;                    /*当low>high时表示查找区间为空,查找失败*/
}
```

### 4.4.2 例题解析

#### 1. 单项选择题

【例4-4-1】以下程序根据用户输入的字符串c在二维数组str中顺序查找。

```
#include <stdio.h>
#include <string.h>
void main()
{   char str[][10]={"Basic","C++","FoxPro","Delphi","Oracle"};
    char c[15];
    int n=5,i=0;
    scanf("%s",c);
    printf("c=%s\n",c);
    while (____) i++;
    if (i<n)
       printf("str[%d]=%s\n",i,str[i]);      /*查找成功返回*/
    else
       printf("不存在\n");                    /*查找失败*/
}
```

A. i<n && strcmp(str[i],c)!=0          B. strcmp(str[i],c)!=0
C. i<n                                   D. i<n && str[i]!=c

▶ 解：用i扫描字符串数组str并使用strcmp函数进行字符串比较。本题答案为A。

#### 2. 填空题

【例4-4-2】阅读下列程序说明和C代码,将应填入____处的字句写在答题纸的对应栏内。其中search()函数采用二分查找法,在已按字母次序从小到大排序的字符数组list[0..len-1]中,查找字符c,若c在数组中,函数返回字符c在数组中的下标,否则返回-1。主函数先将用户输入的字符串转换成小写字母串,在其中查找字母'a'的位置。

```
#include <stdio.h>
#include <string.h>
void main()
{   int i=0;
    char s[120],c='a';
    printf("Enter a string.\n");
    scanf("%s",s);
    while (  ①  )
    {   if (  ②  )
            s[i]=s[i]-'A'+'a';
        i++;
    }
    printf("%s\n",s);
    i=search(s,c,strlen(s));
```

```
        if (i>=0) printf("s[%d]=%c\n",i,c);
}
int search(char list[],char c,int len)
{
    int low=0,high=len-1,k;
    while ( ___③___ )
    {   k=(low+high)/2;
        if ( ___④___ ) return k;
        else if ( ___⑤___ ) high=k-1;
        else low=k+1;
    }
    return -1;
}
```

▶ **解**：本题答案为①s[i]或s[i]!='\0'（串s未结束）②'A'<=s[i] && s[i]<='Z'（s[i]为大写字母）③low<=high（若存在查找的区域）④list[k]==c（找到了c）⑤list[k]>c（c小于当前位置的元素）。

### 3. 程序设计题

【例4-4-3】编写一个函数，求一个子串在一个主串中出现的位置，如果该子串不出现则返回-1。

▶ **解**：设str为主串，substr为子串，在str中顺序查找子串substr，当找到后返回其位置。对应的函数如下：

```
int Index(char str[],char substr[])
{   int i,j,k;
    for (i=0;str[i]!='\0';i++)
    {   for (j=i,k=0;str[j]==substr[k];j++,k++);
        if (substr[k]=='\0')      /*找到了子串*/
            return(i);
    }
    return(-1);
}
```

【例4-4-4】编写一个函数，计算指定子串在一个字符串中出现的次数，如果该子串不出现则返回0。

▶ **解**：设str为主串，substr为子串，在str中找到子串后不是退出，而是继续查找，直到整个字符串查找完毕。对应的函数如下：

```
int StrCount(char str[],char substr[])
{   int i,j,k,count=0;
    for (i=0;str[i]!='\0';i++)
    {   for (j=i,k=0;str[j]==substr[k];j++,k++);
        if (substr[k]=='\0')      /*找到了子串*/
            count++;
    }
    return(count);
}
```

# 第 5 章 指 针

> 基本知识点：指针的定义、指针运算符和指针运算等基本概念。
> 重　　点：字符指针、指针数组和多级指针。
> 难　　点：利用指针类型解决复杂的应用问题。

## 5.1 知识点 1：指针的概念

### 5.1.1 要点归纳

#### 1. 指针变量

在计算机中，所有数据都通过变量存放在内存中，每个变量都有存储地址，对于语句 int n;定义的变量n，其地址为&n，其中可以存放整数，如 2、5、8 等，如图 5.1（a）所示。指针就是地址（当一个数据占用多个内存单元时，该地址默认指的是首地址），它也是一种数据，可以定义专门存放变量地址的变量，如图 5.1（b）所示，整型变量a、b、c可以将它们的地址存放到变量p中，这个存放变量地址的变量称为指针变量。实际上，一个指针变量的值就是某个内存单元的地址或称为某内存单元的指针。

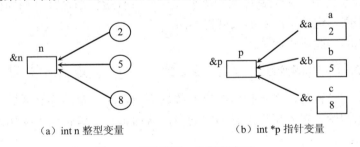

（a）int n 整型变量　　　　　　（b）int *p 指针变量

图 5.1　整数变量 n 和指针变量 p

既然指针变量的值是一个地址，那么这个地址不仅可以是变量的地址，也可以是其他数据的地址。在一个指针变量中存放一个数组或一个函数的首地址有何意义呢？因为数组或函数都是连续存放的。通过访问指针变量取得了数组或函数的首地址，也就找到了该数组或函数。这样一来，凡是出现数组、函数的地方都可以用一个指针变量来表示，只要该指针变量中赋予数组或函数的首地址即可。这样做，将会使程序的概念十分清楚，程序本身也变得精炼、高效。

在C语言中提供两种指针运算符：

- *：取指针目标运算符。
- &：取地址运算符。

其中，"*"表示的运算是访问地址的目标。"&"表示的运算是提取一个变量的存储区域的地址。

例如，在定义int x, *px之后，以下赋值语句均成立：

```
px=&x              /*将 x 的地址赋给 px*/
x=*px              /*将 px 所指的值赋给 x*/
px=&(*px)          /*将 px 所指值的地址赋给 px，等价于 px=px*/
x=*(&x)            /*将 x 的地址的值赋给 x，等价于 x=x*/
```

提示

指针变量中存放的是地址值，无论何种数据的指针变量，占用的内存大小是相同的，例如char *p1;double *p2;，其sizeof(p1)和sizeof(p2)均为 4，即p1 和p2 两个指针变量均占用 4 个字节。在任何时刻，一个指针变量只能存放一个地址值，即只能指向一个数据。

### 2. 指针的定义和初始化

由于指针是一个变量，所以具有和普通变量一样的属性，在使用之前也需要定义，在指针定义的同时也可以进行初始化。

指针定义的一般形式如下：

数据类型 *指针名;

其中，指针名前的"*"号仅是一个符号，表示其后的名称是一个指针变量名。这里的"*"号并没有访问指针目标的含义。

与普通变量不同，指针定义时指定的数据类型并不是指针变量本身具有的数据类型，而是其目标的数据类型。无论目标数据类型如何，所有指针都是具有相同格式的地址量，由于机器硬件不同，地址量的数据长度也不同。

指针初始化的一般形式如下：

数据类型 *指针名=初始地址值;

指针初始化的过程是，系统按照给出的数据类型，在一定的存储区域为该指针分配存储空间，同时把初始值置入指针的存储空间内，从而该指针就指向了初始地址值所给定的内存空间。例如：

```
double x;
double *px=&x;
```

把变量 x 的地址作为初值赋给 double 型指针 px，从而 px 指向了变量 x 的存储空间。

### 3. 指针运算

指针运算是以指针变量所持有的地址值为运算量进行的运算，所以指针运算实际上是地址的计算。C语言提供的这种地址计算方法，适合于指针、数组等类型的数据。

（1）指针与整数的加减运算

C语言的地址计算规则规定，一个地址量加上或减去一个整数n，其计算结果仍然是一个地址量，它是以运算数的地址量为基点的前方或后方第n个数据的地址。因此，指针作为地址量加上或减去一个整数n，并不是用它的地址量直接与整数n进行加法或减法运算。其运算结果应该是指针当前指向位置的前方或后方第n个数据的地址。由于指针可以指向不同数据类型，即数据长度不同的数据，所以这种运算的结果取决于指针指向的数据的类型，即目标类型（或基类型）。

对于目标类型为type的指针p，p±n表示的实际位置的地址值是：

```
p±n*sizeof(type)
```

（2）指针加1、减1运算

指针加1、减1运算也是地址运算，是指针本身地址值的变化。指针++运算后就指向下一个数据的位置，指针--运算后就指向上一个数据的位置。运算后指针地址值的变化量取决于它指向的数据类型。

（3）指针的相减

在C语言中，两个地址量相减，并非它们的两个地址值之间直接做减法运算，两个指针相减的结果值是整数，该值表示这两个指针所指地址之间的数据个数。

（4）指针的关系运算

目标类型相同的两个指针之间的关系运算表示它们指向的地址位置之间的关系。假设数据在内存中的存储顺序是由前向后，那么指向后方的指针大于指向前方的指针。指向不同数据类型的指针之间的关系运算是没有意义的。指针与一般整数常量或变量之间的关系运算也是无意义的。但是指针可以和零（指针零用NULL表示）之间进行等于或不等于的关系运算，即p==NULL或p!=NULL，以判定指针p是否为一空指针。

## 5.1.2 例题解析

### 1. 单项选择题

【例5-1-1】变量的指针，其含义是指该变量的_____。

A. 值　　　　　　　　B. 地址　　　　　　　　C. 名　　　　　　　　D. 一个标志

▶ 解：变量的指针即为该变量的地址。本题答案为B。

【例5-1-2】以下叙述错误的是_____。

A. 指针可以进行加、减等算术运算　　　　B. 指针中存放的是地址值

C. 指针是一个变量　　　　　　　　　　　D. 指针变量不占用存储空间

▶ 解：指针变量也是变量，需占用存储空间，只是其值为其他变量的地址。本题答案为D。

【例5-1-3】对于基类型相同的两个指针变量之间，不能进行的运算是_____。

A. <　　　　　　　　B. =　　　　　　　　C. +　　　　　　　　D. -

▶ 解：这样的两个指针变量相加没有意义。本题答案为C。

【例5-1-4】若有定义 int *p1,*p2,m=5,n;，以下均为正确赋值语句的选项是_____。
  A. p1=&m;p2=&p1;　　　　　　　　B. p1=&m;p2=&n;*p1=*p2;
  C. p1=&m;*p1=*p2;　　　　　　　　D. p1=&m;*p2=*p1;
 ▶ 解：选项A中，p2=&p1错误；选项C中，*p1=*p2是将p2所指的值赋值给p1所指的值，其中"*"都表示取指针值运算，p2没有指向任何有效的数据，不能执行取数据即*p2操作；选项D中，由于尚未让p2指向任何存储空间，不能执行取数据即*p2操作，即*p2=*p1出错（这是较难识别的错误）。本题答案为B。

【例5-1-5】设p1和p2均为指向一个int型数组的指针变量，k为int型变量，则以下不能正确执行的赋值语句是_____。
  A. k=*p1+*p2;　　　B. p2=k;　　　C. p1=p2;　　　D. k=*p1*(*p2);
 ▶ 解：p2=k错误，前者是指针变量，后者为整型变量，类型不相容，不能赋值。本题答案为B。

【例5-1-6】若已定义a为int型变量，则_____是对指针变量p的正确定义和初始化。
  A. int *p=a;　　B. int *p=*a;　　C. int p=&a;　　D. int *p=&a;
 ▶ 解：定义整型指针的格式为int *p，取整型变量a的地址为&a。本题答案为D。

【例5-1-7】假设整型变量a的值为12，a的地址为2000，若欲使p为指向a的指针变量，则下以赋值正确的是_____。
  A. &a=3;　　　B. *p=12;　　　C. *p=2000;　　　D. p=&a;
 ▶ 解：注意不能给指针变量赋常量，如2000。本题答案为D。

【例5-1-8】若有定义 int n=2,*p=&n,*q=p;，则以下非法的赋值语句是_____。
  A. p=q;　　　B. *p=*q;　　　C. n=*q;　　　D. p=n;
 ▶ 解：p=n错误，p为指针变量，而n为整型变量。本题答案为D。

【例5-1-9】若有定义 int *p,m=5,n;，以下正确的程序段是_____。
  A. p=&n;scanf("%d",&p);　　　　　　B. p=&n;scanf("%d",*p)
  C. scanf("%d",&n);*p=n;　　　　　　D. p=&n;*p=m;
 ▶ 解：选项A中，&p应为p；选项B中，*p应为p；选项C中，由于尚未让p指向任何存储空间，*p=n出错（这是较难识别的错误）；选项D中，先让p指向变量n，然后将p所指变量即n赋值为m，正确。本题答案为D。

【例5-1-10】有如下程序段：

```
int *p,a=10,b=1;
p=&a;
a=*p+b;
```

执行该程序段后，a的值为_____。
  A. 12　　　　　B. 11　　　　　C. 10　　　　　D. 编译出错
 ▶ 解：p指向a，a=*p+b相当于a=a+b。本题答案为B。

【例5-1-11】有以下程序段：

```
#include <string.h>
void main()
```

```
{   char a,b,c,*d;
    a='\'';
    b='\xbc';
    c='\0xab';
    d="\017";
    printf("%c%c%c\n",a,b,c,*d);
}
```

编译时出现错误，以下叙述中正确的是_____。

  A. 程序中只有a='\';语句错误    B. b='\xbc';语句错误

  C. d="\017";语句错误    D. a='\';和c='\xbc';语句都错误

▶ 解：'\'作为转义字符的引导符，其后要给出相应的符号。本题答案为A。

【例5-1-12】若有以下定义和语句：

```
int a=4,b=3,*p,*q,*w;
p=&a;q=&b;w=q;q=NULL;
```

则以下选项中错误的语句是____。

  A. *q=0;      B. w=p;      C. *p=a;      D. *p=*w;

▶ 解：q是指针变量，已通过q=NULL语句将其置为NULL，不能再设置所指向的值。本题答案为A。

【例5-1-13】执行以下程序后，a 和 b 的值分别为_____。

```
#include <stdio.h>
void main()
{   int a,b,k=4,m=6,*p1=&k,*p2=&m;
    a=p1==&m;
    b=(-*p1)/(*p2)+7;
    printf("a=%d\n",a);
    printf("b=%d\n",b);
}
```

  A. -1,5      B. 1,6      C. 0,7      D. 4,10

▶ 解：p1 指向k，p1==&m返回 0（假），执行a=p1==&m→a=0；b=(-*p1)/(*p2)+7=(-4)/6+7=0+7=7。本题答案为C。

【例5-1-14】以下程序有错，错误原因是_____。

```
#include <stdio.h>
void main()
{   int *p,i;
    char *q,ch;
    p=&i;
    q=&ch;
    *p=40;
    *p=*q;
}
```

  A. p和q的类型不一致，不能执行*p=*q;语句。

  B. *p中存放的是地址值，因此不能执行*p=40;语句。

  C. q没有指向具体的存储单元，所以*q没有实际意义。

  D. q虽然指向了具体的存储单元，但该单元中没有确定的值，所以执行*p=*q;语句没有意义。

▶ **解**：此题在编译时只提示警告信息，因为将char数据赋给int型变量，这在C语言中是可以的。但在执行时，q虽然指向了具体的存储单元即变量ch，但该单元中没有确定的值，所以执行*p=*q;语句没有意义。本题答案为D。

2．填空题

【例5-1-15】设有以下程序：

```
#include <stdio.h>
void main()
{   int i,*p;
    p=&i;
    *p=8;
    printf("i=%d\n",i);
}
```

程序的执行结果是_____。

▶ **解**：程序中通过指针p间接地给变量i赋值。本题答案为i=8。

【例5-1-16】给出以下程序的执行结果_____。

```
#include <stdio.h>
void main()
{   int *p1,*p2,*p;
    int a=10,b=12;
    p1=&a;p2=&b;
    if (a<b);
    {   p=p1; p1=p2;
        p2=p;
    }
    printf("%d,%d,",*p1,*p2);
    printf("%d,%d\n",a,b);
}
```

▶ **解**：首先让p1指向a，p2指向b，a<b成立，交换p1和p2，即p2指向a，p1指向b。本题答案为12,10,10,12。

3．判断题

【例5-1-17】判断以下叙述的正确性。

（1）语句int *p;中的*p的含义为取值。

（2）指针变量和普通变量相似，其值是可变的。

（3）所有指针变量都用于存放地址值，所以指针变量与目标类型无关。

（4）int i,*p=&i;是正确的C语言定义。

（5）int a=5,*p;p=&a;则p的值为5。

（6）两个指针相加没有意义。

（7）指针变量可以初始化为NULL或一个地址。

（8）指针变量可以初始化为任一整数常量。

▶ **解**：（1）错误。*p的含义为定义一个指针变量，这里*不是一个运算符。

（2）正确。如执行int a,b,*p;p=&a;p=&b;后则p指针变量中保存变量b的地址。

（3）错误。C语言规定指针变量与目标类型有关，在定义时需指定目标类型，如int a,*p;double d;则p=&a是正确的，而p=&d是错误，因为p指针变量只能存放整型变量的地址。

（4）正确。　　（5）错误。p为变量a的地址。

（6）正确。　　（7）正确。　　（8）错误。

## 5.2　知识点2：指针和数组

### 5.2.1　要点归纳

#### 1. 指针和一维数组

在C语言中，指针与数组之间的关系十分密切，它们都可以处理内存中连续存放的一系列数据。数组与指针在访问内存时采用统一的地址计算方法。在进行数据处理时，指针和数组的表示形式具有相同的意义。

在C语言中规定数组名代表数组的首元素的首地址，也就是说，数组名具有地址的概念。因此，可以将数组名（即在内存中存放该数组的首地址）赋给指针。例如：

```
int a[10],*p;
```

则：

```
p=&a[0];
p=a;
```

两个语句是等价的，其作用都是把a数组的首元素的首地址赋给指针变量p。之后p+i就是数组元素a[i]的地址。访问数组元素的一般形式是：

```
数组名[下标]
```

进一步得到访问数据运算的一般形式为：

```
地址量[整数n]
```

可以看出，它是一个二目变址运算，要求两个运算量。其中"[]"左边的运算量必须是地址量，它可以是地址常量或地址变量。"[]"内的运算量必须是整数。该运算表达式的意义是，访问以地址量为起点的第n个数据。例如，表达式a[i]的运算结果是，以地址a为起点的i号元素。如果a是某个数组名，则a[i]恰好是该数组的i号元素。由此可知，C语言中数组元素的表示形式实质上是访问数据运算表达式，通过表达式的运算结果达到访问数组元素的目的。

访问数据表达式a[i]的运算过程是，首先计算a+i得到i号元素的地址，然后访问该地址中的数据。其中a+i是按照C语言的地址计算规则进行的。由上述a[i]的运算过程看到，它与表达式*(a+i)的运算完全相同。因此在程序中a[i]和*(a+i)是完全等价的。

在程序中，使用指针处理内存中连续存储的数据时，可以使用以下形式：

```
*(指针变量+i)
```

例如，对于*(p+i)，根据上述等价原理，它可以写为p[i]的形式。注意不要把它误解为存在一个数组p，并访问p的i号元素。应该把它看做是一个访问数据运算表达式，它是访问以地址p为起点的i号元素。

由于数组名是地址常量，不能对它进行任何运算。而指针可以进行一系列的运算，所以，采用指针对数组元素进行运算更方便灵活。

归纳起来，在定义了int a[10],*p=a;的情况下：

- p+i 或 a+i 就是 a[i]的地址。地址值都要进行 a+i*d（d 为 a 中元素对应的数据类型的字长）的运算。
- *(p+i)或*(a+i)就是 p+i 或 a+i 所指向的数组元素 a[i]。数组元素中的"[]"是变址运算符，相当于*(+)，a[i]相当于*(a+i)。
- 指向数组元素的指针变量也可带下标，如 p[i]与*(p+i)等价。所以，a[i]、*(a+i)、p[i]、*(p+i)四种表示法全部等价。
- 注意 p 与 a 的差别。p 是变量，a 是符号常量，不能给 a 赋值，语句 a=p; 和 a++; 都是错误的。

提 示

对于定义的一维数组，如int a[10];，它含有 10 个整数，数组名 a 代表的是该数组首元素的首地址，而不是数组 a 的首地址，&a 才是整个数组的首地址，a 与&a[0]的含义相同。如"a==&a[0]"返回真，是正确的比较，而"&a==&a[0]"是错误的比较，尽管&a 和&a[0]的地址值相同，但两者的含义不同。

例如，有以下程序：

```
#include <stdio.h>
void main()
{   int a[]={1,2,3},*p=a;
    int i;
    for (i=0;i<3;i++)         /*通过*(a+i)操作*/
        printf("%d ",*(a+i));
    printf("\n");
    for (i=0;i<3;i++)         /*通过a[i]操作*/
        printf("%d ",a[i]);
    printf("\n");
    for (i=0;i<3;i++)         /*通过*(p+i)操作*/
        printf("%d ",*(p+i));
    printf("\n");
    p=a;
    for (i=0;i<3;i++)         /*通过p[i]操作*/
        printf("%d ",p[i]);
    printf("\n");
}
```

上述程序每次for循环输出的结果都是 1 2 3，说明*(a+i)、a[i]、*(p+i)和p[i]是等价的。

另外，几种指针混合运算方式如下：

- *p++，由于++和*同优先级，结合方向为自右向左，而这里++为后缀++，因此它等价于*p（返回其值），p++。
- *++p，而这里++为前缀++，它等价于++p，*p（返回其值）。
- (*p)++，由于括号优先，它等价于*p（返回其值），然后将*p的结果加 1。

例如，以下程序的输出结果见其中的注释：

```
#include <stdio.h>
void main()
{   int a[]={10,20,30},*p=a;
    printf("%d,",*p);               /*输出:10*/
    printf("%d,",*p++);             /*输出:10*/
    printf("%d,",*p);               /*输出:20*/
    p=a;
    printf("%d,",*p);               /*输出:10*/
    printf("%d,",*++p);             /*输出:20*/
    printf("%d,",*p);               /*输出:20*/
    p=a;
    printf("%d,",(*p)++);           /*输出:10*/
    printf("%d\n",*p);              /*输出:11*/
}
```

#### 2. 字符指针和字符串

字符指针指的是指向char型数据的指针。显然，字符指针也是一个指针变量。字符指针变量和字符数组有如下区别。

① 字符数组由若干个元素组成，每个元素中放一个字符，而字符指针变量中存放的是地址（字符串的首地址），决不是将字符串放在字符指针变量中。

② 赋值方式。对字符数组只能对各个元素赋值，但不能直接给字符数组进行整体赋值（可使用strcpy()函数），例如，以下赋值是错误的：

```
char str[10];
str="Good Bye!";
```

而对于字符指针，既可以用字符串常量进行初始化，又可以直接用字符串常量赋值。例如，以下赋值是正确的：

```
char *str;
str="Good Bye!";
```

③ 在定义一个数组时，在编译时就已分配内存单元，有确定的地址。而定义一个字符指针变量时，给指针变量分配内存单元，在其中可以放一个地址值，也就是说，该指针变量可以指向一个字符型数据，但如果未对它赋一个地址值，则它并未具体指向哪个字符数据。

C语言编译系统提供了动态分配和释放存储单元的函数。

- malloc(size)：在内存的动态存储区中分配一个长度为 size 的连续空间，此函数的返回值是一个指向分配域起始地址的指针，如果此函数未能成功地执行，则返回值为 0。
- calloc(n,size)：在内存的动态存储区中分配 n 个长度为 size 的连续空间，此函数的返回值是一个指向分配域起始地址的指针，如果此函数未能成功地执行，则返回值为 0。
- free(ptr)：释放由 ptr 指向的内存区，ptr 是最近一次调用 calloc 或 malloc 函数时返回的值。

上面三个函数中，参数 n 和 size 均为整型，ptr 为字符型指针。

#### 3. 指针和二维数组

以二维数组为例，设二维数组a有 3 行 5 列，定义如下：

```
int a[3][5]={{1,2,3,4,5},{6,7,8,9,10},{11,12,13,14,15}};
```

其中，a是数组名，它的各元素是按行顺序存储的。a数组有3行，将它们看成3个一维数组元素，即a={a[0],a[1],a[2]}，每个一维数组元素又含5个元素。这种降维的思路可以扩展到三维或三维以上的数组。

提示

> 数组名a代表的是该二维数组首元素的首地址，而不是数组a的首地址，&a才是整个数组的首地址，即a与&a[0]含义相同。如"a==&a[0]"返回真，是正确的比较，而"a==&a[0][0]"是错误的比较，也就是说，a并不是a[0][0]元素地址，同时，"&a==&a[0]"也是错误的比较。尽管a、&a、&a[0]和&a[0][0]的地址值相同，但它们各有自己的含义。归根到底，可将二维数组看成是其元素为一维数组的一维数组，a代表其首一维数组元素的首地址。

如图5.2所示，由于数组名a是首元素a[0]的首地址，也就是说，a指向元素a[0]，所以a+1和a+2分别为a[1]和a[2]元素的指针。

a[0]是二维数组a的首元素，它又是由{a[0][0],a[0][1],a[0][2],a[0][3],a[0][4]}元素构成的，a[0]代表该一维数组的首元素的首地址，即a[0]指向首元素a[0][0]，因此有"a[0]==&a[0][0]"成立。a[0]+1和a[0]+2分别为a[0][1]和a[0][2]元素的指针，依次类推。

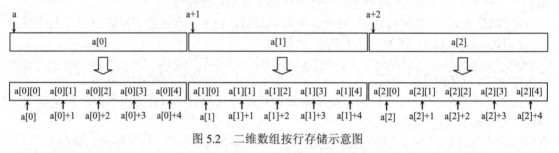

图5.2 二维数组按行存储示意图

数组元素中的"[]"是变址运算符，相当于*(+)，对于一维数组b，b[j]相当于*(b+j)。对二维数组元素a[i][j]，将分数组名a[i]当作b代入*(b+j)得到*(a[i]+j)，再将其中的a[i]换成*(a+i)又得到*(*(a+i)+j)。a[i][j]、*(a[i]+j)、*(*(a+i)+j)三者相同，都表示第i行j列元素。根据以上分析，对于图5.2所示的二维数组，可得到表5.1。

表5.1 不同形式的含义及内容

| 形式 | 含义 |
| --- | --- |
| a，&a[0] | 分别为二维数组名和首元素a[0]的地址，两者含义相同 |
| a[0]，*(a+0)，*a，&a[0][0] | 均为a[0][0]元素的地址，四者的含义相同 |
| a[0]+1，*a+1，&a[0][1] | 均为a[0][1]元素的地址，三者的含义相同 |
| a+1，&a[1] | 均为a[1]的地址，两者含义相同 |
| a[1]，*(a+1)，&a[1][0] | 均为a[1][0]元素的地址，三者的含义相同 |
| a[1]+4，*(a+1)+4，&a[1][4] | 均为a[1][4]元素的地址，三者的含义相同 |
| *(a[2]+4)，*(*(a+2)+4)，a[2][4] | 均为a[1][4]元素，三者的含义相同 |

### 4. 数组指针

因为数组名是常量，不能像变量那样操作，为此可以设计指向数组的指针变量，以便于数组的操作。

（1）一维数组指针

一维数组的内存空间是连续的且大小在定义时已指定，所以可以定义一个同类型的指针对其元素进行操作。

例如，以下程序定义一个数组a和指针pa，通过数组名a和指针pa操作输出所有元素：

```c
#include <stdio.h>
void main()
{   int i;
    int a[5]={1,2,3,4,5},*pa=a;     //pa作为一维数组a的指针
    /*①：通过a[i]方式输出所有元素------*/
    for (i=0;i<5;i++)
        printf("%d ",a[i]);
    printf("\n");                    //输出结果:1 2 3 4 5
    /*②：通过*(a+i)方式输出所有元素----*/
    for (i=0;i<5;i++)
        printf("%d ",*(a+i));
    printf("\n");                    //输出结果:1 2 3 4 5
    /*③：通过*(pa+i)方式输出所有元素---*/
    for (i=0;i<5;i++)
        printf("%d ",*(pa+i));
    printf("\n");                    //输出结果:1 2 3 4 5
    /*④：通过*pa方式输出所有元素------*/
    for (i=0;i<5;i++)
        printf("%d ",*pa++);
    printf("\n");                    //输出结果:1 2 3 4 5
}
```

上述程序中的4种输出方式的结果相同，只是第④种方式中，当输出完毕后pa指向a[4]元素的后一个位置。

（2）二维数组指针

二维数组可以看成是一维数组作为元素的一维数组，对每个一维数组元素可以采用前面介绍的一维数组指针的方式进行操作。

例如，以下程序定义了一个二维数组a，a[1]是它的1号元素，也是一个一维数组，通过指针p输出a[1]的所有元素：

```c
#include <stdio.h>
void main()
{   int i;
    int a[3][2]={{0,1},{2,3},{4,5}};
    int *p=a[1];
    for (i=0;i<2;i++)
        printf("%d ",*p++);
    printf("\n");                    //输出2 3
}
```

上述程序的思路是对a的每个一维数组元素分别操作，其中p指针是一维数组指针，C语言提供了二维数组指针的概念。二维数组指针变量的一般的定义格式如下：

基类型 (*指针变量)[整型表达式]

其中，"整型表达式"指出二维数组中的列大小，即对应数组定义中的"下标表达式2"。例如，有如下定义：

```
int a[2][3],(*pa)[3]=a;
```

在(*pa)[3]中，由于存在一对圆括号，所以"*"首先与pa结合，表示pa是一个指针变量，然后再与"[]"结合，表示指针变量pa的基类型是一个包含有 3 个int元素的数组，也就是说，pa为一个二维数组的指针变量，该数组中每列有 3 个元素。

一旦定义了二维数组的指针变量，该数组指针变量可以像数组名一样使用，且可以在数组元素中移动。在前面定义二维数组指针变量pa并初始化后，有：

- pa[i]：引用 a[i]元素。
- pa++：让 pa 指向数组 a 的后一个一维数组元素。
- pa--：让 pa 指向数组 a 的前一个一维数组元素。
- pa+1 等价于 a+1。

当 pa 指向 a 数组的开头时，可以通过以下形式来引用 a[i][j]：

- *(pa[i]+j)对应于*(a[i]+j)
- *(*(pa+i)+j)对应于*(*(a+i)+j)
- (*(pa+i))[j]对应于(*(a+i))[j]
- pa[i][j]对应于 a[i][j]

提示

数组指针pa与对应的二维数组a的差别是：二维数组a是一个常量，而数组指针pa是一个变量。

例如，以下程序定义一个二维数组a和该数组的指针pa，通过数组名a和指针pa操作输出所有元素：

```
#include <stdio.h>
void main()
{   int i,j;
    int a[2][3]={{1,2,3},{4,5,6}},(*pa)[3]=a;
    /*①：通过 a[i]方式输出所有元素--------*/
    for (i=0;i<2;i++)
        for (j=0;j<3;j++)
    printf("%d ",a[i][j]);
    printf("\n");                           //输出结果:1 2 3 4 5 6
    /*②：通过*(*(a+i)+j)方式输出所有元素--*/
    for (i=0;i<2;i++)
        for (j=0;j<3;j++)
    printf("%d ",*(*(a+i)+j));
    printf("\n");                           //输出结果:1 2 3 4 5 6
    /*③：通过*(pa[i]+j)方式输出所有元素---*/
    for (i=0;i<2;i++)
        for (j=0;j<3;j++)
    printf("%d ",*(pa[i]+j));
    printf("\n");                           //输出结果:1 2 3 4 5 6
    /*④：通过*(*(pa+i)+j)方式输出所有元素-*/
    for (i=0;i<2;i++)
        for (j=0;j<3;j++)
    printf("%d ",*(*(pa+i)+j));
    printf("\n");                           //输出结果:1 2 3 4 5 6
```

}

（3）三维数组指针

三维数组指针变量的一般的定义格式如下：

基类型 ((*指针变量)[整型表达式1])[整型表达式2]

其中，"整型表达式1"对应数组定义中的"下标表达式2"，"整型表达式2"对应数组定义中的"下标表达式3"。例如，有如下定义：

int a[2][3][2]={1,2,3,4,5,6,7,8,9,10,11,12},((*pa)[3])[2]=a;

pa即为三维数组a的指针变量。其定义是分两步考虑的，先定义二维数组a[2][3]的指针变量，为(*pa)[3]，再定义三维数组a的指针变量为((*pa)[3])[2]。

三维数组指针的使用与二维数组指针类似。

5. 指针和数组的对比

指针和数组的对比如表5.2所示。

表5.2 指针和数组的对比

| 区别要点 | 指针：int *p; | 数组：int a[5]; |
| --- | --- | --- |
| 存储的内容 | 保存数据的地址，任何存入指针变量p的数据都会被当作地址来处理 | 保存数据，数组名a代表的是数组首元素的首地址，即a和&a[0]是一样的。 |
| 访问数据的方式 | 间接访问数据，首先取得指针变量p的内容（值），把它作为地址，然后从这个地址提取数据或向这个地址写入数据 | 直接访问数据，数组名a是整个数组的名字，数组内每个元素并没有名字，只能通过a[i]的方式来访问某个元素。数组可以通过指针形式*(a+i)来访问 |
| 常用场合 | 常用于动态数据结构 | 常用于存储固定个数且数据类型相同的元素 |
| 分配、释放空间 | 分配空间的函数为malloc，释放空间的函数为free | 系统自动分配和释放空间 |
| 变量含义 | 通常指向匿名数据（当然也可指向有名数据） | 自身即为数组名 |

## 5.2.2 例题解析

1. 单项选择题

【例5-2-1】以下合法的数组定义是_____。

  A. int s[]="china",　　　　　　B. int s[2]={0,2,4};
  C. char s="china";　　　　　　D. char s[]={"0,1,2,3,4,5"};

▶ 解：char s[]={"0,1,2,3,4,5"};定义一个字符数组，包含11个字符和一个字符串结束标记'\0'。本题答案为D。

【例5-2-2】以下合法的定义是_____。

  A. str[]={"china"};　　　　　　B. char *p="china";
  C. char *p;strcpy(p,"china");　　D. char str[13];str[]="china";

▶ 解：选项A中没有指定数组的类型；选项C中p没有分配空间，应改为char *p;p=(ch

ar *)malloc(10);strcpy(p,"china"); 选项D中不能给字符数组整体赋值。本题答案为B。

【例5-2-3】若有定义 int a[]={1,3,5,7,9,11},*ptr=a;，则能够正确地引用该数组元素的是_____。

  A.a      B.*(ptr--)      C.a[6]      D.*(--ptr)

答：在*(ptr--)中，(ptr--)返回ptr指针即a[0]的地址，再执行递减运算，对a[0]的地址取值即为a[0]元素，其结果为1。而*(--ptr)先递减ptr，此时ptr已超界了。本题答案为B。

【例5-2-4】设已有定义 char *st="how are you";，下列程序段中正确的是_____。

  A. char a[11], *p;strcpy(p=a+1,&st[4]);      B. char a[11];strcpy(++a, st);

  C. char a[11];strcpy(a, st);      D. char a[],*p;strcpy(p=&a[1],st+2);

解：执行char a[11], *p;strcpy(p=a+1,&st[4]);后，p指向字符串"are you"。本题答案为A。

【例5-2-5】若有定义语句 int x[3][4];，则以下关于x、*x、x[0]、&x[0][0]的正确描述是_____。

  A. x、*x、x[0]、&x[0][0]均表示元素x[0][0]的地址

  B. 只有*x、x[0]、&x[0][0]表示的是元素x[0][0]的地址

  C. 只有x[0]、&x[0][0]表示的是元素x[0][0]的地址

  D. 只有&x[0][0]表示的是元素x[0][0]的地址

解：对于二维数组x、*x、x[0]、&x[0][0]均表示元素x[0][0]的地址，而x表示x[0]的地址。本题答案为B。

【例5-2-6】若有定义 int (*p)[3]，则以下_____是正确的叙述。

  A. p是一个指针数组

  B. p是一个指针，它只能指向一个包含3个int类型元素的二维数组

  C. p是一个指针，它可以指向一个一维数组中的任一元素

  D. (*p)[3]与*p[3]等价

解：在int (*p)[3]中，圆括号中有"*"，表示p是一个指针，最后的定义符"[3]"表明是一个数组，前者优先，即p是指向含3个元素的二维数组的行指针。本题答案为B。

【例5-2-7】以下_____是一个指向二维整型数组的指针的定义。

  A. int (*ptr)[3]      B. int *ptr[3]      C. int *(ptr[3])      D. int ptr[3]

解：int (*ptr)[3]是一个指向二维整型数组的指针，该数组每列有3个元素。int *ptr[3]是一个指针数组，其中每个元素是一个指针。int *(ptr[3])与*ptr[3]相同。int ptr[3]是一个普通数组。本题答案为A。

【例5-2-8】C语言的定义语句 char *a[5];的含义是指_____。

  A. a是一个数组，其数组的每一个元素是指向字符的指针

  B. a是一个指针，指向一个数组，数组的元素为字符型

  C. A和B均不对，但它是C语言正确的语句

  D. C语言不允许这样定义语句

解：该语句是合法的，"[]"的优先级高，定义a是一个数组，前面带有"*"，表示a

数组的元素是char型指针。本题答案为A。

【例5-2-9】若有定义语句 int i,x[3][4];，则不能将 x[1][1]的值赋给变量 i 的语句是_____。

  A. i=*(*(x+1)+1);  B. i=x[1][1];  C. i=*(x+1);  D. i=*(x[1]+1);

▶ 解：注意x是x[0]数组元素的指针，(x+1)是x[1]的地址，*(x+1)是x[1]的值，它是一个地址，不能赋给整形变量i，本题答案为C。

【例5-2-10】若有定义 int a[4][10],*p,*q[4];，且 0<i<4，则_____是错误的赋值。

  A. p=a  B. q[i]=a[i]  C. p=a[i]  D. q[i]=&a[2][0]

▶ 解：a是二维数组，可看成这样的一维数组，其中每个元素又都是一个一维数组，而p是int型指针，p=a是错误的。本题答案为A。

【例5-2-11】设已有定义 char *st="how are you";，下列程序段中错误的是_____。

  A. char a[11], *p; strcpy(p=a+1,&st[4]);  B. char a[11]; strcpy(++a, st);

  C. char a[11]; strcpy(a, st);  D. char a[11], *p; strcpy(p=&a[1],st+2);

▶ 解：选项A的语句执行后，P指向"are you"字符串。选项B中，a是数组名，即为地址常量，++a错误。选项C是将str复制到字符数组a中。选项D的语句执行后，P指向"w are you"字符串。本题答案为B。

【例5-2-12】若有定义语句：

```
int i,a[2][3]={1,3,5,7,9,11};
int m,n;
```

且 0≤m≤1，0≤n≤2，则_____是对数组元素的正确引用。

  A. a[m]+n  B. *(a+5)  C. *(*(a+m)+3)  D. *(*(a+m)+n)

▶ 解：选项A中a[m]是地址，a[m]+n错误。选项B中a是a[0]分数组的地址，a+5 是a[5]分数组的地址，超界错误。选项C中，*(*(a+m)+3)=a[m][3]，超界错误。选项D中，*(*(a+m)+n)=a[m][n]。本题答案为D。

【例5-2-13】下面判断正确的是_____。

  A. char *a ="china";等价于char *a;*a="china";

  B. char str[10]={"china"};等价于char str[10];str[]={"china"};

  C. char *s="china";等价于char *s;s="china";

  D. char c[4]="abc",d[4]="abc";等价于char c[4]=d[4]="abc";

▶ 解：s="china";语句的功能是：先将字符串"china"存放在内存中，然后将其开始地址值赋给字符指针s。本题答案为C。

【例5-2-14】已知指针 p 的指向如图 5.3 所示，则执行*--p 的返回值是_____。

  A. 30  B. 20  C. 19  D. 29

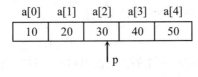

图 5.3　指针 p

▶ 解：对于表达式*--p;先执行--p（p指向a[1]元素），然后返回*p值。本题答案为B。

【例5-2-15】已知指针p的指向如图5.3所示，则执行语句*--p;后*p的值是_____。

  A. 30    B. 20    C. 19    D. 29

▶ 解：分析同上例。本题答案为B。

【例5-2-16】以下程序的输出结果是_____。

```
#include <stdio.h>
void main()
{   int a[5]={1,2,3,4,5};
    int *ptr=(int *)(&a+1);
    printf("%d,%d\n",*(a+1),*(ptr-1));
}
```

  A.1,2    B.2,5    C.1,5    D.2,1

解：a是数组的首元素a[0]的首地址，a+1是数组下一个元素的地址，所以*(a+1)=a[1]=2。&a是数组a的首地址，&a+1是下一个数组的首地址，即&a+1=sizeof(a)+1=a[4]+1=a[5]（尽管a[5]不存在，但可以这样理解，也就是返回尾元素a[4]之后的地址），ptr-1返回a[4]元素的地址，*(ptr-1)返回a[4]元素即5。本题答案为B。

提示 通过本例的解释进一步说明了对于数组a，a和&a的区别。

【例5-2-17】以下程序的输出结果是_____。

```
#include <stdio.h>
void main()
{   int a[3][3],*p,i;
    p=&a[0][0];
    for(i=0;i<9;i++)
        p[i]=i+1;
    printf("%d\n",a[1][2]);
}
```

  A. 3    B. 6    C. 9    D. 随机数

▶ 解：p是二维数组a的列指针即元素指针，等价于将a[0][0]～a[0][2]、a[1][0]～a[1][2]和a[2][0]～a[2][2]分别赋值1～9，a[1][2]=6。本题答案为B。

【例5-2-18】以下程序的运行结果为_____。

```
#include <stdio.h>
void main()
{   char a[]="Language",b[]="programe";
    char *p1,*p2;
    int k;
    p1=a;p2=b;
    for(k=0;k<=7;k++)
        if(*(p1+k)==*(p2+k))
            printf("%c",*(p1+k));
}
```

  A. gae    B. ga    C. Language    D. 有语法错误

▶ 解：程序的功能是同步顺序扫描字符数组a和b，输出对应位置相同的字符。本题答案为A。

【例5-2-19】有以下程序：

```c
#include <stdio.h>
void main()
{   int x[8]={8,7,6,5,0,0},*s;
    s=x+3;
    printf("%d\n",s[2]);
}
```

执行后输出结果是_____。

　　A. 随机值　　　　　　　B. 0　　　　　　　　C. 5　　　　　　　　D. 6

▶ 解：s=x+3→s指向5，s[2]=*(s+2)=0。本题答案为B。

【例5-2-20】以下程序运行的结果是_____。

```c
#include <stdio.h>
void main()
{   int k=3,j=4;
    int *p=&k, *q=&j;
    (*p)--;
    j=k;
    (*q)--;
    printf("(%d,%d)",k,j);
}
```

　　A. (2,1)　　　　　　　B. (1,2)　　　　　　　C. (4,3)　　　　　　　D. (3,3)

▶ 解：(*p)--是将p所指值减1。本题答案为A。

【例5-2-21】以下程序运行的结果是_____。

```c
#include <stdio.h>
void main()
{   int c[]={1,7,12};
    int *p=c+1;
    printf("%d",*p++);
}
```

　　A. 2　　　　　　　　B. 7　　　　　　　　C. 8　　　　　　　　D. 12

▶ 解：*p++是先返回*p，然后执行p++。本题答案为B。

【例5-2-22】以下程序运行的结果是_____。

```c
#include <stdio.h>
void main()
{   int a[]={2,4,6,8,10},y=1,x,*p;
    p=&a[1];
    for(x=0;x<3;x++)
        y+=*(p+x);
    printf("%d\n",y);
}
```

　　A. 17　　　　　　　　B. 18　　　　　　　　C. 19　　　　　　　　D. 20

▶ 解：p是一维数组a的元素指针，y=1+*p+*(p+1)+*(p+2)=1+4+6+8=19。本题答案为C。

【例5-2-23】有如下定义：

```c
int a[10]={1,2,3,4,5,6,7,8,9,10},*p=a;
```

则数值为9的表达式是____。

A. *p+9    B. *(p+8)    C. *p+=9    D. p+8

▶ 解：指针p是一维数组a的元素指针，a[8]=9，*(p+8)=a[8]。本题答案为B。

【例5-2-24】若指针 p 已正确定义，要使 p 指向两个连续的整型动态存储单元，错误的语句是_____。

A. p=2*(int*)malloc(sizeof(int));    B. p=(int*)malloc(2*sizeof(int));
C. p=(int*)malloc(2*2);    D. p=(int*)malloc(2,sizeof(int));

▶ 解：注意malloc函数的使用格式。本题答案为A。

【例5-2-25】若已定义：

```
int a[]={0,1,2,3,4,5,6,7,8,9},*p=a,i;
```

其中 0≤i≤9，则对a数组元素的引用错误的是_____。

A. a[p-a]    B. *(&a[i])    C. p[i]    D. *(*(a+i))

▶ 解：对于选项A，p-a是一个为0的整数，所以是正确的数组元素引用；对于选项B，*(&a[i])=a[i]，所以是正确的数组元素引用；对于选项C，p[i]=*(p+i)=a[i]，所以是正确的数组元素引用；对于选项D，*(*(a+i))=*(a[i])，a[i]是int型数，不是地址，不能执行"*"运算。本题答案为D。

【例5-2-26】以下程序的输出结果是_____。

```
#include <stdio.h>
#include <string.h>
void main()
{   char b1[8]="abcdefg",b2[8],*pb=b1+3;
    while (--pb>=b1)
        strcpy(b2,pb);
    printf("%d\n",strlen(b2));
}
```

A. 8    B. 3    C. 1    D. 7

▶ 解：结果b2 为"abcdefg"，长度为7。本题答案为D。

【例5-2-27】有以下程序：

```
#include <stdio.h>
#include <string.h>
void main()
{   char *p="abcde\0fghjik\0";
    printf("%d\n",strlen(p));
}
```

程序运行后的输出结果是_____。

A. 12    B. 15    C. 6    D. 5

▶ 解：注意字符串中的转义字符。本题答案为D。

【例5-2-28】有以下程序：

```
#include <stdio.h>
#include <stdlib.h>
void main()
{   char *p,*q;
    p=(char*)malloc(sizeof(char)*20);
    q=p;
```

```
    scanf("%s%s",p,q);
    printf("%s %s\n",p,q);
}
```

若从键盘输入abc def↙，则输出结果是_____。

A. def def　　　　B. abc def　　　　C. abc d　　　　D. d d

▶ 解：先给p分配指向的存储空间，q=p→使p和q指向同一片存储空间，执行scanf语句，先将"abc"存储到p所指的存储空间中，再将"def"存储到q所指的存储空间中，由于它们为同一存储空间，后者覆盖前者。本题答案为A。

【例5-2-29】有以下程序：

```
#include <stdio.h>
void main()
{   char str[]="xyz",*ps=str;
    while(*ps) ps++;
    for (ps--;ps-str>=0;ps--)
        puts(ps);
}
```

执行后的输出结果是_____。

A. yz　　　　　B. z　　　　　　C. z　　　　　　D. x
   xyz　　　　　 yz　　　　　　 yz　　　　　　 xy
   xyz　　　　　 xyz

▶ 解：ps是字符串的指针，while(*ps) ps++→ps指向str的最后一个空格，for循环中ps--使ps指向最后一个字符，第1次循环：ps指向最后一个字符，输出z；第2次循环：ps指向倒数第2个字符，输出yz。第3次循环：ps指向第一个字符，输出xyz。本题答案为B。

【例5-2-30】有以下程序：

```
#include <stdio.h>
void main()
{   int a[][3]={{1,2,3},{4,5,0}},(*pa)[3],i;
    pa=a;
    for(i=0;i<3;i++)
        if(i<2)
            pa[1][i]=pa[1][i]-1;
        else
            pa[1][i]=1;
    printf("%d\n",a[0][1]+a[1][1]+a[1][2]);
}
```

执行后输出结果是_____。

A. 7　　　　　B. 6　　　　　C. 8　　　　　D. 无确定值

▶ 解：pa是二维数组a的数组指针，for循环语句将a[1][1]改为4，a[1][2]改为1，所以a[0][1]+a[1][1]+a[1][2]=2+4+1=7。本题答案为A。

2. 填空题

【例5-2-31】有一个数组a含有5个元素，若p已指向存储单元a[1]。通过指针p给s赋值，使s指向最后一个存储单元a[4]的语句是_____。

▶ 解：p+3指向a[4]。本题答案为s=*(p+3)。

【例5-2-32】有一个数组a，若指针s指向存储单元a[2]，p指向存储单元a[0]，表达式s-p的值是_____。

▶ 解：s-p=2-0=2。本题答案为2。

【例5-2-33】若有定义 int a[10]={23,54,10,33,47,98,72,80,61},*p=a;，则不移动指针p，且通过指针p引用值为98的数组元素的表达式是_____。

▶ 解：a[5]=98，*(p+5)=a[5]=98。本题答案为*(p+5)。

【例5-2-34】mystrlen函数的功能是计算str所指字符串的长度，并作为函数值返回。请填空。

```
int mystrlen(char *str)
{   char *p;
    for(p=str;  ①  !='\0';p++);
    return(  ②  );
}
```

▶ 解：用指针p扫描字符串str直到完毕，for的终止条件为*p!='\0'，当p指向最后一个字符'\0'（字符串结束标记）时，p-str即为字符串长度。本题答案为①*p ②p-str。

【例5-2-35】以下程序的输出结果是_____。

```
#include <stdio.h>
void main()
{   char *p="abcdefgh",*r;
    long *q;
    q=(long*)p;
    q++;
    r=(char*)q;
    printf("%s\n",r);
}
```

▶ 解：q=(long*)p→将p的地址值赋给q，q++→q指向下4个字符（因为一个字符占1个字节，而一个long型数占4个字节），即指向字符串的'e'字符；r=(char*)q→将q的地址值赋给r，即r指向字符串的'e'字符。本题答案为efgh。

【例5-2-36】以下程序的输出结果是_____。

```
#include <stdio.h>
void main()
{   char *ptr1,*ptr2;
    ptr1=ptr2="abcde";
    while (*ptr2!='\0')
        putchar(*ptr2++);
    while (--ptr2>=ptr1)
        putchar(*ptr2);
    putchar('\n');
}
```

▶ 解：本题答案为abcdedcba。

【例5-2-37】以下程序的输出结果是_____。

```
#include <stdio.h>
void main()
{   char a[]="english";
```

```
    char *ptr=a;
    while (*ptr)
    {   printf("%c",*ptr-'a'+'A');
        ptr++;
    }
    printf("\n");
}
```

▶ **解**：本题答案为ENGLISH。

【例 5-2-38】以下程序的输出结果是_____。

```
#include <stdio.h>
void main()
{   int a[]={1,3,5,7,9};
    int x,y,*ptr;
    y=1;
    ptr=&a[1];
    for (x=0;x<3;x++)
        y*=*(ptr+x);
    printf("%d\n",y);
}
```

▶ **解**：本题答案为 105。

【例 5-2-39】以下程序的输出结果是_____。

```
#include <stdio.h>
void main()
{   int a[2][3]={{1,2,3},{4,5,6}};
    int m,*ptr;
    ptr=&a[0][0];
    m=(*ptr)*(*(ptr+2))*(*(ptr+4));
    printf("%d\n",m);
}
```

▶ **解**：m=a[0][0]*a[0][2]*a[0][4]=1*3*5=15。本题答案为 15。

【例 5-2-40】以下程序的输出结果是_____。

```
#include <stdio.h>
void main()
{   char *p="abcdefghijklmnopq";
    while (*p++!='e');
    printf("%c\n",*p);
}
```

▶ **解**：本题答案为f。

【例 5-2-41】以下程序的输出结果是_____。

```
#include <stdio.h>
void main()
{   char *a="PROGRAM";
    char b[]="program";
    int i=0;
    printf("%c%s,",*a,b+1);
    while (putchar(*(a+i))) i++;
    printf(",i=%d,",i);
    while (--i)
```

```
        putchar(*(b+i));
    printf(",%s\n",&b[3]);
}
```

▶ 解：本题答案为Program,PROGRAM,i=7,margor,gram。

【例 5-2-42】以下程序的输出结果是_____。

```
#include <stdio.h>
void main()
{   int x[]={1,2,3};
    int s,i,*p;
    s=1;p=x;
    for (i=0;i<3;i++)
        s*=*(p+i);
    printf("%d\n",s);
}
```

▶ 解：本题答案为 6。

【例 5-2-43】以下程序运行后的输出结果是_____。

```
#include <stdio.h>
void main()
{   char s[]="9876",*p;
    for (p=s;p<s+2;p++)
        printf("%s ", p);
}
```

▶ 解：本题答案为 9876  876。

【例 5-2-44】以下程序的功能是：将无符号八进制数字构成的字符串转换为十进制整数。例如，输入的字符串为 556，则输出十进制整数 366。请填空。

```
#include <stdio.h>
void main()
{   char *p,s[6];
    int n;
    p=s;
    gets(p);
    n=*p-'0';
    while(_____!='\0')
        n=n*8+*p-'0';
    printf("%d \n",n);
}
```

▶ 解：本题答案为*(++p)。

【例 5-2-45】以下程序通过指向的数组 a[3][4]元素的指针将其内容按 3 行 4 列的格式输出，请在 printf 语句中填入适当的参数，使之通过指针 p 将数组元素按要求输出。

```
#include <stdio.h>
void main()
{   int a[3][4]={{1,2,3,4},{5,6,7,8},{9,10,11,12}},*p=&a[0][0];
    int i,j;
    for (i=0;i<3;i++)
    {   for (j=0;j<4;j++)
            printf("%3d",_____);
        printf("\n");
```

        }
    }

▶ **解**：程序中p指向a[0][0]元素，a[i][j]=*(p+4*i+j)。本题答案为*(p+4*i+j)。

【例 5-2-46】以下程序通过指向的数组 a[3][4]的指针将其内容按 3 行 4 列的格式输出，请在 printf 语句中填入适当的参数，使之通过指针 p 将数组元素按要求输出。

```
#include <stdio.h>
void main()
{   int a[3][4]={{1,2,3,4},{5,6,7,8},{9,10,11,12}},(*p)[4]=a;
    int i,j;
    for (i=0;i<3;i++)
    {   for (j=0;j<4;j++)
            printf("%3d",_____);
        printf("\n");
    }
}
```

▶ **解**：程序中p是二维数组a的数组指针，它指向a。本题答案为p[i][j]、*(*(p+i)+j)或(*(p+i))[j]。

【例 5-2-47】以下程序实现从 10 个数中找出最大值和最小值。请填空。

```
#include <stdio.h>
void main()
{   int a[]={6,1,5,2,3,9,10,4,8,7},*p=a,*q;
    int n=10,max,min;
    max=min=*p;
    for (q=  ①  ;  ②  ;q++)
        if (  ③  ) max=*q;
        else if (  ④  ) min=*q;
    printf("max=%d,min=%d\n",max,min);
}
```

▶ **解**：本题答案为①p，②q<p+n，③*q>max，④*q<min。

【例 5-2-48】阅读下面的说明和程序，在答卷上填充空格，使之成为完整的程序。已知函数 replace()实现将 old 中所有出现 sub 处替换为 rpl 子串，其余不变，替换最终结果存入 new 中。例如 old 为"uvwabuv uvuvwx uvxw"，sub 为"uvw"，rpl 为"abcd"，new 的最终结果为"abcdabuv uvabcdx uvxw"。

```
void replace(char *old,char *sub,char *rpl,char *news)
{   char *s1,*s2;
    while (  ①  )
    {   for (s1=old,s2=sub;*s1!='\0' && *s2!='\0' &&  ②  ;s1++,s2++);
            /*在 old 中查找与 sub 相匹配的子串*/
        if (*s2!='\0')          /*未找到的情况*/
            *news++=  ③  ;
        else
        {                       /*找到的情况*/
            for (s2=rpl;*s2!='\0';s2++)
                *news++=  ④  ;
              ⑤  ;
        }
    }
```

```
        *news='\0';
}
```

▶ **解**：以上函数在old中从左向右查找与sub相匹配的子串，对于old中每个当前字符，其后未找到匹配的子串，将该字符复制到news中；否则将rpl复制到news中。本题答案为 ①*old!='\0'，②*s1==*s2，③*old++，④*s2，⑤old=old+strlen(sub) 或 old=s1。

【例 5-2-49】阅读下列标准 C 语言程序，在空白处填入适当的语句。

函数match(s,t)完成在字符串s中寻找与t匹配的字符，若存在一个匹配，则返回t在字符串s中的下标；否则，返回-1。其中，字符指针*b始终指向s的第一元素。

```
int match(char *s,char *t)
{   char *b=s;
    char *p,*r
    for  ①  
    {   for(p=s,r=t;*r!='\0' && p!='\0' && *p==*r; p++,r++);
        if  ②  
            return(s-b);
    }
    return(-1);
}
```

▶ **解**：这是一个字符串模式匹配算法，其思路是从头到尾扫描串 s，每扫描一个字符，判断是否与 t 相匹配，若匹配，则返回当前位置，否则，继续在主串中扫描。如果主串扫描完都未找到匹配者，返回-1。程序填空如下：

① (;*s!='\0';s++)    /*从头到尾扫描串 s*/
② (*r=='\0')         /*判断串t是否到了末尾，若是，表示找到了一个匹配者*/

【例 5-2-50】以下 count 函数的功能是统计子串 substr 在主串 str 中出现的次数。

```
int count(char *str,char *substr)
{   int i,j,k,num=0;
    for (i=0;  ①  ;i++)
       for (  ②  ,k=0;substr[k]==str[j];k++,j++)
          if (substr[  ③  ]=='\0')
          {   num++;
              break;
          }
    return(num);
}
```

▶ **解**：对于主串str，用i作为扫描下标，对于子串substr，用j作为扫描下标。用i扫描str，找str中从位置i开始与substr完全匹配的情况，一旦出现，计数器num增 1。如此直到str扫描完为止，最后返回num。本题答案为①str[i]!='\0' ②j=i ③k+1。

3. 判断题

【例 5-2-51】判断以下叙述的正确性。

（1）假设有int  a[10],*p;则p=&a[0]与p=a等价的。
（2）char  *p="girl";的含义是定义字符型指针变量p，p的值是字符串"girl"。
（3）char  *s="C Language";表示s是一个指向字符串的指针变量，把字符串的首地址赋予s。
（4）两指针变量相减所得之差是两个指针所指数组元素之间相差的元素个数。

（5）数组名和指针变量是相互等价的。
（6）设指针变量p已指向一个有效地址，则表达式&*p==p的结果为真。
（7）设变量定义为int *p[3], a[3];，则p=&a[0]、*p=**a、p[0]=a、**p=a语句都是正确的。

▶ 解：（1）正确。
（2）错误。p指向该字符串的第一个字符'g'，即p的值是该字符的内存地址。
（3）正确。
（4）正确。
（5）错误。数组名是常量，而指针变量是变量。
（6）正确。
（7）错误。只有p[0]=a语句是正确的。

【例5-2-52】判断以下叙述的正确性。
（1）若p是一个指针变量，表达式*p++的运算顺序为先自增后取值。
（2）若p是一个指针变量，执行语句*--p之后，p指向的内存单元被改变。
（3）若p是一个指针变量，执行语句(*p)++.之后，p指向的内存单元被改变。
（4）若p是一个指针变量，执行表达式(*p)++后p的指向改变了。
（5）对于二维数组a，*(a[i]+j)与a[i][j]的含义相同。
（6）有定义int a[10]={1,2,3,4,5,6,7,8,9,10},*p=a;则数值为9的表达式是*(p+8)。
（7）int (*p)[4]表示p是一个指针数组，它包含4个指针变量元素。

▶ 解：（1）错误。对于表达式*p++，先执行*p，返回其*p，然后执行p++。
（2）错误。对于表达式*--p，先执行--p，然后返回*p，不会改变p指向的内存单元。
（3）正确。对于表达式(*p)++，先执行*p，然后将该值加1。所以会改变p指向的内存单元。
（4）错误。执行表达式(*p)++后，p指向的单元没有改变，但指向单元的值增1了。
（5）正确。
（6）正确。
（7）错误。int (*p)[4]表示p是一个含有4列的二维数组的指针。

【例5-2-53】有以下定义和赋值语句，说明哪些是正确的。
（1）char str[]="Good morning";
（2）char str[20]; str="Good morning";
（3）char *p="Good morning";
（4）char *p; p="Good morning";

▶ 解：（1）是正确的。将一个字符串常量整体赋给数组str。
（2）是错误的。在字符型数组定义以后单独使用赋值语句来整体赋值是非法的。
（3）是正确的。系统先为字符串常量分配一个相当于字符数组的连续存储空间，再将定义的字符型指针指向此字符数组的起始地址。
（4）是正确的。在C语言中，允许对指针变量单独使用赋值语句进行赋值，但要注意，字符串不是存放在指针变量里，而是由该指针变量指向这个字符串。

**【例 5-2-54】** 判断下列叙述的正确性。

（1）数组名实际上是此数组的首元素的首地址，所以数组名相当于一个指针变量。

（2）若定义数组a[2][3]，则a+1 和*(a+1)完全等价。

（3）若定义数组a[2][3]，则++a和a[1]完全等价。

（4）某函数的形参为一个数组，则调用此函数时只能将数组名作为对应的实参。

▶ **解：**（1）是错误的。数组名的确是数组的首元素的首地址，但它的值是一个常量，不可改变，所以不能认为它相当于一个变量，说它是一个常量指针倒是可以接受的。

（2）是正确的。在二维数组中，若a为数组名，则a+i和*(a+i)同样表示此数组第i行的首地址，所以完全等价。

（3）是错误的。数组名是数组的首元素的首地址，是一个常量，不能执行++运算。

（4）是错误的。某函数的形参为一个数组，调用此函数时可将数组名作为对应的实参，也可以将相应的指针变量作为对应的实参。

**【例 5-2-55】** 若有定义 char s[3][4];，则下列对数组元素 s[i][j]的各种引用形式中正确的是哪些？

（1）*(s+i)[j]

（2）*(&s[0][0]+4*i+j)

（3）*((s+i)+j)

（4）*(*(s+i)[j])

▶ **解：**（1）是错误的。*(s+i)[j]表达式中，运算符[]的优先级最高，故此表达式相当于*(*(s+i+j))，显然这是此数组第i+j行的第 0 个元素的值，而不是s[i][j]。

（2）是正确的。*(&s[0][0]+4*i+j)是直接使用偏移量法来引用数组元素，根据二维数组在内存中的行优先顺序存放规则，*(&s[0][0]+4*i+j)等价于s[i][j]。

（3）是错误的。*((s+i)+j)等价于*(s+i+j)，是数组第i+j行的首地址。

（4）是错误的。*(*(s+i)[j])等价于***(s+i+j)，是错误的表达方式。

**【例 5-2-56】** 某系统中整型变量为 16 位，若有如下语句：

```
int *p;
p=(int *)malloc(40*sizeof(char));
```

则下面说法中哪些是正确的?

（1）此内存动态分配语句执行后将不能使用指针p正确地存取整型变量，因为分配时使用的是sizeof(char)。

（2）此内存动态分配语句执行后能使用指针p正确地存取整型变量。

（3）此内存动态分配语句执行后能使用指针p正确地存取字符型变量。

（4）若不显式地释放动态分配的内存空间，当p因超出了作用域而被删除时，p所指向的空间也将被系统自动释放。

▶ **解：**当空间动态分配后，使用此空间的数据和指针的类型与分配时sizeof后括号中的类型没有直接的关系，后者只是影响到分配的空间的大小。例如malloc(40*sizeof(char))将动态地分配 40 个字节的内存空间。至于分配的内存空间的使用，只要存放的变量和用于存取变量的指针协调一致，就不会发生错误。但是由于不同的系统对同一类型的变量分配的内存空间的字节数并不完全相同,建议分配时采用的类型和使用时的类型一致,以避免实际分配的内存空间的大小与期望不符。所以本题正确者为(2)。

**【例 5-2-57】** 已知 int a[4][3]={1,2,3,4,5,6,7,8,9,10,11,12};int (*ptr)[3]=a,*p=a[0];,则以下能够正确表示数组元素 a[1][2]的表达式是哪个?

(1)*((ptr+1)[2])

(2)*(*(p+5))

(3)(*ptr+1)+2

(4)*(*(a+1)+2)

▶ 解:在(1)中,*((ptr+1)[2])=*(*(ptr+1+2))=ptr[3][0]=a[3][0]=10。在(2)中,*(*(p+5))是一个错误的表达式,因为p指向a[0]分数组,*(p+5)=数组a的第 6 个元素即为 6,再执行"*"运算出错。在(3)中,(*ptr+1)+2 是一个错误的表达式,因为*ptr是a[0]分数组的地址,再加 1 时出错。在(4)中,*(*(a+1)+2)=*(a[1]+2)=a[1][2]。所以,能够正确表示数组元素a[1][2]的表达式是(4)。

**【例 5-2-58】** 已知 int a[3][4]={1,2,3,4,5,6,7,8,9,10,11,12};int *p=a;p+=6;,则以下与*p的值相同的有哪些?

(1)*(a+6)

(2)*(&a[0]+6)

(3)*(a[1]+2)

(4)*(&a[0][0]+6)

▶ 解:p为二维数组a的元素的指针,执行p+=6 后,p指向a的第 7 个元素,即*p=7。在(1)中,*(a+6)=a[6],即a的第 7 个分数组的地址。在(2)中*(&a[0]+6)也是一个错误的表达式,因为&a[0]为a[0]的地址。在(3)中,*(a[1]+2)=a[1][2]=7。在(4)中,*(&a[0][0]+6)=a的第 7 个元素,即为 7。所以与*p的值相同的有(3)和(4)。

4. 简答题

**【例 5-2-59】** 用变量a给出以下定义:

(1)一个整型数。

(2)一个指向整型数的指针。

(3)一个指向指针的指针,它指向的指针是指向一个整型数。

(4)一个有 10 个整型数的数组。

(5)一个有 10 个指针的数组。

(6)一个指向有 10 个整型数数组的指针。

(7)一个指向函数的指针,该函数有一个整型参数并返回一个整型数。

(8)一个有 10 个指针的数组,该指针指向一个函数,该函数有一个整型参数并返回一个整型数。

▶ 解:定义如下:

(1)int a;

(2)int *a;

(3)int **a;

（4）int a[10];
（5）int *a[10];
（6）int (*a)[10];
（7）int (*a)(int);
（8）int (*a[10])(int);

【例 5-2-60】若有以下程序段：

```
int a[4][5],(*p)[5];
p=a;
```

则对 a 数组元素 a[i][j]（0≤i≤3, 0≤j≤4）的正确引用的选项是哪些？

（1）p+1
（2）*(p+3)
（3）*(p+1)+3
（4）*(*p+2)

▶ 解：a是一个二维数组，p是一个指向有 5 个元素的数组的指针。
（1）该表达式是一个指针，p+1 等于&a[1]，不是对数组元素a[i][j]的引用。
（2）*(p+3)是一个指针，指向a[3]行的首元素。
（3）*(p+1)指向a的a[1]的首元素a[1][0]；*(p+1)+3 则指向a[1]的元素a[1][3]。
（4）*(*p+2)是对数组元素的正确引用，它等价于a[0][2]。
所以对a数组元素的正确引用的选项是（4）。

【例 5-2-61】设有以下程序：

```
#include <stdio.h>
void main()
{   int a[9]={1,2,3,4,5,6,7,8,9},*p;
    p=a;
    printf("%d,",p);
    printf("%x\n",p+5);
}
```

问执行此程序，如果第一个printf语句输出的值是 200，则第二个printf语句的输出是多少？

▶ 解：指针变量本身的值是内存中某一单元的地址编码，虽然是一个整型量，可以进行一些算术运算，但其运算的实际意义不同于普通数学运算。指针可以加减一个整数，其意义是内存地址的上移和下移。如p±n（p为指针，n为整数）则代表了另一个指针，这个指针的值，即代表的内存单元的地址是 p±n×（指针p所指的类型长度）。此题中 p的值为 200，整型量的长度为 2，所以 p+5 的值是 200+5×2=210。由于第二个printf语句中输出格式是十六进制，210 转换成十六进制数为D2。所以第二个printf语句的输出是D2。

【例 5-2-62】分析以下程序的执行结果。

```
#include <stdio.h>
void main()
{   char s[]={"abcdef"};
    char *p=s;
    *(p+2)+=3;
```

```
    printf("%c,%c\n",*p,*(p+2));
}
```

▶ **解**：执行语句char *p=s后，指针p将指向数组s的起始地址；再执行*(p+2)+=3，将数组元素s[2]的值增加3，s[2]的值由'c'变为'f'，指针p自身的值并未改变，依然指向数组s的始址，此时执行printf("%c,%c\n",*p,*(p+2));将输出字符s[0]和s[2]，即'a'和'f'。所以输出为a,f。

【例 5-2-63】分析以下程序的执行结果。

```
#include <stdio.h>
#include <string.h>
void main()
{   int a[3][4]={1,2,3,4,5,6,7,8};
    printf("%d\n",*(a+1)[1]);
}
```

▶ **解**：由于"[]"的优先级比"*"高，先与"[]"结合，(a+1)[1]=*(a+1+1)，所以表达式*(a+1)[1]等价于*(*(a+1+1))，即*(*(a+2))=a[2][0]，由于a[2][0]未赋初值，故输出结果为0。
以下程序与本例的结果相同：

```
#include <stdio.h>
#include <string.h>
void main()
{   int a[3][4]={1,2,3,4,5,6,7,8},(*pa)[4]=a;
    printf("%d\n",*(pa+1)[1]);
}
```

【例 5-2-64】分析以下程序的执行结果。

```
#include <stdio.h>
void main()
{   int a[3][4]={1,2,3,4,5,6,7,8,9,10},(*pa)[4]=a;
    printf("%d\n",(*(pa+1))[2]);
}
```

▶ **解**：由于表达式(*(pa+1))[2]外层含有"()"，先计算*(pa+1)，*(pa+1)等价于pa[1]，再与[2]结合，所以(*(pa+1))[2]=pa[1][2]=a[1][2]=7。输出结果为7。

【例 5-2-65】分析以下程序的执行结果。

```
#include <stdio.h>
#include <string.h>
void main()
{   int a[3][4]={1,2,3,4,5,6,7,8},*pa=&a[0][0];
    printf("%d\n",*(pa+6));
}
```

▶ **解**：程序中的pa是二维数组a的元素指针，不同于上例的二维数组指针。*(pa+6)是a的以行序排序的第7个元素。输出结果为7。

### 5. 程序设计题

【例 5-2-66】编写一个程序，输入一个字符串，并反向输出之。

▶ **解**：用gets()函数获取用户输入的字符串s1，用s和s2 分别指向其首地址，通过扫描让s2指向最后一个字符，依次交换s1 和s2 所指字符，直到s1≤s2 为止。最后输出s字符串即为所求。对应的程序如下：

```
#include <stdio.h>
void main()
{   char temp,*s,*s1,*s2;
    s1=(char *)malloc(sizeof(100));      /*分配存储空间*/
    printf("输入字符串:");
    gets(s1);
    s=s2=s1;
    while (*s2!='\0')
        s2++;
    s2--;
    while (s1<s2)
    {   temp=*s1;
        *s1=*s2;
        *s2=temp;
        s1++;
        s2--;
    }
    printf("反向字符串:%s\n",s);
}
```

**【例 5-2-67】** 编写一个程序，输入两个英文句子，每个句子里英文单词之间用空格分隔，最后输出两者的最长公共单词。

▶ **解：** 设计一个函数maxword(s,t)，其功能是寻找两个字符串s、t中最长的公共单词，它的设计思想是：用maxlen记录最长公共单词的长度（初值为0），用静态数组comm保存最长的公共单词。扫描字符串s，跳过空格，从中提取出第1个单词，存放到chs中，其长度为i，若i大于maxlen，则从头开始扫描字符串t，跳过空格，从中提取出第1个单词，存放到cht中，其长度为j，若i==j，比较两单词是否相同，若相同，将长度存放到maxlen中，将该单词存放到comm中，否则继续在字符串t中查找这样的单词，直到字符串t扫描完为止；再从字符串s中提取出下一个单词，进行重复的比较，这一过程直至字符串s扫描结束，最后返回找到的单词。对应的程序如下：

```
#include <stdio.h>
#include <string.h>
#define Max 100
char *maxword(char *s,char *t)
{   static char comm[Max];          /*因函数要返回comm,应设置为静态数组*/
    char *temp,chs[Max],cht[Max];
    int i,j,found,maxlen=0;
    while (*s!='\0')                /*扫描s查找其单词*/
    {   while (*s==' ')             /*跳过s中的空格*/
            s++;
        for (i=0;*s!=' ' && *s!='\0';i++,s++)
            chs[i]=*s;              /*在s中找一单词存放到chs中,i为其长度*/
        chs[i]='\0';
        if (i>maxlen)               /*该单词较长时*/
        {   found=0;
            temp=t;
            while (*temp!='\0' && found==0)   /*在t中找单词*/
            {   while (*temp==' ')  /*跳过temp中的空格*/
                    temp++;
                for (j=0;*temp!=' ' && *temp!='\0';j++,temp++)
```

```
                    cht[j]=*temp;    /*在 t 中找一单词存放到 cht 中,j 为其长度*/
                    cht[j]='\0';
                    if (j==i)                  /*两单词长度相等*/
                    {   if (strcmp(chs,cht)==0)   /*两单词相同*/
                        {   maxlen=i;
                            strcpy(comm,chs);    /*将该单词放到 comm 中*/
                            found=1;
                        }
                    }
                }
            }
        }
        if (maxlen==0)
            return NULL;
        else
            return comm;
}
void main()
{   char s[Max];
    char t[Max];
    char *p;
    printf("英文句子1:");
    gets(s);           /*不能使用 scanf 函数,因为 s 中可能包含空格*/
    printf("英文句子2:");
    gets(t);
    p=maxword(s,t);
    if (p==NULL)
        printf("没有相同的单词\n");
    else
        printf("最长公共单词:%s\n",p);
}
```

## 5.3 知识点3：指针数组和多级指针

### 5.3.1 要点归纳

#### 1. 指针数组

当一系列有次序的指针变量集合成数组时，就形成了指针数组。指针数组是指针的集合，它的每个元素都是一个指针变量，并且指向相同的数据类型。指针数组的定义形式如下：

数据类型 *指针数组名[元素个数];

和一般的数组一样，系统在处理指针数组定义时，也为它在一定的内存区域中分配连续的存储空间，这时指针数组名就表示该指针数组的存储首地址。例如：

int *p[3];

由于"[]"比"*"优先级高，因此p先与[3]结合，形成p[3]的数组形式，它有3个元素。然后再与p前面的"*"结合，表示是指针类型的数组，该数组的每个元素都是整数的指针，所以每个元素都具有指针的特性。

## 2. 多级指针

在C语言中，除了允许指针指向普通数据之外，还允许指针指向另外的指针，这种指向指针的指针称为多级指针。其定义形式如下：

数据类型 **指针名;

当一个指针指向普通数据时，这样的指针称为一级指针。指向一级指针的指针称为二级指针。指向二级指针的指针称为三级指针，依次类推。在引入多级指针的概念后，需要注意的是，访问一个指针的目标时，只有一级指针的目标才是要处理的数据，而多级指针的目标仍是一个指针。

例如，有以下定义：

int *p,**pp,***ppp;

其中，p为一级指针，pp为二级指针，ppp为三级指针。

一般地，p用于指向普通的整数，或整型数组的元素；当指向整型数组的元素时，p++表示指向该数组的下一个元素；

pp用于指向一个指针，p为整数的指针。大多数情况下，pp作为一个指针数组的指针，这时，pp++表示指向该指针数组的下一个元素；

ppp用于指向一个二级指针的指针。大多数情况下，ppp作为一个二维数组指针的指针。

### 5.3.2 例题解析

#### 1. 单项选择题

【例5-3-1】有如下程序：

```
#include <stdio.h>
void main()
{   char str[2][5]={"6937","8254"},*p[2];
    int i,j,s=0;
    for(i=0;i<2;i++)
        p[i]=str[i];
    for(i=0;i<2;i++)
        for(j=0;p[i][j]>'\0';j+=2)
            s=10*s+p[i][j]-'0';
    printf("%d\n",s);
}
```

该程序的输出结果是_____。

A. 69825　　　　　B. 63825　　　　　C. 6385　　　　　D. 693825

▶ 解：str是一个二维字符数组，p是一个指针数组，p[0]指向str[0]，p[1]指向str[1]。本题答案为C。

【例5-3-2】有以下程序：

```
#include <stdio.h>
void main()
{   char *s[]={"one","two","three"},*p;
    p=s[1];
```

```
    printf("%c,%s\n",*(p+1),s[0]);
}
```

执行后输出结果是_____。

A. n,two　　　　　　B. t,one　　　　　　C. w,one　　　　　　D. o,two

▶ 解：s是一个指针数组，每个元素指向一个字符串，p=s[1]让p指向"two"字符串。本题答案为C。

【例 5-3-3】有以下程序：

```
#include <stdio.h>
#include <string.h>
void main()
{   char str[][10]={"Hello","Google"};
    char *p=str[0];
    printf("%d\n",strlen(++p));
}
```

执行后输出结果是_____。

A. 4　　　　　　　　B. 5　　　　　　　　C. 6　　　　　　　　D. 7

▶ 解：p指向"Hello"，而++p返回'e'字符的地址，而串"ello"的长度为4。本题答案为A。

2. 填空题

【例 5-3-4】以下程序的输出结果是_____。

```
#include <stdio.h>
void main()
{   char *alpha[6]={"ABCD","EFGH","IJKL","MNOP","QRST","UVWX"};
    char **p;
    int i;
    p=alpha;
    for (i=0;i<4;i++)
        printf("%s",p[i]);
    printf("\n");
}
```

▶ 解：alpha是一个指针数组，其 6 个元素alpha[0]～alpha[5]分别指向"ABCD"、"EFGH"、"IJKL"、"MNOP"、"QRST"、"UVWX"字符串。p指向alpha数组，p[0]=alpha[0]，p[1]=alpha[1]，p[2]=alpha[2]，p[3]=alpha[3]。程序输出为ABCDEFGHIJKLMNOP。

【例 5-3-5】以下程序的输出结果是_____。

```
#include <stdio.h>
void main()
{   int i;
    char **p,*a[]={"dog","cat","chook"};
    for (p=a,i=0;i<3;i++)
        printf("%s,%c\n",*(p+i),*(*(p+i)+i));
}
```

▶ 解：*(p+i)=a[i]。for 循环 i=0：*(p+i)=*(p+0)=a[0]="dog",*(*(p+i)+i)= *(*(p+0)+0)=**p='d'。for 循环 i=1：*(p+i)=*(p+1)=a[1]="cat",*(*(p+i)+i)=*(*(p+1)+1)='a'。for 循环 i=2：*(p+i)=*(p+2)=a[2]="chook",*(*(p+i)+i)= *(*(p+2)+2)='o'（"chook"串的第 3 个字符）。程序输出如下：

```
dog,d
cat,a
chook,o
```

【例5-3-6】以下程序的输出结果是_____。

```
#include <stdio.h>
void main()
{   int a[]={2,6,10,14,18};
    int*ptr[]={&a[0],&a[1],&a[2],&a[3],&a[4]};
    int **p,i;
    for (i=0;i<5;i++)
        a[i]=a[i]/2+a[i];
    p=ptr;
    printf("%d ",*(*(p+2)));
    printf("%d\n",*(*(++p)));
}
```

▶ 解：执行int *ptr[]={&a[0],&a[1],&a[2],&a[3],&a[4]};语句后，使ptr[0]指向a[0]，…，ptr[4]指向a[4]。执行for循环语句和p=ptr之后，存储结构如图5.4所示。(*(p+2))=*ptr[2]=15，*(*(++p))=*ptr[1]=9。程序输出为15 9。

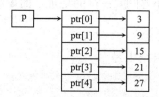

图5.4 数据在内存中的存储结构

### 3. 简答题

【例5-3-7】解释以下C定义语句：

（1）int **a;

（2）long (*)b[3];

▶ 解：(1) a是整型指针的指针。(2) b是有3个长整型元素的数组的指针。

【例5-3-8】有这样的定义 float *p[4];，则下面的叙述中哪些是正确的？

（1）此定义错误，形如char *p[4];的定义才是正确的。

（2）此定义正确，p是指向一维实型数组的指针变量，而不是指向单个实型变量的指针变量。

（3）此定义错误，C语言中不允许类似的定义。

（4）此定义正确，定义了一个指针数组。

▶ 解：其中正确答案为（4）。该语句中，[]的优先级最高，所以p是一个数组，其次是float *，进一步说明p是一个数组，其每一个元素为指向float型数的指针。

【例5-3-9】指出 int *p[3];和 int (*p)[3]两个定义之间的差别。

▶ 解：在定义int *p[3]中，由于运算符"[]"的优先级比"*"高，先结合为p[3]，说明p是一个数组，再与int *结合，表示该数组的每个元素是整型数的指针，所以这里定义的p是一个指针数组。在定义int (*p)[3]中，由于存在"()"先结合为(*p)，定义p是一个指针，再与int [3]结合，表示p是指向含有3个元素的整型数组的指针。

【例5-3-10】在定义语句 float f[3][4],*p1,*p2[k];中,若 k 是 0~2 的常量,则下列赋值语句中哪些是错误的?

(1) p2=f;
(2) p1=f[k];
(3) p2[k]=f[k];
(4) p1=&f[0][0];
(5) p1=p2[k];

▶ 解:(1) 错误。p2[k]是一个指针数组,p2 是一个常量而不是变量,不能对它赋值。
(2) 正确。f[k]是 float 型数组的各行的首地址,相当于一维数组名,可以赋值float型指针。
(3) 正确。f[k]是float型数组的各行的首地址,相当于一维数组名,可以赋值float型指针数组的元素。
(4) 正确。p1 是一个指向float型变量的指针。
(5) 正确。p2[k]与p1 类型相同,可以赋值。

【例5-3-11】分析以下程序的执行结果。

```
#include <stdio.h>
void main()
{   int m[12],k;
    int *p[3],sum=0;
    for (k=0;k<12;k++)
    {   m[k]=2*k;
        if (k<3)
            p[k]=m+2*k*k;
    }
    for (k=0;k<3;k++)
        sum+=(*(p+k))[4-k];
    printf("sum=%d\n",sum);
}
```

▶ 解:数组p为一个指针数组,在使用第一个for循环进行赋值以后,p中各指针的指向分别是:p[0]指向m[0],p[1]指向m[2],p[2]指向m[8]。表达式(*(p+k))[4-k]等价于p[k][4-k],当k=0 时,即为m[4]; k=1 时,即为m[5], k=2 时,即为m[10]。输出为sum=38。

【例5-3-12】分析以下程序的执行结果。

```
#include <stdio.h>
void main()
{   int **k,*j,i=100;
    j=&i;
    k=&j;
    printf("%d\n",**k);
}
```

▶ 解:本程序中,执行语句j=&i;k=&j;之后,j的值是i的地址,k的值是j的地址,经过两次取内容操作,**k的值就是变量i的值 0。输出为 100。

【例5-3-13】分析以下程序的执行结果。

```
#include <stdio.h>
#include <string.h>
```

```
#define P(x) printf("%s",x)
void main()
{   char *c[]={"You can make statement","for the topic",
            "The sentences","How about"};
    char **p[]={c+3,c+2,c+1,c};
    char ***pp=p;
    P(**++pp);
    P(*--*++pp+3);
    P(*pp[-2]+3);
    P(pp[-1][-1]+3);
    printf("\n");
}
```

> **解**：程序中c为字符指针数组，p为二级字符指针数组，pp为p数组的指针，其指针指向示意图如图5.5所示。

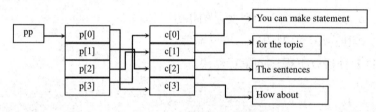

图 5.5  多级指针示意图

执行**++pp时，先执行++pp，使pp指向pp[1]，*pp为pp[1]之值，**pp后输出"The sentences"。

执行*--*++pp+3 时，先执行++pp，pp指向p[2]，*++pp为pp[2]之值，执行--*++pp后，返回"You can make statement"，执行+3 后输出" can make statement"。

执行*pp[-2]+3 时，此时pp指向p[2]，由于"[ ]"优先级大于"*"，先执行pp[-2]（pp指针不改变）即返回p[0]，**pp[-2]返回"How about"，执行+3 后返回" about"。

执行pp[-1][-1]+3 时，此时pp指向p[2]，pp[-1]返回pp[1]，pp[-1][-1]返回"for the topic"，执行+3 运算后返回" the topic"。

本程序的输出为The sentences can make statement about the topic。

【例5-3-14】分析以下程序的执行结果。

```
#include <stdio.h>
void main()
{   int i;
    char **p;
    char *greeting[]={"Hello","Good morning","How are you"};
    p=greeting;
    for (i=0;i<=2;i++)
        printf("greeting[%d]=%s\n",i,greeting[i]);
    while (**p!='\0')
        printf("%s\n",*p++);
}
```

> **解**：这里的greeting是一个指针数组，p是greeting的指针，其值是greeting数组的第一个元素的地址。因此，本程序执行结果如下：

```
greeting[0]=Hello
```

```
greeting[1]=Good morning
greeting[2]=How are you
Hello
Good morning
```

**【例 5-3-15】** 分析以下程序的执行结果。

```
#include <stdio.h>
void main()
{   int a[]={1,3,5,7};
    int *p[3]={a+2,a+1,a};
    int **q=p;
    printf("%d\n",*(p[0]+1)+**(q+2));
}
```

● **解**：指针数组p有 3 个元素，分别指向数组a的第 3、2、1 个元素。二级指针q指向指针数组p，则p[0]指向a[2]，p[0]+1 指向a[3]，*(p[0]+1)=7；q指向p，q+2 指向p[2]，*(p[2])指向a[0]，**(p[2])=1。所以输出为 8。

**【例 5-3-16】** 指出程序中的错误。本程序是在 5 个字符串中求最小字符串并输出结果。

```
#include <stdio.h>
#include <string.h>
void main()
{   char *name[5]={"Windows","Word","Excel","Foxpro","Visual Basic"};
    char temp;
    int i;
    temp=name[0];
    for (i=1;i<5;i++)
        if (temp>(*name[i])>0)
            temp=name[i];
    printf("%s\n",*temp);
}
```

● **解**：本程序存在多处错误，主要问题是不理解指针数组的概念造成的。改正后的程序如下：

```
#include <stdio.h>
#include <string.h>
void main()
{   char *name[5]={"Windows","Word","Excel","Foxpro","Visual Basic"};
    char *temp;
    int i;
    temp=name[0];
    for (i=1;i<5;i++)
        if (strcmp(temp,name[i])>0)
            temp=name[i];
    printf("%s\n",temp);
}
```

### 4．程序设计题

**【例 5-3-17】** 用一个指针数组存储 6 种计算机语言FORTRAN、PASCAL、BASIC、C、COBOL和Smalltalk，采用冒泡排序进行递增排序。

● **解**：用指针数组 a 存储这 6 种计算机语言名称。对应的程序如下：

```
#include <stdio.h>
```

```
#include <string.h>
void main()
{   char *a[]={"FORTRAN","PASCAL","BASIC", "C","COBOL","Smalltalk"};
    char *temp;
    int n=6,i,j;
    for (i=1;i<n;i++)
       for (j=0;j<n-i-1;j++)
          if (strcmp(a[j],a[j+1])>0)
          {   temp=a[j];
              a[j]=a[j+1];
              a[j+1]=temp;
          }
    for (i=0;i<n;i++)
       printf("%s ",a[i]);
    printf("\n");
}
```

【例5-3-18】用一个指针数组存储6种计算机语言FORTRAN、PASCAL、BASIC、C、COBOL和Smalltalk，根据用户输入的若干个开头字符，显示所有相匹配的计算机语言，例如，输入"BA"，显示"BASIC"，输入"C"，显示"C"和"COBOL"。

▶ 解：用指针数组a存储这6种计算机语言。对应的程序如下：

```
#include <stdio.h>
#include <string.h>
void main()
{   char *a[]={"FORTRAN","PASCAL","BASIC", "C","COBOL","Smalltalk"};
    char str[10];
    int n=6,i,j,m,flag;
    printf("str:");
    scanf("%s",str);
    m=strlen(str);
    for (i=0;i<n;i++)
    {   flag=0;
        for (j=0;j<m;j++)
           if (a[i][j]!=str[j])
           {   flag=1;
               break;
           }
        if (flag==0)
           printf("%s\n",a[i]);
    }
}
```

【例5-3-19】输入星期号（从星期日到星期六分别是0到6），输出对应的英文名称，请使用指针数组实现。

▶ 解：定义一个指针数组，其中的每一指针指向七个星期字符串中的一个，这样，字符串的意义和指针的下标对应起来，可以方便地使用。对应的程序如下：

```
#include <stdio.h>
void main()
{   char *p[7]={"Sunday","Monday","Tuesday","Wednesday","Thursday",
                "Friday","Saturday"};
    int n;
    printf("n:");
```

```
    scanf("%d",&n);
    if (n>=0 && n<=6)
       printf("%s\n",p[n]);
    else
       printf("n 值错误\n");
}
```

【例 5-3-20】有一个 2×3 的整数矩阵和一个 3×2 的整数矩阵，请使用指针数组实现这两个矩阵的相乘。

▶ 解：定义一个 int *型指针数组 p，数组中的三个指针分别指向三个二维数组（用于存放待相乘的矩阵和结果矩阵）的起始地址，这样，*(p+3*i+j)就是对 p 指向的 2×3 的数组的第 i 行第 j 列元素的存取，*(p+2*i+j)就是对 p 指向的 3×2 或 2×2 的数组的第 i 行第 j 列元素的存取。然后用三重循环进行矩阵相乘，最后输出结果矩阵。对应的程序如下：

```
#include <stdio.h>
void main()
{   int a[2][3]={1,1,1,1,1,1};
    int b[3][2]={2,2,2,2,2,2},c[2][2];
    int *p[3],i,j,k;
    p[0]=a[0];p[1]=b[0];p[2]=c[0];   /*分别指向三个二维数组的起址*/
    for (i=0;i<2;i++)
        for (j=0;j<3;j++)
            for (k=0;k<2;k++)
                *(p[2]+2*i+k)+=*(p[0]+3*i+j)*(*(p[1]+2*j+k));
    for (i=0;i<2;i++)
    {   for (j=0;j<2;j++)
            printf("%3d",*(p[2]+2*i+j));
        printf("\n");
    }
}
```

【例 5-3-21】输入若干个字符串，使用指向指针的指针将这些字符串从小到大排列后依次输出。

▶ 解：使用一个指针数组 p 指向各个字符串后，就可以使用冒泡排序方法对其排序了。对应的程序如下：

```
#include <stdio.h>
#include <string.h>
#define N 4
void main()
{   char str[N][20];
    char *p[N],**pp=p,*temp;
    int i,j;
    for (i=0;i<N;i++)
    {   p[i]=str[i];
        printf("第%d 个串:",i+1);
        scanf("%s",p[i]);
    }
    for (i=0;i<N-1;i++)
        for (j=0;j<N-i-1;j++)
            if (strcmp(p[j],pp[j+1])>0)
            {   temp=pp[j];
                pp[j]=pp[j+1];
```

```
                    pp[j+1]=temp;
            }
    for (i=0;i<N;i++)
        printf("%s ",pp[i]);
    printf("\n");
}
```

# 第 6 章 函 数

> 基本知识点：函数的定义和声明、函数的数据传递、变量的作用域和存储类别等。
> 重　　点：数组和指针作为函数参数时数据的传递过程，指针型函数和指向函数的指针。
> 难　　点：递归函数设计。

## 6.1 知识点 1：函数的基本概念

### 6.1.1 要点归纳

C 语言中的函数分为库函数和用户自定义函数，库函数可以直接使用而不必再定义。本章讨论的函数均指后者。

**1. 函数定义**

设计自定义函数是为了达到模块化程序设计的目的，提高程序的开发效率和可读性。函数定义就是编写完成函数功能的程序块。函数定义的一般格式如下：

```
存储类别 数据类型 函数名(形参定义表)
{   定义语句序列;
    可执行语句序列;
}
```

对函数定义格式的几点说明如下：

- "数据类型"指出该函数的函数返回类型，该类型除了取常用的 int、float、char 外，还有一种特殊类型即 void。void 型的函数无返回值。缺省的数据类型值为 int。
- 函数的形参表由一个或多个形参组成，多个形参彼此之间用逗号分隔。也可以没有形参，但函数名后的()不能省略。
- 对于 void 型函数不能包含 return 语句，其他类型的函数至少包含一个 return 语句。
- "定义语句序列"和"可执行语句序列"构成了函数体，其中"可执行语句序列"包含实现函数功能的若干 C 语句，其中使用到的局部变量需要在"定义语句序列"中进行定义。
- C 语言规定，在一个函数的内部不能定义其他函数，即函数的定义不能嵌套。
- 有关函数的"存储类别"在本节后面专门介绍。

**2. 函数调用**

C 语言中函数调用的一般格式如下：

函数名(实参表)

函数调用的几点说明如下：
- 在调用函数时，函数名后圆括号中的多个实参彼此之间用逗号分隔。如果调用无参函数，则实参表为空，但函数名之后的()不能省略。实参与形参的个数必须相等，对应类型应一致，实参与形参按顺序对应，一一传递数据。
- 在一个函数中调用另一个函数时，程序控制就从调用函数中转移到被调用函数，并且从被调用函数的函数体起始位置开始执行该函数的语句。在执行完函数体中的所有语句，或者遇到return语句时，程序控制就返回调用函数中原来的断点位置继续执行。

### 3. 被调函数声明

在程序中调用一个函数时，需要声明该函数的数据类型和形参等。函数声明语句又称为函数原型，函数原型告诉编译器函数名称、函数返回类型、函数要接收的参数个数、参数类型和参数顺序，编译器用函数原型验证函数调用。函数原型的一般格式如下：

数据类型 函数名(形参说明表);

或

数据类型 函数名(形参数据类型表);

例如，sum函数声明如下：
int sum(int n); 或 int sum(int);

提示
如果函数定义出现在程序中首次调用之前，则不需要函数声明，这时函数定义就作为函数原型。

### 4. 函数参数的计算顺序

在Turbo C中，函数参数的计算顺序是从右向左进行的，例如，有以下程序：

```
#include<stdio.h>
void func(int a,int b,int c)
{   printf("a=%d,b=%d,c=%d\n",a,b,c);   }
void main()
{   int i=2;
    func(i,i++,i--);
}
```

当执行func(i,i++,i--);语句时，先计算i--，返回2，i=1，再计算i++，返回1，i=2，最后计算i，返回2。将这些表达式的返回值分别赋给c、b和a，所以，程序输出为a=2,b=1,c=2。

在VC++中函数参数的计算顺序也是从右向左的，只是在参数表达式计算时只做前缀运算，在函数调用结束后再做后缀计算，所以上述程序的输出结果为a=2,b=1,c=2。

## 6.1.2 例题解析

### 1. 单项选择题

【例6-1-1】关于设计函数的目的，以下正确的说法是_____。

A. 提高程序的执行效率  B. 提高程序的可读性
C. 减少程序的篇幅  D. 减少程序文件所占内存

▶ 解：函数可以提高程序的开发效率，并非执行效率。函数的目的并非减少程序的篇幅，也不一定会减少程序文件的大小。本题答案为B。

【例6-1-2】在C语言程序中，有关函数的定义正确的是_____。
A. 函数的定义可以嵌套，但函数的调用不可以嵌套
B. 函数的定义不可以嵌套，但函数的调用可以嵌套
C. 函数的定义和函数的调用均不可以嵌套
D. 函数的定义和函数的调用均可以嵌套

▶ 解：函数的定义不能嵌套，也就是说不能在一个函数定义体内定义另外的函数，但函数调用可以嵌套，如递归函数。本题答案为B。

【例6-1-3】以下正确的说法是_____。
A. 对于用户自定义函数，在使用之前必须加以声明
B. 声明函数时不必指出其返回类型
C. 函数可以返回一个值，也可以什么值也不返回
D. C语言中不允许出现空函数

▶ 解：如果函数定义出现在首次调用之前，则可以不声明；声明函数时必须指出其返回类型；空函数可以用来为将来的功能扩展预留位置，以使程序的维护更容易。本题答案为C。

【例6-1-4】以下错误的说法是_____。
A. 实参可以是常量、变量或表达式
B. 形参可以是常量、变量或表达式
C. 实参可以为任何类型
D. 形参应与其对应的实参类型一致

▶ 解：实参可以是常量、变量或表达式，但形参只能是变量。本题答案为B。

【例6-1-5】以下错误的描述是：函数调用可以_____。
A. 出现在执行语句中  B. 出现在一个表达式中
C. 作为一个函数调用的实参  D. 作为一个函数的形参

▶ 解：形参只能是变量，不能是函数调用，函数调用可以作为一个函数调用的形参。本题答案为D。

【例6-1-6】以下正确的说法是_____。
A. 函数的形参在函数未调用时预分配存储空间
B. 若函数的定义出现在主函数之前，则可以不必声明
C. fun() { return 1;}函数定义是不允许的
D. 一般来说，函数的形参和实参的类型应该一致。

▶ 解：选项A是错误的，调用到实参时才会分配空间。选项B是错误的，若函数的定义出现在首次调用之前，则可以不声明。选项C是错误的，fun() { return 1;}函数定义是允许的，fun默认返回类型为int。本题答案为D。

【例6-1-7】下面函数调用语句含有实参的个数为_____。
```
func((exp1,exp2),(exp3,exp4,exp5));
```
  A. 1     B. 2     C. 4     D. 5

▶ 解：func函数只有(exp1,exp2)和(exp3,exp4,exp5)两个实参。本题答案为B。

【例6-1-8】C语言规定，函数返回值的类型是由_____。
  A. return语句中的表达式类型决定
  B. 调用该函数时的主调函数类型决定
  C. 调用该函数时系统临时决定
  D. 在定义该函数时所指定的函数类型决定

▶ 解：函数类型决定了函数返回值的类型。本题答案为D。

【例6-1-9】若调用一个函数，且此函数中没有return语句，则正确的说法是：该函数_____。
  A. 没有返回值
  B. 返回若干个系统默认值
  C. 能返回一个用户所希望的值
  D. 返回一个不确定的值

▶ 解：函数的返回值由return计算出来。本题答案为A。

【例6-1-10】以下正确的函数定义形式是_____。
  A. void fun(int x,int y);     B. void fun(int x;int y)
  C. void fun(int x,int y) {}    D. void fun(int x,y);

▶ 解：void fun(int x,int y) {}是函数体为空的函数定义。注意本例指的是正确的函数定义而不是函数声明。本题答案为C。

【例6-1-11】以下函数值的类型是_____。
```
fun(float x)
{   float y;
    y=3*x-4;
    return y;
}
```
  A. int    B. 不确定    C. void    D. float

▶ 解：C函数缺省的函数类型为int。本题答案为A。

【例6-1-12】若有以下程序：
```
#include <stdio.h>
void f(int n);
void main()
{   void f(int n);
    f(5);
}
void f(int n)
{   printf("%d\n",n);   }
```
则以下叙述中错误的是_____。
  A. 若只在主函数中对函数f进行声明，则只能在主函数中正确调用函数f

B. 若在主函数前对函数f进行声明,则在主函数和其后的其他函数中都可以正确调用函数f

C. 对于以上程序,编译时系统会提示出错信息,提示对f函数重复声明

D. 如函数f无返回值,所以可用void将其类型定义为无值型

▶ 解:程序中虽然有两处地方声明f函数,但其作用域不同,不是重复声明。本题答案为C。

【例6-1-13】下面程序的输出结果是_____。

```
#include<stdio.h>
int f(int a,int b)
{   int c;
    if(a>b)  c=1;
    else if(a==b) c=0;
    else c=-1;
    return(c);
}
void main()
{   int i=2,p;
    p=f(i,i+1);
    printf("%d",p);
}
```

A. -1            B. 0            C. 1            D. 2

▶ 解:p=f(i,i+1)→形参a置为2,形参b置为3,执行f函数返回-1。本题答案为A。

【例6-1-14】有以下程序:

```
#include <stdio.h>
float fun(int x,int y)
{   return(x+y);  }
void main()
{   int a=2,b=5,c=8;
    printf("%3.0f\n",fun((int)fun(a+c,b),a-c));
}
```

程序运行后的输出结果是____。

A. 编译出错        B. 9        C. 21        D. 9.0

▶ 解:执行(int)fun(a+c,b)返回整数 15,执行fun((int)fun(a+c,b),a-c)返回 9。本题答案为B。

【例6-1-15】有以下程序:

```
#include <stdio.h>
int    f1(int x,int y)
{   return x>y?x:y;  }
int    f2(int x,int y)
{   return x>y?y:x;  }
void main()
{   int a=4,b=3,c=5,d,e,f;
    d=f1(a,b);
    d=f1(d,c);
    e=f2(a,b);
    e=f2(e,c);
    f=a+b+c-d-e;
```

```
    printf("%d,%d,%d\n",d,f,e);
}
```

执行后输出结果是____。

  A. 3,4,5      B. 5,3,4      C. 5,4,3      D. 3,5,4

▶ 解：d=f1(a,b)返回 4，d=f1(d,c)返回 5，c=f2(a,b)返回 3，e=f2(e,c)返回 3，f=a+b+c-d-e=4。本题答案为C。

【例 6-1-16】有以下程序：

```
#include<stdio.h>
func(int a,int b)
{   int c;
    c=a+b;
    return c;
}
void main()
{   int x=6,y=7,z=8,r;
    r=func((x--,y++,x+y),z--);
    printf("%d\n",r);
}
```

上面程序在VC环境下的输出结果是____。

  A. 11      B. 20      C. 21      D. 31

▶ 解：func函数调用时实参(x--,y++,x+y)逗号表达式返回x+y即 13，实参z--是后缀运算符，返回 8。本题答案为C。

## 2. 填空题

【例 6-1-17】以下程序的输出结果是____。

```
#include <stdio.h>
void fun(int x,int y)
{   x=x+y;y=x-y;x=x-y;
    printf("%d,%d,",x,y);
}
void main()
{   int x=2,y=3;
    fun(x,y);
    printf("%d,%d\n",x,y);
}
```

▶ 解：调用函数是直接参数传递。本题答案为 3,2,2,3。

【例 6-1-18】以下程序的输出结果是____。

```
#include <stdio.h>
int fun(int a,int b)
{   printf("a=%d,b=%d ",a,b);
    return(a>b?a:b);
}
void main()
{   int i=2,j=5,k=3,m;
    m=fun(fun(i,j),fun(j,k));
    printf("m=%d\n",m);
}
```

▶ 解：在执行 m=fun(fun(i,j),fun(j,k)); 语句中，先计算 fun(j,k)，后计算 fun(i,j)。本题答案为 a=5,b=3  a=2,b=5  a=5,b=5  m=5。

【例 6-1-19】下面 fun 函数的功能是将形参 x 的值转换成二进制数，所得二进制数的每一位数放在一维数组中返回，二进制数的最低位放在下标为 0 的元素中，其他依此类推。请填空。

```
void fun(int x,int b[])
{   int k=0,r;
    do
    {   r=x% ① ;
        b[k++]=r;
        x/= ② ;
    } while(x);
}
```

▶ 解：采用辗转相除法进行转换。本题答案为①2，②2。

3. 判断题

【例 6-1-20】判断以下叙述的正确性。
（1）一个C程序可以由若干个函数组成，这些函数可以书写在不同的文件中。
（2）函数定义可以嵌套，函数调用也可以嵌套。
（3）所有的函数调用前都必须进行函数声明。
（4）函数声明中，省略形参变量或者将形参变量写成其他名称，不影响程序的正确性。
（5）编译器通过函数原型确定函数调用是否正确。
（6）一个C程序中只能包含一个main()函数，程序总是从main()函数开始执行。
（7）函数的形参只能在函数内部使用。
（8）C语言中，实参可以是常量、变量或表达式。
（9）C语言中，实参的个数、类型和位置必须与形参的定义一一对应。
（10）如果函数值的类型和return语句中表达式的值不一致，则以函数类型为准。
（11）通过return语句，函数可以返回一个或一个以上的返回值。

▶ 解：（1）正确。
（2）错误。函数定义不可以嵌套，函数调用可以嵌套。
（3）错误。如果一个函数定义出现在首次调用之前，则可以不声明。
（4）正确。
（5）正确。
（6）正确。
（7）正确。
（8）正确。
（9）正确。
（10）正确。
（11）错误。一个函数的return语句只能返回一个值。

### 4. 简答题

**【例6-1-21】** 以下程序的输出结果是_____。

```
#include <stdio.h>
int fun(double a)
{   return a;   }
void main()
{   double x=2.5;
    printf("j=%d\n",fun(x));
}
```

▶ 解：当从一个函数返回一个表达式的类型与函数返回类型不相同时，返回的表达式类型自动转换成函数类型。本题答案为j=2。

### 5. 程序设计题

**【例6-1-22】** 编写一个判断素数的函数，在主函数中输入一整数，输出是否是素数的信息。

▶ 解：根据素数的定义，设计一个判断正整数number是否为素数的函数prime，对应的程序如下：

```
#include <stdio.h>
#include <math.h>
int prime(int number)
{   int flag=1,k,i;
    k=sqrt(number);
    for(i=2;i<=k;i++)
        if (number%k==0)
        {   flag=0;
            break;
        }
    return(flag);
}
void main()
{   int number;
    printf("请输入一个正整数:");
    scanf("%d",&number);
    if (prime(number))
        printf("\n%d 是素数.\n",number);
    else
        printf("\n%d 不是素数.\n",number);
}
```

**【例6-1-23】** 编写一个函数 getbits，从一个16位的单元中取出某几位的数，函数调用形式为 getbits(value,n1,n2)。value 为该16位（两个字节）中的数据值，n1 是要取出的起始位，n2 为要取出的结束位。如 getbits(0123,5,8)，表示取出八进制123右边起第5位到第8位的数据，其结果为二进制0101即十进制5。

▶ 解：用short unsigned来存放16位无符号整数value，使用位运算符，先取z为16位均为1的无符号整数，z=(z>>n1) & (z<<(16-n2))→使得z为n1到n2位为1，其余位均为0，z=value &z→保留value中n1到n2位，其余均为0，z=z>>(16-n2)→将n1到n2位移到最右边，z即为所求。对应的程序如下：

```
#include <stdio.h>
```

```
int getbits(short unsigned value,int n1,int n2)
{   short unsigned z;
    z=~0;
    z=(z>>n1) & (z<<(16-n2));
    z=value & z;
    z=z>>(16-n2);
    return z;
}
void main()
{   short unsigned a;
    int n1,n2;
    printf("输入一个八进制数:");
    scanf("%o",&a);
    printf("n1,n2:");
    scanf("%d %d",&n1,&n2);
    printf("%o\n",getbits(a,n1-1,n2));
}
```

【例6-1-24】编写一个函数 getccode(short unsigned int n)，求无符号整数 n 的补码。

解：使用位运算符，n 为 16 位的单元的无符号整数，z=n & 0100000→求得n的符号位，若n为负数，补码为反码加 1，若n为正数，补码等于原码，z即为所求。对应的程序如下：

```
#include <stdio.h>
unsigned int getccode(short unsigned int n)
{   short unsigned int z;
    z= n & 0100000;              /*求 n 的符号位*/
    if (z==0100000) z=~n+1;      /*若 n 为负数,补码为反码加1*/
    else z=n;                    /*若 n 为正数,补码等于原码*/
    return z;
}
void main()
{   short unsigned a;
    int n1,n2;
    printf("输入一个八进制数:");
    scanf("%o",&a)
    printf("它的补码为%o\n",getccode(a));
}
```

## 6.2 知识点 2：函数和变量的存储类别

### 6.2.1 要点归纳

#### 1. 函数的存储类型

由于C语言不允许在函数内部定义另一个函数，因此所有函数都是外部的。但相对于编译单位（可以进行单独编译的源文件）来讲，函数的存储类别有static和extern型两种。

（1）static 型函数

在定义一个函数时，若指定函数返回值的存储类型为关键字static，则称该函数是"静态"函数。其基本特征是：只限于本编译单位中的其他函数调用它，而不允许其他编译单位中的函数调用它。使用静态函数，可以避免不同的编译单位因函数同名而引起混乱。

（2）extern 型函数

在定义一个函数时，若指定函数返回值的存储类型为关键字extern，则称该函数是"外部"函数。extern可以省略，一般的函数都隐含为extern类别。其基本特征是：该函数可以被其他编译单位中的函数调用。

例如，一个程序由如图 6.1 所示的 3 个源文件组成，其中file1.c文件中的main()函数中调用了在文件file2.c和file3.c中定义的外部函数f1()和f2()。file2.c和file3.c文件都有一个名为f3()的函数，但由于它们都是静态函数，因此将互不影响。file2.c中的f3()函数只局限于file2.c范围内，file3.c中的f3()函数只局限于file3.c范围内。

file1.c 文件：
```
#include <stdio.h>
void main()
{   extern float f1(),void f2();
    /*声明 f1 和 f2 为 extern 型函数*/
    ...
    f1();
    f2();
}
```

file2.c 文件：
```
float f1()
/*f1 函数默认为 extern 存储类型*/
{   ...
    f3();
    ...
}
static void f3()
{
    ...
}
```

file3.c 文件：
```
void f2()
/*f2 函数默认为 extern 存储类型*/
{   ...
    f3();
    ...
}
static int f3()
{
    ...
}
```

图 6.1　由 3 个源文件组成的程序

### 2. 变量的作用域

变量的作用域是指该变量有定义的程序部分。从作用域的角度看，C语言中的变量分为局部变量和全局变量。

（1）局部变量

在函数内部或复合语句内定义的变量称为局部变量，亦称为内部变量。函数的形参也属于局部变量。局部变量的作用域是定义该变量的函数或复合语句，在其他范围内无效。

一般地，局部变量只有定义，没有声明，因为局部变量不能跨越几个编译单位使用。

（2）全局变量

在函数外部定义的变量称为全局变量，亦称为外部变量。全局变量的作用域是从该变量定义的位置开始，到整个源文件结束止。

若全局变量和某个函数中的局部变量同名，则在该函数中，这个全局变量被屏蔽，在该函数内，访问的是局部变量，与同名的全局变量不发生任何关系。

### 3. 变量的存储类别

存储类别是指数据在内存中存储的方法，即确定了所定义的变量在内存中的存储位置，从而也确定了所定义的变量的作用域和生存期。在内存中供用户使用的存储空间由程序代码区、静态存储区和动态存储区三部分组成，如图 6.2 所示。数据分别存放在静态存储区和动态存储区中。动态存储区用来保存函数调用时的返回地址、自动类型的局部变量等。静态存储区用来存放全局变量及静态类型的局部变量。

```
动态存储区(堆栈)
静态存储区
程序代码区
```

图 6.2　C 程序在内存中的存储映象

（1）局部变量的存储类别

局部变量有如下几种存储类别。

① auto 局部变量

auto 变量也称自动变量，它是局部变量的默认存储类别。

auto 变量的存储单元被分配在内存的动态存储区。每当进入函数体（或复合语句）时，系统自动为 auto 变量分配存储单元；退出时自动释放这些存储单元，即使再次进入函数体（或复合语句）时，系统将为它们另行分配存储单元，变量的值不可能被保留，因此，这类局部变量的作用域是从定义的位置起，到函数体（或复合语句）结束为止。

由此，auto 变量具有这些特点：因为动态存储区内为某个变量分配的存储单元位置随程序的运行而改变，变量中的初值也随之改变，所以这种变量必须赋初值；不同函数中使用了同名变量也不会相互影响。

② register 局部变量

寄存器变量也属于自动变量，它与 auto 变量的区别仅在于用 register 说明的变量建议编译程序将变量的值保存在 CPU 的寄存器中，而不是内存中，这样执行速度更快些。因此，只能把频繁使用的少数变量指定为 register 变量，从而提高程序运行速度。

③ static 局部变量

当在函数体（或复合语句）内部用 static 来定义一个变量时，称该变量为静态局部变量。静态局部变量的作用域与 auto、register 类型的变量一样，但它与这两种变量有两点本质上的区别：

- 在整个程序运行期间，静态局部变量在内存的静态存储区中占据着永久性的存储单元。即使退出函数以后，下次再进入该函数时，静态局部变量仍使用原来的存储单元。由于并不释放这些存储单元，因此这些存储单元中的值得以保留。因而可以继续使用存储单元中原来的值。由此可见，静态局部变量的生存期一直延长到程序运行结束。
- 静态局部变量的初值是在编译时赋给的，在程序执行期间不再赋初值。对未赋初值的静态局部变量，C 编译系统自动给它赋初值 0。

（2）全局变量的存储类别

全局变量有如下几种存储类别。

① static 全局变量

当用 static 定义全局变量时，该变量称为"静态"全局变量。静态全局变量只限于本编译单位使用，不能被其他编译单位所引用。

② extern 全局变量

在全局变量之前加上 extern 的作用有两种：

- 在同一编译单位内用 extern 说明符来扩展全局变量的作用域。全局变量定义之后，引用它的函数在前时，应该在引用它的函数中用 extern 对此全局变量进行声明，以便通知编译程序，该变量是一个已在外部定义了的全局变量，已经分配了存储单元，不需要再为它另外开辟存储单元。
- 在不同编译单位内用 extern 说明符来扩展全局变量的作用域。一个 C 程序总是由许多函数组成，这些函数可以分别存放在不同的源文件中，每个源文件可以单独编译。这些可以单独编译的源文件称为"编译单位"。每一个程序由多个编译单位组成，并且在每个文件中均需要引用同一个全局变量时，这样为了防止变量名重复定义，应在其中一个文件中定义所有的全局变量，而其他用到这些全局变量的文件中用 extern 对这些变量进行声明，表示这些变量已在其他编译单位中定义，通知编译系统不必再为它们开辟存储单元。

### 6.2.2 例题解析

**1. 单项选择题**

【例 6-2-1】以下叙述中错误的是_____。
  A. 在不同的函数中可以使用相同名称的变量
  B. 函数中的形式参数是局部变量
  C. 在一个函数内定义的变量只在本函数范围内有效
  D. 在一个函数内的复合语句中定义的变量在本函数范围内有效

▶ 解：在一个函数内的复合语句中定义的变量只在本复合语句的范围内有效。本题答案为 D。

【例 6-2-2】以下叙述中错误的是_____。
  A. 主函数中定义的变量在整个程序中都是有效的
  B. 在其他函数中定义的变量在主函数中也不能使用
  C. 形式参数也是局部变量
  D. 复合语句中定义的变量只在该复合语句中有效

▶ 解：主函数中定义的变量也是局部变量，只能在主函数中使用。本题答案为 A。

【例 6-2-3】以下叙述中正确的是_____。
  A. 全局变量在定义它的文件中的任何地方都是有效的
  B. 全局变量在程序的全部执行过程中一直占用内存单元
  C. 同一文件中的变量不能重名
  D. 使用全局变量有利于程序的模块化和可读性的提高

▶ 解：全局变量的有效范围是从它定义开始到文件结束而不是整个文件。程序一开始执行，为定义的全局变量分配存储空间，直到程序运行结束才释放。同一文件不同函数中的局部变量可以同名。使用全局变量不利于程序的模块化和可读性的提高。本题答案为 B。

【例 6-2-4】以下叙述中正确的是_____。
  A. 全局变量的作用域一定比局部变量的作用域范围大

B. 静态类别变量的生存期贯穿于整个程序的运行期间

C. 函数的形参都属于全局变量

D. 未在定义语句中赋初值的auto变量和static变量的初值都是随机值

▶ 解：静态类别变量的生存期贯穿于整个程序的运行期间，即退出对应的函数后，该类型的变量并没有释放存储空间，下次调用该函数时仍有效。本题答案为B。

【例6-2-5】以下叙述中错误的是_____。

A. 函数中的自动变量可以赋初值，每调用一次，赋一次初值

B. 在调用函数时，实参和对应形参在类型上只需赋值兼容

C. 外部变量的隐含类别是auto类别

D. 函数形参可以指定为register变量

▶ 解：外部变量的隐含类别是extern。本题答案为C。

【例6-2-6】以下只有在使用时才为该类型的变量分配内存的存储类别是_____。

A. auto和static        B. auto和register

C. register和static    D. extern和register

▶ 解：auto和register存储类别的变量只有在使用时才分配内存，当退出其作用范围时便释放分配的空间，而static存储类别的变量在第一次定义时分配空间，以后再进入该作用范围时不再重新分配空间，extern存储类别的变量可以在其他编译单元中使用。本题答案为B。

【例6-2-7】在一个源文件中定义的全局变量的作用域为_____。

A. 本文件的全部范围

B. 本程序的全部范围

C. 本函数的全部范围

D. 从定义该变量的位置开始至本文件结束为止

▶ 解：全局变量的作用域为从定义该变量的位置开始至本文件结束为止。本题答案为D。

【例6-2-8】将一个函数指定为static存储类别后，该函数将_____。

A. 既可以被同一源文件中的函数调用，也可以被其他源文件中的函数调用

B. 只能被同一源文件中的函数调用，不能被其他源文件中的函数调用

C. 只能被其他源文件中的函数调用，不能被同一源文件中的函数调用

D. 既不能被同一源文件中的函数调用，也不能被其他源文件中的函数调用

▶ 解：静态函数只能被同一编译单元（源文件）中的函数所调用。本题答案为B。

【例6-2-9】设有以下函数：

```
#include<stdio.h>
f(int a)
{   int b=0;
    static int c=3;
    b++;c++;
    return(a+b+c);
}
```

如果在下面的程序中调用该函数，则输出结果是_____。

```
void main()
{   int a=2,i;
```

```
    for (i=0;i<3;i++)
        printf("%d",f(a));
}
```

  A. 7 8 9    B. 7 9 11    C. 7 10 13    D. 7 7 7

▶ **解**：f函数中的c为静态变量，第1次调用时c置初值3，退出该函数时c不会释放存储空间，以后再调用f时，不再给c置初值，直接使用其以前的结果。本题答案为A。

【例6-2-10】以下程序的输出结果是_____。

```
#include<stdio.h>
int f()
{   static int i=0;
    int s=1;
    s+=i;
    i++;
    return s;
}
void main()
{   int i,a=0;
    for(i=0;i<5;i++)
        a+=f();
    printf("%d\n",a);
}
```

  A. 20    B. 24    C. 25    D. 15

▶ **解**：f函数中的i为静态变量，第1次调用时i置初值0，退出该函数时i不会释放存储空间，以后再调用f时，不再给i置初值，直接使用其以前的结果。本题答案为D。

【例6-2-11】以下程序的输出结果是_____。

```
#include<stdio.h>
int x=3;
void incre()
{   static int x=1;
    x*=x+1;
    printf("%d ",x);
}
void main()
{   int i;
    for (i=1;i<x;i++)
        incre();
}
```

  A. 3 3    B. 2 2    C. 2 6    D. 2 5

▶ **解**：函数外定义的x是全局变量，在f函数中定义的x为静态变量，第1次调用时x置初值1，退出该函数时x不会释放存储空间，以后再调用f时，不再给x置初值，直接使用其以前的结果。全局变量x与f中的x没有冲突，后者是静态局部变量。本题答案为C。

【例6-2-12】以下列程序的输出结果是_____。

```
#include <stdio.h>
f(int a)
{   int b=0;
    static int c=3;
    a=c++,b++;
    return(a);
}
```

```
}
void main()
{   int a=2,i,k;
    for(i=0;i<2;i++)
        k=f(a++);
    printf("%d\n",k);
}
```

　　A. 3　　　　　　　B. 0　　　　　　　C. 5　　　　　　　D. 4

▶ **解**：f函数中的c为静态变量，第 1 次调用时c置初值 3，退出该函数时c不会释放存储空间，以后再调用f时，不再给c置初值，直接使用其以前的结果。本题答案为D。

### 2. 填空题

**【例 6-2-13】** 以下程序的运行结果是_____。

```
#include <stdio.h>
int func(int a,int b)
{   static int m=0,i=2;
    i+=m+1;
    m=i+a+b;
    return m;
}
void main()
{   int  k=4, m=1,p;
    p=func(k,m);printf("%d,",p);
    p=func(k,m);printf("%d\n",p);
}
```

▶ **解**：func函数中的m和i都是静态变量，第 1 次调用时m置初值 0，i置初值 2，退出该函数时m和i不会释放存储空间，以后再调用func时，不再给m和i置初值，直接使用它们以前的结果。本题答案为 8,17。

**【例 6-2-14】** 以下程序的输出结果是_____。

```
#include <stdio.h>
int fac_sum(int n)
{   static int f=1,t=1,s=0;
    int i;
    if(n>t)
        for(i=t+1;i<=n;i++)
            f=f*i;
        else
        {   f=1;
            for(i=1;i<=n;i++)f=f*i;
        }
    t=n;s=s+f;
    return(s);
}
void main()
{   int a[]={3,5,2},i,sum;
    for(i=0;i<3;i++)
        sum=fac_sum(a[i]);
    printf("sum=%d\n",sum);
}
```

▶ **解**：fac_sum 函数中的f、t和s都是静态变量，第 1 次调用时，分别给它们置初值 1、

1、0,退出该函数时不会释放它们的存储空间,以后再调用fac_sum 时,不再给这些静态变量置初值,直接使用它们以前的结果。本题答案为sum=128。

### 3. 判断题

【例 6-2-15】判断以下叙述的正确性。
（1）C 语言中变量只有 extern 和 static 两种存储类别说明符。
（2）变量的存储类别确定了变量在内存中存在的时间。
（3）变量根据其作用域的范围可以分为局部变量和全局变量。
（4）一个函数中的 static 变量在退出该函数时仍保持其值。
（5）全局变量在整个程序执行期间保留其值。
（6）C 语言中的函数只有 extern 和 static 两种存储类别说明符。
（7）C 语言要求一个程序的所有编译单元中的函数名不能相重。
（8）在一个编译单元中调用另一编译单元中的函数与调用本编译单元中的函数没有任何差别。
（9）static 局部变量只能在本函数中使用。
（10）在 C 语言中使用系统函数库中的函数时要用#include 包含该函数的头文件。
（11）一个函数的定义必须完整地存在于同一个文件中,而不能把它分散在两个或多个文件中。

▶ **解**：（1）错误。C语言中变量有auto、register、extern和static四种存储类别说明符。
（2）正确。
（3）正确。
（4）正确。
（5）正确。
（6）正确。
（7）错误。
（8）错误。需要在调用前对另一编译单元中的函数进行extern声明。
（9）正确。
（10）正确。
（11）正确。

### 4. 简答题

【例 6-2-16】分析以下程序的执行结果。

```
#include <stdio.h>
void fun()
{   int x=1;
    static int y=2;
    x++;y++;
    printf("%d,%d ",x,y);
}
void main()
{   fun();
    fun();
```

```
        printf("\n");
}
```

**解**：由于fun()函数中y是静态变量，第一次调用fun()时将y置初值 2，执行x++;y++;后，输出 2 和 3，在退出函数执行时y不被释放，但x被释放。第二次调用fun()时不再给y置初值，保持上一次调用函数时的值，而x重置为 1，执行x++;y++;后，输出 2 和 4。程序输出为 2,3  2,4。

【例6-2-17】分析以下程序的执行结果。

```
#include <stdio.h>
int fun(int m)
{   static int t=3;
    m+=t++;
    return(m);
}
void main()
{   int m=2,i,j=0;
    for (i=0;i<2;i++)
        j+=fun(m++);
    printf("%d\n",j);
}
```

**解**：在main函数中一共两次调用fun()函数。由于fun()函数中t是静态变量，第一次调用fun(2)时将t置初值 3，其形参m=2，执行m+=t++;后，m=5，t=4，在退出函数执行时t不被释放，返回 5。j=j+5=5。第二次调用fun(3)时不再给t置初值，保持上一次调用函数时的值，m=3+t=3+4=7，t=5，返回 7。j=j+7=12。程序输出为 12。

【例6-2-18】以下程序输出结果有错，指出错误的原因。

```
#include<stdio.h>
char *fun()
{   char astr[]="ABCD";
    return astr;
}
void main()
{
    printf("%s\n",fun());
}
```

**解**：在函数fun中，astr是一个局部变量，在fun函数执行完毕后，astr就不存在了，所以出错。只需将astr改为static变量即可。

### 5 程序设计题

【例6-2-19】编写一个函数 fun，累计当前人数和总分，并返回当前为止的平均分。调用该函数输出 10 个学生的平均分统计结果。

**解**：函数fun以当前学生分数为参数，设计两个静态变量n和s，分别累加人数和总分，返回s/n。对应的程序如下：

```
#include <stdio.h>
float fun(int m)
{   static int n=0;
    static float s=0;
    s+=m;                    /*累计总分*/
```

```
        n++;                    /*累计人数*/
        return(s/n);
}
void main()
{   int a[]={80,56,76,92,85,63,76,96,72,78};
    int n=10,i;
    printf("序号    分数       平均分\n");
    for (i=0;i<n;i++)
    {   printf("%d\t%d\t",i+1,a[i]);
        printf("%5.1f\n",fun(a[i]));
    }
}
```

## 6.3 知识点3：函数的数据传递

### 6.3.1 要点归纳

**1. 函数的数据传递方式**

在一个函数中调用另一个函数时，将实参的值传递给对应的形参，从而实现了把数据由调用函数传递给被调用函数。C语言中，在函数调用时只有从实参到形参的单向数据传递，只是根据传递的数据类型分为传值方式和传地址方式。

（1）传值方式

该方式单向地将实参数据传递给形参，在被调用函数运行完毕后，并不将形参的结果回传给实参。

其特点是：由于数据在传递方和被传递方占用不同的内存空间，所以接收被传递数据的变量在被调用函数中无论如何变化都不会影响调用的函数中相应实参的值。

例如，有以下程序：

```
#include <stdio.h>
void swap(int x,int y)
{   int temp;
    temp=x;x=y;y=temp;
}
void main()
{   int x=2,y=3;
    printf("%d,%d ",x,y);
    swap(x,y);
    printf("%d,%d\n",x,y);
}
```

由于swap函数采用了传值方式，形参的结果不会回传给实参，如图6.3所示。程序输出为：2,3  2,3。

```
void main()
{   int x=2,y=3;
    printf("%d,%d ",x,y);
    swap(x,y);
    printf("%d,%d\n",x,y);
}
```

实参到形参的单向值传递

```
void swap(int x,int y)
{   int temp;
    temp=x;x=y;y=temp;
}
```

图 6.3  传值方式

（2）传地址方式

该方式传递的不是普通数据，而是数据的地址。在这种方式中，以数据的存储地址作为实参调用一个函数，而被调用函数的形参必须是可以接受地址值的指针变量，并且它的数据类型必须与被传递数据的数据类型相同。

其特点是：由于数据无论是在调用的函数中还是被调用函数中都使用同一个存储空间，所以在被调用函数中对该存储空间的值做出某种变动后，必须会影响到使用该空间的调用的函数中的变量之值。

利用地址传递方式的特点，可以从函数中返回多个结果。

例如，有以下程序：

```
#include <stdio.h>
void swap1(int *x,int *y)
{   int temp;
    temp=*x;*x=*y;*y=temp;
}
void main()
{   int x=2,y=3;
    printf("%d,%d ",x,y);
    swap1(&x,&y);
    printf("%d,%d\n",x,y);
}
```

由于swap1函数采用了传地址方式，形参的结果间接地回传给实参，如图6.4所示。程序输出为：2,3  3,2。注意，这里传递的是实参x和y的地址，从而使x和y发生改变，但&x和&y的地址值调用之后并没有发生改变。

提 示

传值方式和传地址方式的区别在于采用传值方式时，常量、普通变量或表达式作为实参，相应的形参是同类型的变量，这时形参的变化不会影响实参。当采用传地址方式时，只能以变量的地址值或指针变量作为实参，相应的形参是同类型的指针变量，利用这种地址值的传送，能达到改变实参变量的内容的目的。传地址方式能够很好地解决数组中大量数据在函数间传递的问题，此时只需把数组名作为实参，在被调用的函数中，以指针变量作为形参接收数组的地址，该指针被赋予数组的地址后，它就指向了数组的存储空间。

```
实参到形参的单向值传递
void main()                          void swap1(int *x,int *y)
{   int x=2,y=3;                     {   int temp;
    printf("%d,%d ",x,y);                temp=*x;*x=*y;*y=temp;
    swap(&x,&y);                     }
    printf("%d,%d\n",x,y);
}
                                     函数执行过程中间接修改 x、y 的值
```

图 6.4　传地址方式

（3）用全局变量传递数据

前面讨论过，在函数外部定义的外部变量是全局变量，它在所有的函数中都是可见的，因此可以利用这个特性在函数间传递数据。

### 2. 数组在函数间的传递

（1）一维数组作为函数参数

数组的名称作为该数组的首地址，当把数组的存储首地址（即数组名）作为实参来调用函数时，这就是地址传递方式。在被调用函数中，以指针变量作为形参接收数组的地址，该指针被赋给数组的地址后，它就指向了数组的存储空间。

当数组名作为实参时，对应的形参除了应该是指针外，还可以用另外两种形式。例如，若a是一个以int a[M]（M是一个用#define定义的符号常量）定义的一维int型数组，调用函数fun(a)。对应的fun()函数首部可以有以下三种形式：

- fun(int *pa)
- fun(int a[])
- fun(int a[M])

对于后两种形式，虽然定义的形式与数组的定义相同，但C编译系统都将a处理成第一种的指针形式。

（2）二维数组作为函数参数

当二维数组作为实参时，对应的形参必须是一个数组指针变量。例如，若a是一个以int a[M][N]（N、M都是用#define定义的符号常量）定义的二维int型数组，调用函数为fun(a)。对应的fun()函数首部可以有以下三种形式：

- fun(int (*pa)[N])
- fun(int a[][N])
- fun(int a[M][N])

提示　整个数组作为实参，相当于传地址方式，仅传递数组名，即地址，此后形、实参共享数组空间。

### 6.3.2　例题解析

#### 1. 单项选择题

【例 6-3-1】以下对 C 语言函数的有关描述中，正确的是_____。

A. 在C中，调用函数时，只能把实参的值传送给形参，形参的值不能传送给实参
B. C函数既可以嵌套定义又可以递归调用
C. 函数必须有返回值，否则不能使用函数
D. C程序中有调用关系的所有函数必须放在同一个源程序文件中

▶ 解：C 语言中的参数传递都是单向的值传递。本题答案为 A。

【例 6-3-2】以下正确的说法是_____。
A. 定义函数时，形参的类型定义可以放在函数体内
B. return后边的值不能为表达式
C. 如果函数类型与返回值类型不一致，以函数类型为准
D. 如果形参与实参类型不一致，以实参类型为准

▶ 解：函数类型决定最终返回值的类型。本题答案为 C。

【例 6-3-3】以下正确的描述是_____。
A. 调用函数时的实参必须是有确定值的变量
B. return()语句的括号中，可以是变量、常量或有确定值的表达式
C. C语言中，函数调用时实参和形参间不能传递地址
D. 实参和形参若类型不匹配，编译时将报错

▶ 解：函数调用时实参和形参间可以传递地址，实参可以是变量，也可以是常量；当实参和形参若类型不匹配，编译时不会报错，在执行时报错。本题答案为 B。

【例 6-3-4】若使用一维数组名作为函数实参，则以下正确的说法是_____。
A. 必须在主调函数中指定此数组的大小
B. 实参数组类型与形参数组类型可以不匹配
C. 在被调用函数中，不需要考虑形参数组的大小
D. 实参数组名与形参数组名必须一致

▶ 解：这里只需传递一维数组的首地址。本题答案为 C。

【例 6-3-5】若函数的形参为多维数组，则以下叙述正确的是_____。
A. 调用函数时实参数组的维数必须等于形参数组的维数
B. 定义形参数组时可以省略每一维的大小
C. 定义形参数组时只能省略第一维的大小
D. 定义形参数组时必须指定每一维的大小

▶ 解：对于多维数组作为形参，只有第一维的大小可以省略。因为除第一维以外，其余每一维的大小都将与各类指针如何进行移动和偏移有关，故不能省略。本题答案为 C。

【例 6-3-6】当调用函数时，实参是一个数组名，则向函数传送的是_____。
A. 数组的长度　　　　　　　　　　　　B. 数组的首地址
C. 数组每一个元素的地址　　　　　　　D. 数组每个元素中的值

▶ 解：B。

【例 6-3-7】以下正确的说法是：在 C 语言中_____。
A. 实参和与其对应的形参各占用独立的存储单元

B. 实参和与其对应的形参共占用一个存储单元
C. 只有当实参和与其对应的形参同名时才共占用存储单元
D. 形参是虚拟的，不占用存储单元

解：A。

【例6-3-8】以下程序的输出结果是_____。

```
#include <stdio.h>
int x=1;
void fun1()
{   int x;
    x=2;
    printf("%d ",x);
}
void fun2()
{   x+=2;   }
void main()
{   printf("%d ",x);
    fun1();
    printf("%d ",x);
    fun2();
    printf("%d ",x);
    printf("\n");
}
```

A. 1 2 1 3　　　　　B. 1 1 2 2　　　　　C. 1 2 2 3　　　　　D. 1 2 3 3

解：函数外部定义的 x 是全局变量，fun1 中定义的 x 是局部变量（只在该函数中有效），在 fun1 中，由于同名，局部变量的 x 覆盖作为全局变量的 x。本题答案为 A。

【例6-3-9】以下程序的输出结果是_____。

```
#include<stdio.h>
int a,b;
void fun()
{   a=100;b=200;   }
void main()
{   int a=5,b=7;
    fun();
    printf("%d%d\n",a,b);
}
```

A. 100200　　　　　B. 57　　　　　C. 200100　　　　　D. 75

解：这里的 a 和 b 都是全局变量，其有效作用范围是整个程序。本题答案为 B。

【例6-3-10】有如下程序：

```
#include <stdio.h>
void f(int x,int y)
{   int t;
    if(x<y)
    {   t=x;
        x=y;
        y=t;
    }
}
void main()
```

- 188 -

```
{   int a=4,b=3,c=5;
    f(a,b);
    f(a,c);
    f(b,c);
    printf("%d,%d,%d\n",a,b,c);
}
```

执行后输出结果是_____。

  A. 3,4,5    B. 5,3,4    C. 5,4,3    D. 4,3,5

▶ **解**：注意 f 函数的形参是普通整型变量，当 x<y 时，x 和 y 的交换结果不会回传给实参。本题答案为 D。

【例 6-3-11】以下程序的输出结果是_____。

```
#include <stdio.h>
int n=10;
void fun()
{   int n=20;
    printf("%d,",n);
}
void main()
{   fun();
    printf("%d\n",n);
}
```

  A. 10,20    B. 10,10    C. 20,10    D. 20,20

▶ **解**：这里 n 是全局变量，但在函数 fun 中定义了同名的局部变量，所以在函数中输出的是局部变量的值，在主函数中没有定义同名的变量，输出的是全局变量的值。本题答案为 C。

【例 6-3-12】有以下程序：

```
#include <stdio.h>
int a=2;
int f(int *a)
{   return (*a)++;  }
void main()
{   int s=0;
    {   int a=5;
        s+=f(&a);
    }
    s+=f(&a);
    printf("%d\n",s);
}
```

执行后输出结果是____。

  A. 10    B. 9    C. 7    D. 8

▶ **解**：这里的 a 为全局变量。本题答案为 C。

【例 6-3-13】下列程序的输出结果是_____。

```
#include <stdio.h>
int b=2;
int func(int *a)
{   b+=*a;
    return(*a);
```

```
}
void main()
{   int a=2,res=2;
    res += func(&a);
    printf("%d\n",res);
}
```

  A. 4      B. 6      C. 8      D. 10

▶ 解：这里的 b 为全局变量。本题答案为 A。

【例 6-3-14】下列程序的输出结果是_____。

```
#include<stdio.h>
int b=2;
int func(int *a)
{   b+=*a;
    return(b);
}
void main()
{   int a=2,res=2;
    res+=func(&a);
    printf("%d \n",res);
}
```

  A. 4      B. 6      C. 8      D. 10

▶ 解：与上例相比，这里的 b 也为全局变量，但函数 func 返回的是 b 而不是 a。本题答案为 B。

【例 6-3-15】有以下程序：

```
#include <stdio.h>
void fun(char *c,int d)
{   *c=*c+1;
    d=d+1;
    printf("%c,%c,",*c,d);
}
void main()
{   char a='A',b='a';
    fun(&b,a);
    printf("%c,%c\n",a,b);
}
```

程序运行后的输出结果是_____。

  A. B,a,B,a    B. a,B,a,B    C. A,b,A,b    D. b,B,A,b

▶ 解：实参 b 传递的是地址，实参 a 传递的是值，前者回传函数的改变结果，后者不会回传函数的改变结果。本题答案为 D。

【例 6-3-16】若有以下调用语句，则正确的 fun 函数的首部是_____。

```
void main()
{   int a[50],n;
    …
    fun(n,&a[9]);
    …
}
```

  A. void fun(int m, int x[])      B. void fun(int s, int h[41])

C. void fun(int p, int *s)        D. void fun(int n, int a)

▶ 解：a 是一个一维数组，实参&a[9]是一个元素的地址，对应的形参 int *s 正确。本题答案为 C。

【例 6-3-17】有以下程序：

```
#include <stdio.h>
void sum(int *a)
{   a[0]=a[1];   }
void main()
{   int aa[10]={1,2,3,4,5,6,7,8,9,10},i;
    for(i=2;i>=0;i--)
        sum(&aa[i]);
    printf("%d\n",aa[0]);
}
```

执行后的输出结果是____。

A. 4            B. 3            C. 2            D. 1

▶ 解：执行 for 循环：i=2 时，调用 sum(&&a[2])，结果使 a[2]=a[3]=4；i=1 时，调用 sum(&&a[1])，结果使 a[1]=a[2]=4；i=0 时，调用 sum(&&a[0])，结果使 a[0]=a[1]=4。本题答案为 A。

【例 6-3-18】下列程序执行后的输出结果是_____。

```
#include <stdio.h>
void func(int *a,int b[])
{   b[0]=*a+6;   }
void main()
{   int a,b[5];
    a=0; b[0]=3;
    func(&a,b);
    printf("%d\n",b[0]);
}
```

A. 6            B. 7            C. 8            D. 9

▶ 解：实参 a 是一维数组，函数 func 函数传递的是数组 a 的起始地址。本题答案为 A。

【例 6-3-19】请读程序：

```
#include<stdio.h>
char fun(char *c)
{   if( *c<='Z' && *c>='A')
        *c-='A'-'a';
    return *c;
}
void main()
{   char s[81], *p=s;
    gets(s);
    while(*p)
    {   *p=fun(p);
        putchar(*p);
        p++;
    }
    putchar('\n');
}
```

若运行时从键盘上输入OPEN THE DOOR↙，则上面程序的输出结果是_____。

A. oPEN tHE door
B. open the door
C. OPEN THE DOOR
D. Open The Door

▶ **解**：实参s是一个一维数组，传递的是该数组的对应元素的地址，程序的功能是将输入的字符串逐个转换为小写字母后输出。本题答案为B。

【例6-3-20】以下程序的输出结果是_____。

```
#include<stdio.h>
char cchar(char ch)
{   if(ch>='A'&&ch<='Z')
        ch=ch-'A'+'a';
    return  ch;
}
void main()
{   char s[]="ABC+abc=defDEF",*p=s;
    while(*p)
    {   *p=cchar(*p);
        p++;
    }
    printf("%s\n",s);
}
```

A. abc+ABC=DEFdef
B. abc+abc=defdef
C. abcaABCDEFdef
D. abcabcdefdef

▶ **解**：实参s是一个一维数组，传递的是该数组的对应元素的地址，程序的功能是将s字符串逐个转换为小写字母，最后输出s。本题答案为B。

【例6-3-21】请读程序：

```
#include<stdio.h>
void fun(int *s)
{   static int j=0;
    do
        s[j]+=s[j+1];
    while(++j<2);
}
void main()
{   int k,a[10]={1,2,3,4,5};
    for(k=1; k<3; k++)
        fun(a);
    for(k=0; k<5; k++)
        printf("%d", a[k]);
}
```

上面程序的输出结果是_____。

A. 34756    B. 23445    C. 35745    D. 12345

▶ **解**：这里的实参a是一维数组，且函数fun中的j是静态变量。本题答案为C。

【例6-3-22】以下程序中函数sort的功能是对a所指数组中的数据进行由大到小的排序。

```
#include<stdio.h>
void sort(int a[],int n)
{   int i,j,t;
    for(i=0;i<n-1;i++)
```

```
            for(j=i+1;j<n;j++)
                if(a[i]<a[j])
                {   t=a[i];
                    a[i]=a[j];
                    a[j]=t;
                }
}
void main()
{   int aa[10]={1,2,3,4,5,6,7,8,9,10},i;
    sort(&aa[3],5);
    for(i=0;i<10;i++)
        printf("%d,",aa[i]);
    printf("\n");
}
```

程序运行后的输出结果是_____。

  A. 1,2,3,4,5,6,7,8,9,10        B. 10,9,8,7,6,5,4,3,2,1,

  C. 1,2,3,8,7.6.5.4.9,10        D. 1,2,10,9,8,7,6,5,4,3

▶ 解：这里的实参 aa 是一维数组，但实参&aa[3]是元素 aa[3]的地址，而不是 aa[0]的地址。本题答案为 C。

【例 6-3-23】以下程序调用 findmax 函数返回数组中的最大值。

```
findmax(int *a,int n)
{   int *p,*s;
    for  (p=a,s=a;p-a<n;p++)
        if  (_____) s=p;
    return(*s);
}
void main()
{   int x[5]={12,21,13,6,18};
    printf("%d\n",findmax(x,5));
}
```

在下划线处应填入的是_____。

  A. p>s      B. *p>*s      C. a[p]>a[s]      D. p-a>p-s

▶ 解：函数 findmax 中用 p 扫描一维数组，用 s 指向元素值最大的元素，最后返回 s。本题答案为 B。

【例 6-3-24】以下程序的输出结果是_____。

```
#include<stdio.h>
f(int b[],int m,int n)
{   int i,s=0;
    for(i=m;i<n;i=i+2)
        s=s+b[i];
    return s;
}
void main()
{   int x,a[]={1,2,3,4,5,6,7,8,9};
    x=f(a,3,7);
    printf("%d\n",x);
}
```

  A. 10      B. 18      C. 8      D. 15

**解**：实参 a 是一个一维数组，函数 f 用于累加 b[m..n-1]中奇数位置的元素值，即 s=b[3]+b[5]=4+6=10。本题答案为 A。

【例 6-3-25】有以下程序：

```
#include<stdio.h>
void ss(char *s,char t)
{   while(*s)
    {   if(*s==t)
            *s=t-'a'+'A';
        s++;
    }
}
void main()
{   char str1[100]="abcddfefdbd",c='d';
    ss(str1,c);
    printf("%s\n",str1);
}
```

程序运行后的输出结果是_____。

  A. ABCDDEFEDBDB. abcDDfefDbD  C. abcAAfefAbA  D. Abcddfefdbd

**解**：实参 str1 是一个一维数组，函数 ss 将元素值等于 c 的元素转换为大写字母，其余不变。本题答案为 B。

【例 6-3-26】已有如下数组定义和 f()函数调用语句，则在 f()函数的定义中，对形参数组 array 的错误定义方式为_____。

```
int a[3][4];
f(a);
```

  A. f(int array[][6])     B. f(int array[3][])
  C. f(int array[][4])     D. f(int array[2][5])

**解**：实参 a 是一个二维数组，对应的形参只能省略第一维。本题答案为 C。

【例 6-3-27】以下程序中函数 f 的功能是将 n 个字符串按由大到小的顺序进行排序。

```
#include <stdio.h>
#include <string.h>
void f(char p[][10],int n)
{   char t[20];
    int i,j;
    for (i=0;i<=n-1;i++)
        for (j=i+1;j<=n-1;j++)
            if(strcmp(p[i],p[j])<0)
            {   strcpy(t,p[i]);
                strcpy(p[i],p[j]);
                strcpy(p[j],t);
            }
}
void main()
{   char p[][10]={"abc","aabdfg","abbd","dcdbe","cd"};
    int i;
    f(p,5);
    printf("\n%d\n",strlen(p[0]));
}
```

程序运行后的输出结果是____。
A. 6　　　　　　　B. 4　　　　　　　C. 5　　　　　　　D. 3

▶ 解：字符串数组中"dcdbe"是最大的字符串，排序后排到最前端，它的长度为5。本题答案为C。

【例6-3-28】以下程序的输出结果是_____。

```
#include <stdio.h>
fun(int**s,int p[2][3])
{   **s=p[1][1];  }
void main()
{   int a[2][3]={1,3,5,7,9,11},*p;
    p=(int*)malloc(sizeof(int));
    fun(&p,a);
    printf("%d\n",*p);
}
```

A. 1　　　　　　　B. 7　　　　　　　C. 9　　　　　　　D. 11

▶ 解：实参 a 是一个二维数组，p 是整型指针，&p 是指针的指针，执行 fun 函数后，p 指向 a[1][1]，*p=9。本题答案为 C。

【例6-3-29】以下程序的输出结果是_____。

```
#include <stdio.h>
int a[3][3]={1,2,3,4,5,6,7,8,9,},*p;
void f(int *s,int b[][3])
{   *s=b[1][1];  }
void main()
{   p=(int*)malloc(sizeof(int));
    f(p,a);
    printf("%d\n",*p);
}
```

A. 1　　　　　　　B. 4　　　　　　　C. 7　　　　　　　D. 5

▶ 解：a 是二维数组，且为全局变量，p 是整型指针，也是全局变量，调用函数 f 后，p 指向 a[1][1]，*p=5。本题答案为 D。

扩展分析：若不给 p 分配存储空间，则会出错。例如，以下程序通过编译后执行出错。

```
#include <stdio.h>
int a[3][3]={1,2,3,4,5,6,7,8,9,},*p;
void f(int *s,int b[][3])
{   *s=b[1][1];  }
void main()
{   //p=(int*)malloc(sizeof(int));
    f(p,a);
    printf("%d\n",*p);
}
```

将本例程序中的全局变量改为局部变量，例如：

```
#include <stdio.h>
#include <malloc.h>
void f(int *s,int b[][3])
{   *s=b[1][1];  }
void main()
```

```
{   int a[3][3]={1,2,3,4,5,6,7,8,9,},*p;
    p=(int*)malloc(sizeof(int));
    f(p,a);
    printf("%d\n",*p);
}
```

为什么该程序正确运行,且输出结果与本例程序相同?这是因为在主函数中给p分配了一个存储空间(该空间没有值),将其地址传给形参s,s也是一个指针,其值与p的值相同(即p和s都指向相同的值),然后将b[1][1]的值即5存放在s所指的存储空间中。当退出函数时,s被释放,但s所指的值没有释放,所以,*p=5。

【例6-3-30】以下程序的输出结果是_____。

```
#include <stdio.h>
#include <malloc.h>
amovep(int *p,int (*a)[3],int n)
{   int i,j;
    for(i=0;i<n;i++)
        for(j=0;j<n;j++)
        {   *p=a[i][j];
            p++;
        }
}
void main()
{   int *p,a[3][3]={{1,3,5},{2,4,6}};
    p=(int *)malloc(100);
    amovep(p,a,3);
    printf("%d %d\n",p[2],p[5]);
    free(p);
}
```

A. 5 6          B. 2 5          C. 3 4          D. 程序错误

**解**:实例a是一个二维数组,p是一个长度为100的整型数据的指针,调用函数amovep后将a的一部分元素赋给p。本题答案为A。

【例6-3-31】以下程序中函数f的功能是将n个字符串按由大到小的顺序进行排序。

```
#include <stdio.h>
#include <string.h>
char *f(char p[][10],int n)
{   static char t[20];
    int i,max=0;
    for (i=0;i<n;i++)
        if (strlen(p[i])>max)
        {   max=strlen(p[i]);
            strcpy(t,p[i]);
        }
    return(t);
}
void main()
{   char p[][10]={"abc","aabdfg","abbd","dcdbe","cd"};
    printf("%s\n",f(p,5));
}
```

程序运行后的输出结果是_____。

A. abc          B. aabdfg          C. cd          D. dcdbe

● 解：实参 p 是一个二维数组，对应的形参 p 也是同样的二维数组。本题答案为 B。

【例 6-3-32】以下程序的输出结果是_____。

```
#include <stdio.h>
fun(char **m)
{   ++m;
    printf("%s\n",*m);
}
void main()
{   char *a[]={"BASIC","FOXPRO","C"};
    fun(a);
}
```

A. BASIC          B. ASIC          C. FOXPRO          D. C

● 解：实参 a 是一个指针数组，对应的形参是指针的指针，如图 6.5 所示，执行 m++ 后，m 指向 a[1]，*m 即为 a[1]所指的字符串，即"FOXPRO"。本题答案为 C。

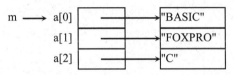

图 6.5 指针的指针 m 和数组 m 的示意图

## 2. 填空题

【例 6-3-33】以下函数用来求出两整数之和，并通过形参将结果传回，请填空。

```
void func(int x,int y,____ z)
{   *z=x+y;   }
```

● 解：由于形参 z 要传回，所以用指针类型。本题答案为 int *。

【例 6-3-34】设在主函数中有以下定义和函数调用语句，且 fun 函数为 void 类型；请写出 fun 函数的首部____。要求形参名为 b。

```
void main()
{   double s[10][22];
    int n;
    …
    fun(s);
    …
}
```

● 解：实参 s 为二维数组，对应的形参有三种方式。本题答案为 void fun(double b[10][22]) 或 void fun(double b[][22]) 或 void fun(double (*b)[22])。

【例 6-3-35】以下程序中，select 函数的功能是：在 N 行 M 列的二维数组中，选出一个最大值作为函数值返回，并通过形参传回此最大值所在的行下标。请填空。

```
#define N 3
#define M 3
select(int a[N][M],int *n)
{   int i,j,row=1,colum=1;
    for (i=0;i<N;i++)
```

```
            for (j=0;j<M;j++)
                if(a[i][j]>a[row][colum])
                {   row=i;
                    colum=j;
                }
    *n=  ①  ;
    return  ②  ;
}
void main()
{   int a[N][M]={9,11,23,6,1,15,9,17,20},max,n;
    max=select(a,&n);
    printf("max=%d,line=%d\n",max,n);
}
```

▶ 解：实参a和形参a均为二维数组。本题答案为①row　②a[row][colum]。

【例6-3-36】以下 sstrcpy()函数实现字符串的复制，即将 t 所指字符串复制到 s 所指向的内存空间中，形成一个新的字符串 s。请填空。

```
void sstrcpy(char *s,char *t)
{   while(*s++=____); }
void main()
{   char str1[100],str2[]="abcdefgh";
    sstrcpy(str1,str2);
    printf("%s\n",str1);
}
```

▶ 解：sstrcpy函数的两个形参均为字符串指针。本题答案为*t++。

【例6-3-37】以下程序的输出结果是_____。

```
#include <stdio.h>
void foo(int *a,int *b)
{   *a=*a+*b;
    *b=*a-*b;
    *a=*a-*b;
}
void main()
{   int a=1,b=2,c=3;
    foo(&a,&b);
    foo(&b,&c);
    foo(&c,&a);
    printf("%d,%d,%d\n",a,b,c);
}
```

▶ 解：函数foo的形参为传地址参数，*a=*a+*b，*b=*a-*b=(*a+*b)-*b=*a，*a=*a-*b=(*a+*b)-*a=*b，所以该函数的功能是将形参a、b的值交换。调用foo(&a,&b)，交换a、b实参值，则a=2，b=1，c=3；调用foo(&b,&c)，交换b、c实参值，则a=2，b=3，c=1；调用foo(&c,&a)，交换c、a实参值，则a=1，b=3，c=2。本题答案为a=1,b=3,c=2。

3. 判断题

【例6-3-38】判断以下叙述的正确性。

（1）实参向形参进行数据传递时，数据传递的方向时单向的，即形参变量值的改变不影响实参变量的值。

（2）函数形参的存储单元是动态分配的。
（3）数组名作为函数的参数时，实参数组和形参数组共用相同的内存单元。

▶ 解：（1）正确。　　（2）正确。　　（3）正确。

4. 简答题

【例 6-3-39】有以下程序A和B：

```
程序 A                          程序 B
#include <stdio.h>              #include <stdio.h>
void testf(int *p)              void testf(int **p)
{   *p=1; }                     {   (*p)++; }
void main()                     void main()
{   int *n,m[2];                {   int *n,m[2];
    n=m;                            n=m;
    m[0]=1;                         m[0]=1;
    m[1]=8;                         m[1]=8;
    testf(n);                       testf(&n);
    printf("%d\n",*n);              printf("%d\n",*n);
}                               }
```

问哪个程序的输出结果是 8？

▶ 解：程序B的输出结果是 8，n指向数组m，先指向元素m[0]，调用testf函数，将n的地址传递给形参p，执行(*p)++语句相当于n++，由于是传地址方式，所以返回到主函数时，n值发生改变，即指向m[1]元素，该元素值为 8。

【例 6-3-40】有一个班，有 3 个学生，各学 3 门课，下面的程序用来输出第 n 个学生的成绩，请改正其中的错误。

```
#include <stdio.h>
void search(float *p[3],int n)
{   int i;
    printf("the scores of NO.%d are: ",n);
    for (i=0;i<3;i++)
        printf("%g ",*(p+n-1)+i);
    printf("\n");
}
void main()
{   float score[3][3]={{65,67,79},{80,86,84},{50,90,76}};
    search(*score,2);
}
```

▶ 解：score 是一个二维数组，*score 是该数组首地址的地址，一般不这样用，直接使用 score 即可，因为它本身就是地址。当以 score 作为实参时，对应的函数首部声明可以有多种，这里在函数中 p 是作为数组指针使用的，所以形参应为 float (*p)[3]。改正后的程序如下：

```
#include <stdio.h>
void search(float (*p)[3],int n)
{   int i;
    printf("the scores of NO.%d are: ",n);
    for (i=0;i<3;i++)
        printf("%g ",(*(p+n-1))[i]);
```

```
        /*(*(p+n-1))[i]可改为*(p[n-1]+i)或*(*(p+n-1)+i)或p[n-1][i]*/
        printf("\n");
}
void main()
{   float score[3][3]={{65,67,79},{80,86,84},{50,90,76}};
    search(score,2);
}
```

【例6-3-41】C语言中，定义了3个函数：

（1） int f1(int p) { return p++; }

（2） int f2(int *p) { return *(p++); }

（3） int f3(int *p) { return (*p)++; }

请问这三个函数各有什么差别？简述理由。

▶ 解：f1(int p)函数的形参为整数，返回该整数增 1 之值。f2(int *p)函数的形参为整数指针，返回指针增 1 后指向整数之值，一般来说，这里的 p 是一个整型数组的指针，即返回 p 所指元素的下一个元素之值。f3(int *p)函数的形参为整数指针，返回 p 所指整数增 1 的结果。

### 5. 程序设计题

【例6-3-42】在主函数中输入一个十六进制数（不超过 4 位），利用自定义函数 convert 将该数转换为十进制数，转换的结果在主函数中输出。例如：输入 A2，输出 162。

▶ 解：从低位到高位扫描p，将十六进制ABCDEF转换为 10～15 的数字，再将n=n*16+t 运算转换为十进制数。对应的程序如下：

```
#include <stdio.h>
unsigned convert(char p[])
{   int i;
    unsigned n=0,t;
    for(i=0;p[i]!='\0';i++)
    {   switch(p[i])
        {
        case 'A':case 'a': t=10;break;
        case 'B':case 'b': t=11;break;
        case 'C':case 'c': t=12;break;
        case 'D':case 'd': t=13;break;
        case 'E':case 'e': t=14;break;
        case 'F':case 'f': t=15;break;
        default: t=p[i]-'0';
        }
        n=n*16+t;
    }
    return n;
}
void main()
{   char num[4];
    printf("\nPlease input a num:\n");
    gets(num);
    printf("The converted result is %u \n",convert(num));
}
```

【例 6-3-43】编写一个程序，输入若干个字符串，找出其中最长的字符串并输出。要求采用指针数组存放这些字符串。

▶ **解**：先输入这些字符串，用指针数组str指向各字符串。设计一个函数findlong()，通过比较找出其中最长的字符串。对应的程序如下：

```c
#include <stdio.h>
#include <string.h>
char *findlong(char *str[],int n,int *length)
{   int max=0;
    int no;
    int i,tmp;
    for (i=0;i<n;i++)
        if ((tmp=strlen(str[i]))>max)      /*比较找最长的串*/
        {   max=tmp;
            no=i;
        }
    *length=max;
    return(str[no]);
}
void main()
{   char *str[10],*p;
    int n,i,length;
    printf("字符串个数:");
    scanf("%d",&n);
    for (i=0;i<n;i++)
    {   printf("  第%d个字符串:",i+1);
        str[i]=(char *)malloc(20);
        scanf("%s",str[i]);
    }
    p=findlong(str,n,&length);
    printf("最长字符串:%s\n",p);
    printf("    长度:%d\n",length);
}
```

【例6-3-44】编写一个程序，先读入一段正文，然后删除其中的单词 from、in、at、an 和 on，最后显示该结果文本段。

▶ **解**：先调用readlines读入字符串，首址放在指针数组中。然后用三重循环在输入串中查找是否含有指定的单词。外层for循环用i控制在输入串中分别查找是否包含"from"、"in"、"at"、"an"和"on"子串，循环条件是i<NUM。中层while循环用j控制，查找工作在每个串中都要进行，循环条件是j的值小于输入串的数目。内层while循环控制特定子串（word[]）在输入字符串中多处出现的查找和删除，每循环一次查找一个，删除一个直到输入串不再包含特定子串时退出内循环。各函数的说明如下。

- readlines 函数：其参数 lineptr 是一个指向字符的指针数组，maxlines 是指针数组元素的个数。用 while 循环控制输入 n 行字符串。做法是每循环一次，都调用 getline 函数从终端读入一行字符串，然后申请 len+1 字节的内存空间将这一行放入其中，并将首址放入指针数组 lineptr 中，直到读入的字符串长度为 0 时，表示输入行结束。
- getline 函数：接受用户的一行输入，直到按回车键为止。参数 s 是字符指针，指向存放输入字符串的缓冲区首址；len 是字符数组的长度。
- writeline 函数：输出正文字符串。

- del_word 函数：删除 s 串中从第 n+1 个字符开始的长度为 len 个字符，删除子串采用移动字符方法进行。
- index 函数：在第一个参数串 s 中查找是否包含第二个参数串 t，其过程是将 s 串从第一个字符起和 t 串的第一个字符进行比较，若相等继续逐个比较后继字符，否则从 s 串的第二个字符起重新和 t 串的第一个字符比较之。如此类推直至 t 串的每一个字符依次和 s 串的一个连续字符序列相等，返回 t 串首次和 s 相同的第一个字符在 s 串的序号；否则返回-1。

对应的程序如下：

```
#include <stdio.h>
#include <stdlib.h>
char *word[]={"from","in","at","an","on"};
#define NUM 5
#define LINES 256
#define MAXLEN 1000
void main()
{   char *lineptr[100],*p;
    int i,j,k,nlines;
    if ((nlines=readlines(lineptr,100))>0)
    {   for (i=0;i<NUM;i++)
        {   j=0;
            while (j<nlines)
            {   p=lineptr[j++];
                while ((k=index(p,word[i]))>=0)
                    del_word(p,k,strlen(word[i]));
            }
        }
        writelines(lineptr,nlines);
    }
}
del_word(char *s,int n,int len)
{   while (*(s+n)=*(s+n+len)) n++;  }
readlines(char *lineptr[],int maxlines)
{   int len,nlines=0;
    char *p,line[MAXLEN];
    printf("输入一段文本:\n");      /*输入时按两次回车键输入结束*/
    while ((len=getline(line,MAXLEN))>1)
        if (nlines>maxlines)
            return(-1);
        else if ((p=malloc(len+1))==NULL)
            return(-1);
        else
        {   line[len]='\0';
            strcpy(p,line);
            lineptr[nlines++]=p;
        }
    return(nlines);
```

```
}
getline(char *s,int len)
{   int c; char *p=s;
    while (--len>0 && (c=getchar())!='\n')
        *s++=c;
    *s='\0';
    return(s-p);
}
writelines(char *lineptr[],int nlines)
{   int i;
    printf("显示文本段:\n");
    for (i=0;i<nlines;i++)
        printf("%s\n",lineptr[i]);
}
index(char s[],char t[])
{   int i,j,k;
    for (i=0;s[i]!='\0';i++)
    {   for (j=i,k=0;t[k]!='\0' && s[j]==t[k];j++,k++);
        if (t[k]=='\0')
            return(i);
    }
    return(-1);
}
```

## 6.4 知识点4：指针型函数

### 6.4.1 要点归纳

函数返回值的数据类型决定了该函数的数据类型。当函数返回值为数值类型时称为数值型函数，当函数返回值为字符类型时称为字符型函数。当然，函数的返回值也可以是某种类型的数据的地址，当函数的返回值是地址时，称为指针型函数。因为这类函数的返回值是随参数而变化的地址量，而变化的地址量就是指针变量，故称为指针型函数。其定义的一般格式如下：

数据类型 *函数名(形参说明表)

例如，以下语句定义了一个返回整型数据地址的指针型函数 func()：

int *func(int a,float x)

在指针型函数中，使用 return 语句返回的可以是变量的地址、数组的首地址或指针变量等，还可以是后面几章介绍的结构体、共用体等构造数据类型的首地址。

### 6.4.2 例题解析

1. 单项选择题

【例6-4-1】有以下程序：

```
#include <stdio.h>
int    *f(int *x,int *y)
{   if (*x<*y)
        return x;
    else
        return y;
}
void main()
{   int    a=7,b=8,*p;
    p=f(&a,&b);
    printf("%d\n",*p);
}
```

执行后输出结果是____。

    A. 7                  B. 8                C. 0                  D. 一个地址值

▶ **解**：f函数返回形参 x 和 y 所指整数中较小值的地址。本题答案为 A。

## 2. 填空题

【例 6-4-2】以下程序的输出结果是_____。

```
#include <stdio.h>
char *f(char *b)
{   b+=3;
    return b;
}
void main()
{   char a[]="abcdef",*p;
    p=f(a);
    printf("%s\n",p);
}
```

▶ **解**：函数f的形参数为字符串数组a的指针，执行函数时，将b后移 3 个元素，并返回该指针。本题答案为def。

【例 6-4-3】下列程序的运行结果是_____。

```
#include <stdio.h>
#include <string.h>
char *ss(char *s)
{   return s+strlen(s)/2;  }
void main()
{   char *p,*str="abcdefgh";
    p=ss(str);
    printf("%s\n",p);
}
```

▶ **解**：ss是指针型函数，返回形参s字符串的后半部分字符串。本题答案为efgh。

## 3. 程序设计题

【例 6-4-4】编写一个程序，不用 C 语言的任何字符串处理库函数，将两个字符串连接，要求不破坏原有的字符串。

▶ **解**：分别求出s1 和s2 两个字符串的长度len1 和len2，给s分配长度为len1+len2 长度的空间，然后将s1 和s2 的字符逐个复制到s中。对应的程序如下：

```
#include <stdio.h>
#include <malloc.h>
char *connect(char *s1,char *s2)    /*指针型函数*/
{   char *s,*p,*q;
    int len1=0,len2=0;
    p=s1;
    while (*p!='\0')           /*求 s1 的长度 len1*/
    {   len1++; p++;  }
    p=s2;
    while (*p!='\0')           /*求 s2 的长度 len2*/
    {   len2++; p++;  }
    s=q=(char *)malloc(sizeof(len1+len2));  /*给 s 分配空间*/
    p=s1;
    while ((*q++=*p++)!='\0')
    q--;                       /*q 后退指向'\0'的位置*/
    p=s2;
    while ((*q++=*p++)!='\0')
    return(s);
}
void main()
{   char s1[]="abcdef";
    char s2[]="1234";
    char *s;
    s=connect(s1,s2);
    printf("%s\n",s);
}
```

【例 6-4-5】编写一个程序，求给定三个字符串的最长公共子串。

● **解**：三个字符串中只有存在和不存在最长公共子串两种情况。若存在公共子串，则子串必含于任一个母串中。假设在母串s中，则依次查找母串s的所有子串，如果该子串是另外两个母串的子串，则它是公共子串。在这些公共子串，通过比较长度找出最长公共子串，最后输出它。如果没有公共子串，则显示相应信息。其中，设计的copy(s,start,count)函数用于返回s串中从start个位置开始的长度为count的子串。对应的程序如下：

```
#include <stdio.h>
#include <string.h>
#define M 20
char *copy(char *s,int start,int count)     /*指针型函数*/
{   int i;
    static char str[M];
    char *temp=str;
    for (i=start;i<=start+count-1;i++)
        *temp++=*(s+i);
    *temp='\0';
    return(str);
}
void main()
{   static char *a[3]={"What is local bus?",
        "Name some local bus",
        "A local bus is high speed I/O bus close TO the processor."
    };
    char *ch,maxstr[M];
    int m,i,j,k,p,bool,maxlen=0;
```

```
        m=strlen(a[0]);
        for (j=0;j<=m-1;j++)
            for (k=1;k<=m-j;k++)
            {   ch='\0';                    /*ch 置为一个空串*/
                ch=copy(a[0],j,k);
                bool=1;
                p=0;
                while(p<2)
                {   p++;
                    if (strstr(a[p],ch)==0)
                        bool=0;/*strstr(s,t)判断 s 是否为 t 的子串,若不是,返回 0*/
                }
                if ((bool==1) && strlen(ch)>maxlen)   /*若该子串较长,保存该子串*/
                {   maxlen=strlen(ch);
                    strcpy(maxstr,ch);
                }
            }
    if (maxlen!=0)
        printf("最长公共子串:[%s]\n",maxstr);
    else
        printf("没有公共子串\n");
}
```

【例 6-4-6】编写一个程序,统计输入的字符串中平均每句话包含的单词个数。单词之间以空格、","或"."结束,每个句子以"."结束。

▶ **解**:设计相应的函数,input()用于输入字符串,为指针型函数;sentence(p)用于统计句子数;word(p)用于统计单词数;avg(p)用于计算平均每句的单词数。对应的程序如下:

```
#include <stdio.h>
int sentence(char *p)     /*统计句子数*/
{   int num=0;
    while (*p!='\0')
        if (*p++=='.')
            num++;
    return(num);
}
int word(char *p)    /*统计单词数*/
{   int num=0,sign=0;
    do
    {   if (*p!=' ' && *p!='.' && *p!=',' && *p!='\0')
            sign=1;
        else if (sign==1)       /*若则结束对一个单词的遍历*/
        {
            num++;
            sign=0;
        }
        p++;
    } while (*(p-1)!='\0');
    return(num);
}
float avg(char *p)    /*计算平均每句的单词数*/
{   float average;
    average=(float)word(p)/(float)sentence(p);
    return(average);
```

```
}
char *input()        /*输入字符串,为指针型函数*/
{   static char str[200],*p=str;
    printf("str:");
    while ((*p++=getchar())!='\n')
    *(--p)='\0';
    return(str);
}
void main()
{   char *p;
    p=input();
    printf("p:%s\n",p);
    printf("平均每句的单词数:%.2f\n",avg(p));
}
```

## 6.5 知识点5：指向函数的指针

### 6.5.1 要点归纳

在C语言中，指针变量除了保存数据的存储地址外，还可以用于保存函数的存储首地址。函数的存储首地址又称为函数的执行入口地址。指针变量保存函数的入口地址时，它就指向了该函数，所以称这种指针为指向函数的指针，简称为函数指针。其定义的一般形式如下：

```
数据类型 (*函数指针名)();
```

其中，"数据类型"是指针所指向的函数的返回值的数据类型；"函数指针名"两边的圆括号不能省略，它表示函数指针名先与*结合，是指针变量，然后再与后面的"()"结合，表示该指针变量指向函数。

例如，以下语句定义了一个指向int型函数的函数指针：

```
int (*func)();
```

函数指针的性质与数据指针相同，唯一的区别是数据指针指向的是内存的数据存储区；而函数指针指向的是内存的程序代码存储区。因此，数据指针的访问目标"*"运算是访问内存的数据，而对函数指针实行访问目标运算"*"时，其结果是使程序控制转移至该函数指针指向的函数入口地址，从而开始执行该函数，也就是说，对函数指针执行访问目标"*"运算就是调用它所指向的函数。

C语言程序中，函数指针的作用主要体现在函数间传递函数，这种传递不是传递任何数据，而是传递函数的执行地址，或者说是传递函数的调用控制。当函数在两个函数间传递时，调用函数的实参应该是被传递函数的函数名，而被调用函数的形参应该是接收函数地址的函数指针。

在Turbo C中，定义函数指针与所指向的函数只需要返回值类型相同就行了，而Visual C++要求所指函数在函数返回值类型、形参个数、形参类型和次序都要一致。所以前者使用函数指针更方便，本节的所有程序均在Turbo C中运行。

## 6.5.2 例题解析

### 1. 单项选择题

**【例 6-5-1】** 设有如下定义：

```
int (*ptr)();
```

则以下叙述中正确的是_____。

A. ptr是指向一维组数的指针变量
B. ptr是指向int型数据的指针变量
C. ptr是指向函数的指针，该函数返回一个int型数据
D. ptr是一个函数名，该函数的返回值是指向int型数据的指针

▶ 解：ptr 为函数指针。本题答案为 C。

**【例 6-5-2】** 在定义语句 int *f();中标识符 f 代表的是_____。

A. 一个用于指向整型数据的指针变量　　B. 一个用于指向一维数组的行指针
C. 一个用于指向函数的指针变量　　　　D. 一个返回值为指针型的函数名

▶ 解：f 是函数名。本题答案为 D。

**【例 6-5-3】** 有以下程序：

```
#include <stdio.h>
int fa(int x)
{   return x*x;  }
int fb(int x)
{   return x*x*x;  }
int f(int (*f1)(),int (*f2)(),int x)    /*f1 和 f2 形参均为函数指针*/
{   return f2(x)-f1(x);  }
void main()
{   int i;
    i=f(fa,fb,2);
    printf("%d\n",i);
}
```

程序运行后的输出结果是_____。

A. -4　　　　　　　B. 1　　　　　　　C. 4　　　　　　　D. 8

▶ 解：i=f(fa,fb,2)=$2^3-2^2$=4。本题答案为 C。

### 2. 填空题

**【例 6-5-4】** 下面程序的输出结果是_____。

```
#include <stdio.h>
funa( int a,int b)
{   return a+b;  }
funb(int a,int b)
{   return a-b;  }
sub( int (*t)(),int x,int y)
{   return((*t)(x,y));  }
void main()
{   int x, (*p)();           /*p为函数指针*/
    p=funa;
```

```
       x=sub(p,9,3);
       p=funb;
       x+=sub(p,8,3);
       printf("%d\n",x);
   }
```

▶ 解：main函数中p是函数指针，先将p指向funa函数，x=sub(p,9,3)等价于x=sub(funa,9,3)；再将p指向funb函数，x+=sub(p,8,3)等价于x+=sub(funb,8,3)。本题答案为17。

 提示 　函数名如同数组名一样，函数名即为该函数在内存空间中的地址。

【例6-5-5】设函数 findbig 已定义为求 3 个数中的最大值。以下程序将利用函数指针调用 findbig 函数。请填空。

```
#include <stdio.h>
void main()
{   int findbig(int,int,int);
    int (*f)(),x,yz,z,big;
    f=___;
    scanf("%d%d%d",&x,&y,&z);
    big=(*f)(x,y,z);
    printf("bing=%d\n",big);
}
```

▶ 解：f是函数指针，应赋值为某个函数名即该函数的地址。本题答案为findbig。

### 3. 简答题

【例6-5-6】理解以下 C 定义的含义：

（1）void (*a)(int)

（2）void *b(int)

（3）float (*c(void))[6]

（4）double (*d[6])(void)

▶ 解：（1）a 是指向有一个整型参数、无返回值的函数的指针。

（2）b 是一个有一个整型参数、返回值为 void 指针的函数（指针函数）。

（3）c 是一个无参指针函数，返回值为指向有 6 个单精度浮点型元素的数组的指针。

（4）d 是有 6 个元素的指针数组，其数组元素是指向返回值为双精度浮点型的无参函数。

【例6-5-7】以下声明都代表什么？

（1）float (**def)[10];

（2）double *(gh)[10];

（3）double (*f[10])();

（4）int *((*b)[10]);

（5）long (*fun)(int);

（6）int (*(*f)(int,int))(int);

▶ 解：（1）def 是一个二级指针，它指向的是一个一维数组的指针，数组的元素都是 float 类型。

（2）gh 是一个指针，它指向一个一维数组，数组元素都是 double *。

（3）f 是一个数组，f 有 10 个元素，元素都是函数的指针，指向函数类型是没有参数且返回 double 的函数。

（4）等同于 int *(*b)[10]，是一维数组的指针。

（5）函数指针。

（6）f 是一个函数指针，指向的函数的类型是有两个 int 参数且返回一个函数指针的函数，返回的函数指针指向有一个 int 参数且返回 int 的函数。

【例 6-5-8】在执行以下程序时输入 10 和 20，分析其输出结果。

```c
#include <stdio.h>
void input(int *p,int *q)
{   printf("输入:");
    scanf("%d%d",p,q);
}
void add(int *p,int *q)
{   printf("输出:%d\n",*p+*q);  }
void main()
{   int x,y;
    void (*b)();
    b=input;
    (*b)(&x,&y);
    b=add;
    (*b)(&x,&y);
}
```

▶ 解：main 函数定义了一个函数指针 b，

```
b=input;
(*b)(&x,&y);
```

语句等价于执行 input(&x,&y);

```
b=add;
(*b)(&x,&y);
```

语句等价于执行 add(&x,&y)。其中函数调用都是传地址方式。add() 函数是输出两数之和。所以本程序的功能是接收两个整数，输出它们之和。执行程序时输入 10 和 20，输出为 30。

## 6.6 知识点 6：递归函数

### 6.6.1 要点归纳

递归函数又称自调用函数。其特点是在函数内部可以直接或间接地自己调用自己。C 语言可以使用递归函数。从函数定义的内容上看，在函数体内出现调用该函数本身的语句时，它就是递归函数。递归函数的结构十分简练。对于可以使用递归算法实现功能的函数，可以把它们编写成递归函数。

**1. 递归模型**

递归模型反映一个递归问题的递归结构，例如：

```
f(1)=1
f(n)=n*f(n-1)    n>1
```

第一个式子给出了递归的终止条件，第二个式子给出了 f(n)的值与 f(n-1)的值之间的关系，我们把第一个式子称为递归出口，把第二个式子称为递归体。

一般地，一个递归模型由递归出口和递归体两部分组成，前者确定递归到何时为止，后者确定递归的方式。

### 2. 递归的执行过程

实际上，递归是把一个不能或不好直接求解的"大问题"转化成一个或几个"小问题"来解决，再把这些"小问题"进一步分解成更小的"小问题"来解决，如此分解，直至每个"小问题"都可以直接解决（此时分解到递归出口）。

提示　递归分解不是随意的分解，递归分解要保证"大问题"与"小问题"相似，即求解过程与环境都相似。

例如，对于上面定义的递归函数 f(n)，求 f(4)的过程如图 6.6 所示。先通过递推分解参数，由 f(4)到 f(3)，…，直到递归出口 f(1)，由递归模型有 f(1)=1，然后反过来求值，由 f(1)到 f(2)，…，直到 f(4)，最后求出 f(4)=24。

```
                        递推过程
              f(4)=4*f(3)      f(3)=3*f(2)      f(2)=2*f(1)
        f(4) ─────────────► f(3) ─────────────► f(2) ─────────────► f(1)
                                                                      │ f(1)=1
                                                                      ▼
              f(4)=4*6         f(2)=3*2         f(2)=2*1
        f(4)=24 ◄──────── f(3)=6 ◄──────── f(2)=2 ◄──────── f(1)=1
                        求值过程
```

图 6.6　求 f(4)的过程

### 3. 递归设计

递归设计先要给出递归模型，再转换成对应的C语言函数。

从递归的执行过程看，要解决f(s)，不是直接求其解，而是转化为计算f(s')和一个常量c'，求解f(s')的方法与环境和求解f(s)的方法与环境是相似的，但f(s)是一个"大问题"，而f(s')是一个"较小问题"，尽管f(s')还未解决，但向解决目标靠近了一步，这就是一个"量变"，如此到达递归出口时，便发生了"质变"，递归问题解决了。因此，递归设计就是要给出合理的"较小问题"，然后确定"大问题"的解与"较小问题"之间的关系，即确定递归体；最后朝此方向分解，必然有一个简单基本问题解，以此作为递归出口。由此得出递归设计的步骤如下：

① 对原问题 f(s)进行分析，假设出合理的"较小问题"f(s')。
② 假设 f(s')是可解的，在此基础上确定 f(s)的解，即给出 f(s)与 f(s')之间的关系。
③ 确定一个特定情况（如 f(1)或 f(0)）的解，由此作为递归出口。

## 6.6.2 例题解析

### 1. 单项选择题

**【例6-6-1】** 有如下程序：

```
#include <stdio.h>
long fib(int n)
{   if(n>2) return(fib(n-1)+fib(n-2));
    else return(2);
}
void main()
{   printf("%d\n",fib(3));  }
```

该程序的输出结果是_____。

A. 2　　　　　　　B. 4　　　　　　　C. 6　　　　　　　D. 8

▶ **解**：这里的 fib 是一个递归函数，fib(3)=fib(2)+fib(1)=2+2=4。本题答案为 B。

**【例6-6-2】** 有以下程序：

```
#include <stdio.h>
int f(int n)
{   if (n==1) return 1;
    else return f(n-1)+1;
}
void main()
{   int i,j=0;
    for(i=1;i<3;i++)
        j+=f(i);
    printf("%d\n",j);
}
```

程序运行后的输出结果是_____。

A. 4　　　　　　　B. 3　　　　　　　C. 2　　　　　　　D. 1

▶ **解**：这里的 f 是一个递归函数，j=f(1)+f(2)=1+f(2)=1+f(1)+1=1+1+1=3。本题答案为 B。

**【例6-6-3】** 有以下程序：

```
#include <stdio.h>
void fun(int *a,int i,int j)
{   int t;
    if(i<j)
    {   t=a[i];a[i]=a[j];a[j]=t;
        fun(a,++i,--j);
    }
}
void main()
{   int a[]={1,2,3,4,5,6},i;
    fun(a,0,5);
    for (i=0;i<6;i++)
        printf("%d",a[i]);
    printf("\n");
}
```

执行后的输出结果是_____。

A. 6 5 4 3 2 1　　　　　　　　　　　B. 4 3 2 1 5 6

C. 4 5 6 1 2 3       D. 1 2 3 4 5 6

▶ **解**：这里的 fun 是一个递归函数，fun(a,0,5)→a[0]与a[5]交换，fun(a,1,4)→a[1]与a[4]交换，fun(a,2,3)→a[2]与a[3]交换，fun(a,3,2)，a 的结果为{6,5,4,3,2,1}。本题答案为 A。

2. 填空题

【例 6-6-4】下面程序的运行结果是_____。

```c
#include <stdio.h>
int f(int a[],int n)
{   if(n>1) return(a[0]+f(&a[1],n-1));
    else return(a[0]);
}
void main()
{   int a[3]={1,2,3},s;
    s=f(&a[0],3);
    printf("%d\n",s);
}
```

▶ **解**：这里的f是一个递归函数，f(&&a[0],3)→返回 1+fun(&a[1],2)，fun(&a[1],2)→返回a[1](2)+fun(&a[2],1)，fun(&a[2],1)→返回a[2](3)。求值过程为f(&&a[0],3)=1+2+3=6。本题答案为 6。

【例 6-6-5】若程序的运行结果如下：

```
fact(5):120
fact(1):1
fact(<0):error
```

请填空使程序完整。

```c
#include <stdio.h>
int fact(  ①  )
{   if (value<0)
    {   printf("  ②  \n");
        return -1;
    }
    else if (value==1)
        return 1;
    else
        return   ③  ;
}
void main()
{   printf("fact(5):%d\n",fact(5));
    printf("fact(1):%d\n",fact(1));
    fact(-5);
}
```

▶ **解**：根据程序和执行结果分析可知fact()是一个求n！的函数，其中n为大于等于 0 的正整数。其递归模型如下：

fact(1)=1
fact(n)=n*fact(n-1)    n>1

本题答案为①int value，②fact(<0):error，③value*fact(value-1)。

## 3. 简答题

**【例6-6-6】** 分析以下程序的执行结果。

```c
#include <stdio.h>
void fun(char *s)
{   char t;
    if (*s!='\0')
    {   t=*s++;
        fun(s);
        if (t!='\0') printf("%c",t);
    }
}
void main()
{   char *a="1234";
    fun(a);
    printf("\n");
}
```

▶ 解：fun()是一个递归函数，调用结果是反向输出a数组的各元素。输出为4321。

**【例6-6-7】** 分析以下程序的执行结果。

```c
#include <stdio.h>
int foo(int x,int y)
{   if(x <=0 || y <= 0)
        return 1;
    return 3*foo(x-1,y/2);
}
void main()
{   printf("%d\n",foo(3,5));   }
```

▶ 解：foo是一个递归函数，每次递归调用修改形参的值，直到满足递归出口条件为止，求值过程为foo(3,5)=3*foo(2,2)=3*[3*foo(1,1)]=3*[3*[3*foo(0,0)]]=3*3*3*1=27。本题答案为27。

## 4. 程序设计题

**【例6-6-8】** 设计一个递归函数 Sum(int n)完成计算 1+2+⋯+n。

▶ 解：递归模型为f(1)=1，f(n)=f(n-1)+n（n>1）。对应的程序如下：

```c
#include <stdio.h>
int Sum(int n)
{   int r;
    if (n<=0)
        printf("data error\n");
    if (n==1) r=1;
    else r=Sum(n-1)+n;
    return r;
}
void main()
{   int n=5;
    printf("Sum(%d)=%d\n",n,Sum(n));
}
```

# 6.7 知识点 7：命令行参数

## 6.7.1 要点归纳

void main()函数也可以带有参数，在程序执行时，通过命令行将参数传递给程序，以控制程序的执行，这就是命令行参数。其格式如下：

```
void main(int argc,char *argv[])
```

按照约定，void main()可带两个名称为 argc 和 argv 的参数以便建立同操作系统之间的通信联系。变量 argc 给出命令行参数的个数；参数 argv 是一个指向 char 的指针数组，其中的指针元素分别指向包含这些命令行参数的字符串数组，如图 6.7 所示。

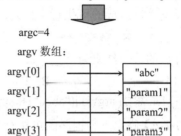

图 6.7 命令行参数的含义

## 6.7.2 例题解析

### 1. 单项选择题

【例 6-7-1】不合法的 main 函数命令行参数表示形式是_____。

    A. main(int a,char *c[])　　　　　　　　B. main(int arc,char **arv)
    C. main(int argc,char *argv)　　　　　　D. main(int argv,char *argc[])

▶ 解：命令行形参中第 1 个形参为 int 型，第 2 个形参为字符串数组指针，参数名可以任意指定。本题答案为 C。

【例 6-7-2】有以下程序：

```
#include <stdio.h>
int fun()
{   static int s=0;
    s+=1;
    return   s;
}
void main(int argc,char *argv[])
{   int n,i=0;
    while(argv[1][i]!='\0')
    {   n=fun();
        i++;
    }
    printf("%d\n",n*argc);
}
```

假设程序经编译、连接后生成可执行文件 exam.exe，若键入以下命令行：

exam 123↙

则执行后的输出结果为_____。

    A. 6　　　　　　　B. 8　　　　　　　C. 3　　　　　　　D. 4

**解**：argv[1]="123"，n=fun()执行 3 次，fun 函数中 s 为静态变量，所以 n=1+2=3=6。本题答案为 A。

【例 6-7-3】有以下程序：

```
#include <stdio.h>
#include <string.h>
void main(int argc,char *argv[])
{   int i,len=0;
    for(i=1;i<argc;i+=2)
        len+=strlen(argv[i]);
    printf("%d\n",len);
}
```

经编译链接后生成的可执行文件是 ex.exe，若运行时输入以下带参数的命令行：

`ex abcd efg h3 k44↙`

则执行后的输出结果为_____。

A. 14  B. 12  C. 8  D. 6

**解**：len 累加 argv[1]("abcd")和 argv[3]("h3")参数字符串的长度。本题答案为 D。

【例 6-7-4】假定下列程序的可执行文件名为 prg.exe，则在该程序所在的子目录下输入命令行 prg hello good↙ 后，程序的输出结果是_____。

```
#include <stdio.h>
void main(int argc,char *argv[])
{   int i;
    if(argc<0)
        return;
    for(i=1;i<argc;i++)
        printf("%c",*argv[i]);
}
```

A. hello good  B. hg  C. hel  D. hellogood

**解**：这里 argc=3，argv[0]="prg"，argv[1]="hello"，argv[2]="good"，程序输出后两个字符串的第 1 个字母。本题答案为 B。

【例 6-7-5】假定以下程序经编译和连接后生成可执行文件 prog.exe，如果在此可执行文件所在目录的 DOS 提示符下键入：

`PROG ABCDEFGH IJKL↙`

则输出结果为_____。

```
#include <stdio.h>
void main(int argc,char *argv[])
{   while(--argc>0)
        printf("%s",argv[argc]);
    printf("\n");
}
```

A. ABCDEFG  B. IJHL
C. ABCDEFGHIJKL  D. IJKLABCDEFGH

**解**：输出命令行的第 2 个参数("IJKL:)和第 1 个参数("ABCDEFGH")。本题答案为 D。

## 2. 填空题

**【例 6-7-6】** 请读程序：

```
#include<stdio.h>
void main(int argc,char *argv[])
{   int i;
    printf("%d ",argc);
    for (i=0;i<argc;i++)
        printf("%s ", argv[i]);
    printf("\n");
}
```

若上面的程序编译、连接后生成可执行文件 abc.exe，则输入以下命令行

```
abc file1 file2↙
```

程序执行后的输出结果是_____。

▶ **解**：输出命令行参数个数和所有参数值。本题答案为 3 abc.exe file1 file2。

# 第 7 章　结构体与共用体

> 基本知识点：结构体类型、共用体类型、枚举类型和用户自定义类型的相关概念。
> 重　　点：结构体变量的初始化、结构体数组、结构体指针、结构体变量在函数间的传递；结构体变量与共用体变量存储方式上的差异。
> 难　　点：利用这些构造数据类型解决复杂的应用问题。

## 7.1　知识点 1：结构体类型和结构体变量

### 7.1.1　要点归纳

在 C 语言中，数组是具有相同数据类型的数据序列，而结构体是不同数据类型的数据序列，但这两者中的"数据"是不同的，前者是数据元素，后者是数据域。结构体是一种构造数据类型，即先要声明结构体类型，然后定义其结构体变量。

#### 1. 结构体类型声明

结构体由不同数据类型的数据域组成。组成结构体的每个数据域称为该结构体的成员项，简称成员。在程序中使用结构体变量时，首先要对结构体类型进行描述，这称为结构体类型声明。结构体类型声明的一般形式如下：

```
struct 结构体名
{   数据类型　成员名1;
    数据类型　成员名2;
    …
    数据类型　成员名n;
};
```

其中，每个结构体类型可以含有多个相同数据类型的成员名，这些成员名之间以逗号分隔。结构体类型中的成员名可以和程序中的其他变量同名；不同结构体类型中的成员也可以同名。

#### 2. 结构体变量的定义

当结构体声明之后，就可以指明使用该结构体的具体对象，即定义结构体的变量，简称结构体变量。可以使用如下几种方式定义结构体变量。

（1）先声明结构体类型再定义结构体变量

在已经声明好结构体类型之后，再定义结构体变量的一般形式如下：

```
struct 结构体名 结构体变量名表;
```

其中，"结构体变量名表"由一个或多个结构体变量名组成，当多于一个结构体变量名时，它们之间用逗号分隔。例如，假设已声明了 Student 结构体类型，以下语句定义了 Student 结构体的两个变量 st1 和 st2。

```
struct Student st1,st2;
```

（2）在定义结构体类型的同时定义结构体变量

这种定义结构体变量的一般形式如下：

```
struct 结构体名
{
    结构体成员表;
} 结构体变量名表;
```

这里先声明了一个有名的结构体类型，然后定义其变量。例如，以下语句在声明结构体类型 Student 的同时定义结构体变量 st1、st2。

```
struct Student              /*声明结构体类型 Student*/
{   int no;                 /*学号*/
    char name[12];          /*姓名*/
    char sex;               /*性别*/
    int age;                /*年龄*/
} st1,st2;
```

（3）直接定义结构体类型变量

这种方式不需要给出结构体类型名，即无名结构体类型，直接给出结构体类型并定义结构体变量，其一般形式如下：

```
struct
{
    结构体成员表;
} 结构体变量名表;
```

这里先声明了一个无名的结构体类型，然后定义其变量。例如，以下语句采用这种方式定义两个结构体变量 st1 和 st2：

```
struct                      /*声明匿名结构体类型*/
{   int no;                 /*学号*/
    char name[12];          /*姓名*/
    char sex;               /*性别*/
    int age;                /*年龄*/
} st1,st2;
```

3. 结构体变量成员的引用

引用结构体变量中的一个成员的一般方式如下：

```
结构体变量名.成员名    或    指针变量名->成员名
```

第一种方式在普通结构体变量情况下使用，第二种方式在结构体指针变量的情况下使用。例如：

```
struct student st,*pst;
```

那么引用age成员分别是：st.age和pst->age。

"."运算符的优先级最高。因此pst.age++是对pst.age进行自增运算，而不是先对age进行自增运算。

在引用结构体变量时应注意：不能将结构体变量作为一个整体输入输出，只能对变量当中的各个成员输入输出。但可以将一个结构体变量直接赋值给另一个具有相同结构的结构体变量。

### 4. 结构体变量的初始化

结构体类型是数组类型的扩充，只是它的成员项可以具有不同的数据类型，因而像数组类型一样，也可以在定义结构体变量的同时，对它的每个成员赋初值，这称为结构体变量的初始化。对结构体变量的初始化规则与数组相同。结构体变量初始化的一般形式如下：

```
struct 结构体名 变量={ 初始数据列表 };
```

在对结构体变量进行赋初值时，C编译程序按每个成员在结构体中的顺序一一对应赋初值，不允许跳过前边的成员给后面的成员赋初值；但可以只给前面的若干个成员赋初值，对于后面未赋初值的成员，对于数值型和字符型数据，系统自动赋初值零。

例如，定义一个结构体Sample如下：

```
struct Sample
{   int a;
    int b;
    float c;
};
```

则：

```
struct Sample st={1};           /*正确,st.a=1,st.b=0,st.c=0.000000*/
struct Sample st={1,2};         /*正确,st.a=1,st.b=2,st.c=0.000000*/
struct Sample st={1,,2.4};      /*错误,因st.b没有初始化*/
```

### 5. 结构体变量的内存分配

结构体类型只是规定了结构体中成员的结构框架或存储格式，并不为结构体类型分配存储空间，在定义结构体变量时，编译程序按照结构体中所定义的存储格式为结构体变量分配存储空间，所有成员按顺序分配内存，也就是说一个结构体变量占用的内存空间是所有成员占用内存空间的总和。例如，有以下声明：

```
struct A
{   short int a;
    char b[3];
};
```

则：

```
struct A x;
printf("%d\n",sizeof(x));
```

输出5。这是因为x的成员x.a占2个字节，成员x.b占3个字节，也就是说，sizeof(x)=sizeof(x.a)+sizeof(x.b)，如图7.1所示。

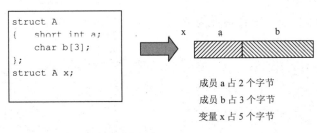

图 7.1 结构体变量的存储结构

在 VC++中,还涉及对齐的问题,可以用#pragma pack(n)设置默认的对齐字节大小(默认为 4)。如果前面的程序加上#pragma pack(1)宏命令(采用紧缩编译),则结构体变量 x 共占 5 个字节,其中 a 占 2 个字节,其起始地址为 0x12ff78,b 占 3 个字节,其起始地址为 0x12ff7a。否则默认采用非紧缩编译,结构体变量 x 共占 6 个字节,其中 b 占 4 个字节。

VC++编译系统采用 4 字节为对齐单位,这样从内存存取数据更快捷,从而提高了程序执行效率。

 Turbo C 均采用紧缩编译方式,除非特别指出,后面的习题均假设采用紧缩编译方式。

### 7.1.2 例题解析

#### 1. 单项选择题

【例 7-1-1】在定义一个结构体变量时系统分配给它的存储空间是_____。
   A. 该结构体中第一个成员所需的存储空间
   B. 该结构体中最后一个成员所需的存储空间
   C. 该结构体中占用最大存储空间的成员所需的存储空间
   D. 该结构体中所有成员所需存储空间的总和

▶ 解:结构体变量分配的空间大小为所有成员的存储空间的总和。本题答案为 D。

【例 7-1-2】结构体变量在程序执行期间_____。
   A. 所有成员一直驻留在内存中      B. 只有一个成员驻留在内存中
   C. 部分成员驻留在内存中          D. 没有成员驻留在内存中

▶ 解:结构体变量在程序执行期间所有成员一直驻留在内存中,并不是部分成员一直驻留在内存中。本题答案为 A。

【例 7-1-3】设有以下语句:

```
typedef struct
{   int n;
    char ch[8];
} PER;
```

则下面叙述中正确的是_____。
   A. PER 是结构体变量名              B. PER 是结构体类型名
   C. typedef struct 是结构体类型     D. struct 是结构体类型名

▶ 解:采用 typedef 指定一个无名的结构体类型的名称为 PER,也就是说定义了一个名称为 PER 的结构体类型。本题答案为 B。

【例 7-1-4】有如下定义：

```
struct Date
{   int year;
    int month;
    int day;
};
struct Worklist
{   char name[20];
    char sex;
    struct Date birthday;
} person;
```

对结构体变量 person 的出生年份进行赋值时，下面正确的赋值语句是_____。

  A．year=1958          B．birthday.year=1958

  C．person.birthday.year=1958     D．person.year=1958

▶ 解：结构体变量 person 的 birthday 又是一个结构体变量，对 person 的出生年份的引用应是 person.birthday.year。本题答案为 C。

【例 7-1-5】对于以下的变量定义，表达式_____是不正确的。

```
struct node
{   float x, y;
    char s[10];
} point, *p=&point;
```

  A．p->x=2.0   B．(*p).y=3.0   C．point.x=2.0   D．p->s="a"

▶ 解：选项 D 应改为 strcpy(p->s,"a")。本题答案为 D。

【例 7-1-6】对于以下的变量定义，语句_____在语法和语义上都是正确的。

```
struct Node
{   float x, y;
    char s[10];
} point={1,2,"abc"},*p;
```

  A．*p=point;   B．p=&point;   C．point=p;   D．p->x=point.y;

▶ 解：由于 p 指针没有分配所指向的空间，p->x 是无效的。本题答案为 B。

【例 7-1-7】若有下面的声明：

```
struct Test
{   short int m1;
    char m2;
    float m3;
    union uu
    {   char u1[5];
        short int u2[2];
    } ua;
} myaa;
```

则 sizeof(struct Test)的值是_____。

  A．12      B．16       C．14        D．9

▶ 解：结构体类型所有成员一直驻留在内存中，m1 占 2 个字节，m2 占 1 个字节，m3 占 4 个字节，ua 成员是一个共用体变量，占 5 个字节，sizeof(struct Test)=2+1+4+5=12。本题答案为 A。

**【例 7-1-8】** 设有如下定义：

```
struct Sk
{   int a;
    float b;
} data;
int *p;
```

若要使 p 指向 data 中的 a 成员，正确的赋值语句是_____。

  A. p=&a;    B. p=data.a;    C. p=&data.a;    D. *p=data.a;

▶ **解**：p 是整型指针变量。本题答案为 C。

**【例 7-1-9】** 设有如下定义：

```
struct Sk
{   int a;
    float b;
} data,*p;
```

若有 p=&data，则对 data 中的 a 域的正确引用是_____。

  A. (*p).data.a    B. (*p).a    C. p->data.a    D. p.data.a

▶ **解**：p 是结构体变量的指针，p=&data，(*p).a=data.a。本题答案为 B。

**【例 7-1-10】** 以下对结构体变量 st 中成员 age 的非法引用是_____。

```
struct Student
{   int age;
    int num;
} st,*p;
p=&st;
```

  A. st.age    B. Student.age    C. p->age    D. (*p).age

▶ **解**：选项 B 是错误的引用，因为 Student 是结构体类型名，而不是结构体变量。(*p).age 与 p->age 等价。本题答案为 B。

### 2. 填空题

**【例 7-1-11】** 若有如下结构体类型声明：

```
struct STRU
{   int a,b;
    char c;
    double d;
    struct STRU *p1,*p2;
};
```

_____

请填空，以完成对 t 数组的定义，t 数组的每个元素为该结构体类型，且有 20 个元素。

▶ **解**：t 是一个长度为 20 的数组，其元素类型为结构体类型 STRU。本题答案为 struct STRU t[20];。

**【例 7-1-12】** 以下程序的执行结果是_____。

```
#include <stdio.h>
typedef union
{   long i;
```

```
    short int k[5];
    char c;
} DATE;
struct date
{   short int cat;
    DATE cow;
    double dog;
} too;
DATE max;
void main()
{   printf("%d\n",sizeof(struct date)+sizeof(max));  }
```

▶ 解：共用体DATE的大小是最大成员k[5]的大小，所以sizeof(max)=2×5=10 个字节。结构体date的大小是所有成员大小的总和，所以sizeof(struct date)=2+10+8=20。本题答案为 30。

3．判断题

【例7-1-13】判断以下叙述的正确性。

（1）结构体类型数据由多个成员构成，这些成员的类型可以不同，它们共同描述一个对象。

（2）在程序中定义了一个结构体类型后，可以多次用它来定义具有该类型的变量。

（3）C语言中，结构体类型与结构体变量的含义一样，都可以用来存放数据。

（4）C语言中，结构体的成员可以是一维数组或多维数组。

（5）使几个不同的变量共占同一段内存的结构，称为结构体类型。

（6）对于不同类型的数据，若想合成一个有机的整体，可以引用结构体进行定义。

（7）结构体变量占用的内存空间为所有成员占用的空间之和。

（8）在引用结构体成员时，只能对最低级的成员进行赋值或存取操作或计算。

（9）不同结构体的成员必须有唯一名称。

（10）不能使用运算符==和!=来比较同一结构体类型的两个结构体变量。

▶ 解：（1）正确。

（2）正确。

（3）错误。

（4）正确。

（5）错误。这称为共用体类型。

（6）正确。

（7）正确。

（8）正确。

（9）错误。不同结构体的成员可以有相同的名称，但相同结构体成员必须有唯一的名称。

（10）正确。不能对同一结构体类型的两个结构体变量进行"=="和"!="运算，只能对两个不能结构体变量的简单成员进行"=="和"!="运算。

4．简答题

【例7-1-14】分析以下程序的输出结果。

```
#include <stdio.h>
#include <malloc.h>
```

```
#include <string.h>
struct STUD
{   int no;
    char *name;
    int score;
};
void main()
{   struct STUD st1={1,"Mary",85},st2;
    st2.no=2;
    st2.name=(char *)malloc(sizeof(10));
    strcpy(st2.name,"Smith");
    st2.score=78;
    printf("%s\n",(st1.score>st2.score?st1.name:st2.name));
}
```

▶ **解**：先声明结构体类型 STUD，在主函数中定义了它的两个变量 st1 和 st2，前者同时进行初始化，后者采用各成员赋值的方式置初值（注意，先要给 st2.name 分配指向空间后再赋值），最后输出 score 较大者的 name 成员。输出结果为 Mary。

【例 7-1-15】分析以下程序的输出结果。

```
#include <stdio.h>
struct STUD
{   int no;
    struct STUD *next;
};
void main()
{   int i; struct STUD st1,st2,st3,*st;
    st1.no=1;st1.next=&st2;
    st2.no=2;st2.next=&st3;
    st3.no=3;st3.next=&st1;
    st=&st1;
    for (i=1;i<4;i++)
    {   printf("%d ",st->no);
        st=st->next;
    }
    printf("\n");
}
```

▶ **解**：先声明结构体类型 struct STUD，在主函数中定义了它的三个变量 st1、st2 和 st3 以及一个指针变量 st，将三个变量通过 next 域链接起来，然后让 st 指向 st1，依次输出各变量的 no 域。输出结果为 1 2 3。

### 5. 程序设计题

【例 7-1-16】利用结构体类型编写一个程序，实现以下功能：

（1）根据输入的日期（年、月、日），求出这天是该年的第几天；

（2）根据输入的年份和天数，求出对应的日期。

▶ **解**：用 daytab 数组存放非闰年和闰年各月份的天数。对于年 year，判断其是否为闰年的条件为：

```
leap=(year%4==0 && year%100!=0 || year%400==0);
```

用一个结构体类型 date 的变量 dt 存放用户输入的日期。程序如下：

```
#include <stdio.h>
```

```c
int daytab[2][13]={{0,31,28,31,30,31,30,31,31,30,31,30,31},
                   {0,31,29,31,30,31,30,31,31,30,31,30,31}};
struct date
{   int year;
    int month;
    int day;
} dt;
int day_of_year(int year,int month,int day)   /*求指定日期的天数*/
{   int i,leap;
    leap=(year%4==0 && year%100!=0 || year%400==0);
    for (i=1;i<month;i++)
        day+=daytab[leap][i];
    return day;
}
void month_day(int year,int yearday,int *pmonth,int *pday)
               /*由年份 year 和天数 yearday 求月份 pmonth 和日号 pday*/
{   int i,leap;
    leap=(year%4==0 && year%100!=0 || year%400==0);
    for (i=1;yearday>daytab[leap][i];i++)
        yearday-=daytab[leap][i];
    *pmonth=i;
    *pday=yearday;
}
void main()
{   int k,days;
    while (1)           /*用户选择：起到菜单的作用*/
    {   printf("1:日期->天数 2:年,天数->日期 其他:退出 选择:");
        scanf("%d",&k);
        if (k==1)
        {   printf("输入日期(年 月 日):");
            scanf("%d%d%d",&dt.year,&dt.month,&dt.day);
            printf("%d 年%d 月%d 日是这一年的第%d 天\n",dt.year,
            dt.month,dt.day,day_of_year(dt.year,dt.month,dt.day));
        }
        else if (k==2)
        {   printf("输入年份 天数:");
            scanf("%d%d",&dt.year,&days);
            month_day(dt.year,days,&dt.month,&dt.day);
            printf("对应日期是%d 年%d 月%d 日\n",dt.year,dt.month,dt.day);
        }
        else break;
    }
}
```

## 7.2 知识点 2：结构体数组和结构体指针

### 7.2.1 要点归纳

**1. 结构体数组**

结构体数组的每一个元素都是结构体变量。

（1）结构体数组的定义

结构体数组的定义格式如下：

```
struct 结构体名 结构体数组名[元素个数];
```

例如，以下语句定义 Student 结构体的一个含 10 个元素的结构体数组 st：

```
struct Student st[10];
```

（2）结构体数组的引用

结构体数组元素的引用方式与前面讨论的关于引用结构体变量的方法相似。

（3）结构体数组的初始化

C 语言中规定只能对全局的或静态结构体数组进行初始化。给结构体数组赋初值的方式与普通数组赋初值的方式相同。只是由于数组中的每个元素都是一个结构体变量，因此要将其成员的值依次放在一对花括号中，以便区分各个元素。

## 2. 结构体指针

结构体指针是一个指针变量，用来指向一个结构体变量，即为指向该变量所分配的存储区域的首地址。结构体指针变量还可以用来指向结构体数组中的元素。

（1）结构体变量指针定义和使用

结构体变量指针是指向一个结构体变量的一个指针。结构体变量指针的一般定义格式如下：

```
struct 结构体类型名 *结构体指针名;
```

例如，以下语句定义了 Student 结构体的一个结构体指针变量：

```
struct Student st,*p=st;
```

其中，p 是一个 Student 结构体变量的指针。

在使用结构体变量指针时应考虑以下几点。

① p 不是结构体变量，因此不能写成 p.age，必须加上圆括号写成(*p).age。为此，C 语言中引入了一个指向运算符"->"连接指针变量与其指向的结构体变量的成员，如(*p).age 可改写为 p->age。

② p 只能指向一个结构体变量，如 p=&st;而不能指向结构体变量中的一个成员，所以 p=&st.age 是错误的。

③ 指向运算符"->"的优先级最高，如：

- p->age+1 相当于(p->age)+1，即返回 p->age 之值加 1 的结果。
- p->age++相当于(p->age)++，即将 p 所指向的结构体的 age 成员值自增 1。

（2）结构体数组指针

一个指针变量可以指向结构体数组，即将该数组的起始地址赋值给该指针变量。这种指针就是结构体数组指针。

例如，以下语句定义了 Student 结构体的一个数组 s 和该数组的指针 p：

```
struct Student s[40],*p=s;
```

其存储结构如图 7.2 所示。从定义上看，它与结构体指针没什么区别，只不过是指向结构体数组。

使用结构体数组指针时应考虑以下几点。

① 当执行p=s语句后，指针p指向s数组的第一个元素；当进行p++后，表示指针p指向下一个元素的起始地址。但要注意下面两种操作的不同之处：

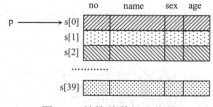

图 7.2  结构体数组和指针

- (++p)->age 先将 p 自增 1，然后取得它指向的元素中的成员 age 的值，即 s[0].age。
- (p++)->age 先取得 p->age 的值，然后再进行 p 自增 1，指向下一个元素 s[1]。

② p只能指向该结构体数组的一个元素，然后用指向运算符"->"取其成员之值，而不能直接指向一个成员。例如，p->age是错误的。

### 7.2.2  例题解析

**1. 单项选择题**

【例 7-2-1】有如下定义：
```
struct person {char name[9];int age;};
struct person class[10]={"Johu",17,"Paul",19,"Mary",18,"Adam",16};
```
根据上述定义，能输出字母M的语句是_____。

　　A. printf("%c\n",class[3].mane);　　　　B. printf("%c\n",class[3].name[1]);
　　C. printf("%c\n",class[2].name[1]);　　　D. printf("%c\n",class[2].name[0]);

▶ 解：class[2]="Mary"，class[2].name[0]='M'。本题答案为 D。

【例 7-2-2】设变量定义如下，则对其中的结构成员 num 正确的引用是_____。
```
struct Student
{   int num;
    char name[20];
    float score;
} stud[10];
```

　　A. stud[1].num=10;　　　　　　　　B. Student.stud.num=10
　　C. struct.stud.num=10;　　　　　　　D. struct Student.num=10;

▶ 解：stud[1].num 表示 stud[1]元素的 num 成员，它是 int 类型，可以置为 10。本题答案为 A。

【例 7-2-3】若有以下语句，则表达式_____中的值为 101。
```
struct we
{   int a;
    int *b;
} *p;
int x0[]={11,12},x1[]={31,32};
```

```
static struct we x[2]={100,x0,300,x1};
p=x;
```

    A. *p->b             B. p->a             C. ++p->a             D. (p++)->a

▶ 解：选项 A、B、C、D 表达式之值分别为 11、100、101、100。本题答案为 C。

【例 7-2-4】有以下结构体声明和变量的定义，且如图 7.3 所示指针 p 指向变量 a，指针 q 指向变量 b。则不能把结点 b 连接到结点 a 之后的语句是_____。

```
struct node
{   char data;
    struct node *next;
} a,b,*p=&a,*q=&b;
```

    A. a.next=q;        B. p.next=&b;        C. p->next=&b;        D. (*p).next=q;

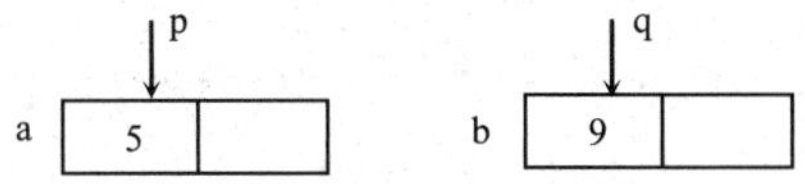

图 7.3    p 和 q 指针示意图

▶ 解：p 是结构体变量指针，p.next 用法错误。本题答案为 B。

【例 7-2-5】设有如下定义：

```
struct ss
{   char name[10];
    int age;
    char sex;
} std[3],*p=std;
```

下面各输入语句中错误的是_____。

    A. scanf("%d",&(*p).age);             B. scanf("%s",&std.name);
    C. scanf("%c",&std[0].sex);            D. scanf("%c",&(p->sex));

▶ 解：name 成员是数组，本身为地址，不需再加取地址运算符&。本题答案为 B。

【例 7-2-6】设有以下语句：

```
struct st
{   int n;
    struct st *next;
};
static struct st a[3]={5,&a[1],7,&a[2],9,'\0'},*p;
p=&a[0];
```

则表达式_____的值是 6。

    A. p++->n             B. p->n++             C. (*p).n++             D. ++p->n

▶ 解：选项 A、B、C、D 的值分别为 5、5、5、6。本题答案为 D。

【例 7-2-7】以下程序的输出结果是_____。

```
#include <stdio.h>
struct HAR
{   int x,y;
    struct HAR *p;
} h[2];
void main()
```

```
{   h[0].x=1;h[0].y=2;
    h[1].x=3;h[1].y=4;
    h[0].p=&h[1];
    h[1].p=h;
    printf("%d %d\n",(h[0].p)->x,(h[1].p)->y);
}
```

  A. 1 2      B. 2 3      C. 1 4      D. 3 2

▶ **解**：先定义结构体数组 h，将 h[0]的 p 指针指向 h[1]，h[1]的 p 指针指向 h 或 h[0]，然后输出(h[0].p)->x 即 h[1]->x（=3）、(h[1].p)->y 即 h[0]->y（=2）的值。本题答案为 D。

【例 7-2-8】下面程序的输出结果为_____。

```
#include <stdio.h>
struct st
{   int x;
    int *y;
} *p;
int dt[4]={10,20,30,40};
struct st aa[4]={50,&dt[0],60,&dt[1],70,&dt[2],80,&dt[3]};
void main()
{   p=aa;
    printf("%d,",++p->x);
    printf("%d,",(++p)->x);
    printf("%d\n",++(*p->y));
}
```

  A. 10,20,20    B. 50,60,21    C. 51,60,21    D. 60,70,31

▶ **解**：先定义结构体数组 aa，并置初值。在表达式++p->x 中，运算符"->"的优先级较"++"高，先计算 p->x 返回 50，再计算++，返回 51。在表达式(++p)->x 中，由于有括号，先计算(++p)，返回指向 aa[1]的指针，再计算->，返回 a[1].x 的值，即 60。在表达式++(*p->y)中，p 指向 a[1]，p->y 指向 dt[1]，*p->y 返回 20，再计算++，返回 21。本题答案为 C。

### 2. 填空题

【例 7-2-9】有以下定义语句，可用 a.day 引用结构体成员 day，请写出引用结构体成员 a.day 的其他两种形式_____、_____。

```
struct
{   int day;
    char mouth;
    int year;
} a,*b; b=&a;
```

▶ **解**：本题答案为(*b).day 和 b->day。

【例 7-2-10】有如下定义：

```
struct
{   int x;
    char *y;
} tab[2]={{1,"ab"},{2,"cd"}},*p=tab;
```

则：表达式*p->y 的结果是___①___；表达式*(++p)->y 的结果是___②___。

▶ **解**：运算符"->"的优先级最高，故表达式*p->y 等价于*(tab[0].y)='a'（在初始化后实际只有一个字符'a'赋给 y）；表达式*(++p)->y 等价于*(tab[1].y)='c'（在初始化后实际只有一个字符'c'赋给y）。本题答案为①'a' ②'c'。

**【例 7-2-11】** 有如下定义：

```
struct
{   int x;
    int y;
} s[2]={{1,2},{3,4}},*p=s;
```

则：表达式++p->x的结果是___①___；表达式(++p)->x的结果是___②___。

▶ **解**：运算符"->"的优先级比"++"高，故表达式++p->x 等价于++(p->x)，这里 p->x 为 1，自增后为 2；表达式(++p)->x 等价于 s[1].x，即为 3。本题答案为①2 ②3。

**【例 7-2-12】** 下列程序正确的运行结果是_____。

```
#include <stdio.h>
struct s
{   int n;
    int *m;
} *p;
int d[5]={30,10,40,20,50};
struct s arr[5]={300,&d[0],100,&d[1],400,&d[2],200,&d[3],500,&d[4]};
void main()
{   p=arr;
    printf("%d,",++p->n);
    printf("%d,",(++p)->n);
    printf("%d\n",++(*p->m));
}
```

▶ **解**：对于表达式++p->n，先加后用，p->n=301，返回 301。对于表达式(++p)->n，使p指向arr的下一个元素即arr[1]，返回n成员，即 100。对于表达式++(*p->m)，p指向arr[1]，p->m为d[1]的地址，*p->m返回d[1]之值 10，然后自加 1，返回 11。程序的输出结果为 301,100,11。

**【例 7-2-13】** 以下程序的执行结果是_____。

```
#include <stdio.h>
struct st
{   int x;
    int *y;
} *p;
int s[]={10,20,30,40};
struct st a[]={1,&s[0],2,&s[1],3,&s[2],4,&s[3]};
void main()
{   p=a;
    printf("%d,",p->x);
    printf("%d,",(++p)->x);
    printf("%d,",*(++p)->y);
    printf("%d\n",++(*(++p)->y));
}
```

▶ **解**：a是结构体数组，p是指向a的结构体指针，执行p=a后，p->x=a[0].x=1；对于表达式(++p)->x，p指针加 1 指向a[1]，返回a[1].x的值 2；对于表达式*(++p)->y，p指针加 1 指向a[2]，运算符"->"优先级高于"*"，返回*(&s[2])即s[2]=30；对于表达式++(*(++p)->y)，p指针加 1 指向a[3]，运算符"->"优先级高于"*"，执行*(&s[3])即s[3]=40，最后自加 1，返

- 231 -

回 41。本程序的输出为 1,2,30,41。

3. 判断题

【例 7-2-14】判断以下叙述的正确性。

（1）结构体变量可以作数组元素。
（2）可以把结构体数组元素作为一个整体输出。
（3）结构体数组不可以在定义时进行初始化。
（4）结构体数组中可以包含不同结构体类型的结构体变量。
（5）以下程序的输出结果为 20。

```
#include<stdio.h>
struct S
{   int a,b;
} data[2]={10,100,20,200};
void main()
{   struct S p=data[1];
    printf("%d\n",++(p.a));
}
```

（6）必须先声明结构体类型，才能定义相应的结构体数组。
（7）结构体指针可以存放任一结构体变量的地址。

▶ 解：（1）正确。这样构成结构体数组。
（2）错误。
（3）错误。结构体数组可以在定义时进行初始化。
（4）错误。和普通数组一样，一个结构体数组中所有元素必须具有相同的类型。
（5）错误。该程序的输出结果是 21。
（6）错误。两者可以一起进行。
（7）错误。结构体指针只能存放目标结构体类型的变量的地址。

4. 简答题

【例 7-2-15】说明为什么以下定义是错误的：

```
struct Node1
{   int data;
    struct Node1 next;
}
```

而以下定义却是正确的：

```
struct Node2
{   int data;
    struct Node2 *next;
}
```

▶ 解：Node1 属递归定义，结构体类型不允许递归定义。而Node2 不是递归定义，其中next为指向同类型结构变量的指针，其长度是固定的（32 位机中是 4 个字节）。

【例 7-2-16】假设所使用的计算机为 16 位机，各变量定义如下：

```
struct
{   int i;
```

```
    int j;
} a={0,-1},*p=&a;
unsigned k;
double x;
```

请分别给出下列各表达式的值。

（1）a.i++?a.i--:a.i++

（2）k=a.i--+a.j--

（3）p->i && ~p->j

（4）x=--p->j>>1

（5）++(*p).i,!(*p).j

▶ 解：a.i=0，a.j=-1，p 指向结构体变量 a。

（1）a.i++先用后加，返回 0 为假（a.i=1），计算 a.i++，返回 1。该表达式值为 1。

（2）a.i--先用后减，返回 0（a.i=-1），a.j--先用后减，返回-1，k=a.i--+a.j--=0-1=-1。该表达式值为-1。

（3）p->i 返回 1 为真，~p->j 返回~(-1)即假（0），p->i && ~p->j=0（假）。该表达式值为 0。

（4）--p->j 先减后返回-2，对应的补码=11111111 11111110，执行 ">>" 运算右移一位后变成 11111111 11111111，该补码对应的原码为-1，赋给 double 型变量 x。该表达式值为-1.000000。

（5）++(*p).i,!(*p).j 等价于++p->i,!p->j（是一个逗号表达式）。先执行++p->i 返回 1（p->j=1），!p->j 返回 0。该表达式值为 0。

【例 7-2-17】分析以下程序的运行结果。

```
#include <stdio.h>
struct s
{   int x;
    int *y;
};
int data[5]={10,20,30,40,50};
struct s a[5]={100,&data[0],200,&data[1],
               300,&data[2],400,&data[3],500,&data[4]};
void main()
{   int i=0;
    struct s s_var;
    s_var=a[0];
    printf("%d,",s_var.x);
    printf("%d,",*s_var.y);
    printf("%d,",a[i].x);
    printf("%d,",*a[i].y);
    printf("%d,",++a[i].x);
    printf("%d,",++*a[i].y);
    printf("%d ",a[++i].x);
    printf("%d,",*++a[i].y);
    printf("%d,",(*a[i].y)++);
    printf("%d,",*(a[i].y++));
    printf("%d,",*a[i].y++);
    printf("%d\n",*a[i].y);
}
```

**解**：在定义结构体数组a并初始化之后，a[0].x=100，a[0].y指向10，a[1].x=200，a[1].y指向20，a[2].x=300，a[2].y指向30，a[3].x=400，a[3].y指向40，a[4].x=500，a[4].y指向50，并将a[0]赋值给s_var，此时内存数据的存储情况如图7.4所示。

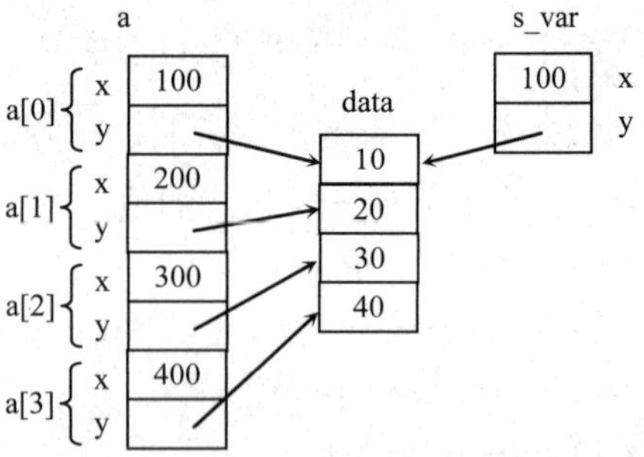

图7.4 内存数据存储情况

s_var.x=a[0].x=100；

*s_var.y=*a[0].y=data[0]=10；

i=0，a[i].x=a[0].x=100；

*a[i].y=*a[0].y=10；

++a[i].x=++a[0].x=101（此后[0].x=101）；

++*a[i].y=++*a[0].y=++data[0]=11（此后 data[0]=11）；

a[++i].x=a[1].x=200（此后 i=1）；

*++a[i].y=*++a[1].y=data[2]=30（此后 a[1].y 指向 data[2]）；

(*a[i].y)++=(*a[1].y)++=data[2]=30（此后 data[2]=31）；

*(a[i].y++)=*(a[1].y++)=data[2]=31（此后 a[1].y 指向 data[3]）；

*a[i].y++=*(a[1].y++)=data[3]=40（此后 a[1].y 指向 data[4]）；

*a[i].y=*(a[1].y)=data[4]=50。

程序输出为 100,10,100,10,101,11,200 30,30,31,40,50。

【例7-2-18】分析以下程序的运行结果。

```
#include <stdio.h>
struct s
{   int x;
    int *y;
} *p;
int data[5]={10,20,30,40,50};
struct s a[5]={100,&data[0],200,&data[1],
               300,&data[2],400,&data[3],500,&data[4]};
void main()
{   p=a;
    printf("%d,",p->x);
    printf("%d,",(*p).x);
    printf("%d,",*p->y);
    printf("%d,",*(*p).y);
    printf("%d,",++p->x);
    printf("%d,",(++p)->x);
    printf("%d,",p->x++);
    printf("%d,",p->x);
    printf("%d,",++(*p->y));
    printf("%d,",++*p->y);
    printf("%d,",*++p->y);
    printf("%d ",p->x);
    printf("%d,",*(++p)->y);
    printf("%d,",p->x);
    printf("%d,",*p->y++);
```

```
        printf("%d,",p->x);
        printf("%d,",*(p->y)++);
        printf("%d,",p->x);
        printf("%d,",*p++->y);
        printf("%d\n",p->x);
}
```

▶ **解**：在定义结构体数组a并初始化之后，a[0].x=100，a[0].y指向10，a[1].x=200，a[1].y指向20，a[2].x=300，a[2].y指向30，a[3].x=400，a[3].y指向40，a[4].x=500，a[4].y指向50。p指向a。

p->x=a[0].x=100；

(*p).x=a[0].x=100；

*p->y=*a[0].y=10；

*(*p).y=*(a[0].y)=10；

++p->x=++a[0].x=101（a[0].x=101）；

(++p)->x=a[1].x=200（p 先加1）；

p->x++=a[1].x=200（a[1].x=201）；

p->x=a[1].x=201；

++(*p->y)=++(*a[1])=++(data[1])=21（data[1]=21）；

++*p->y=++(*a[1].y)=++(data[1])=22（data[1]=22）；

*++p->y=*(++a[1].y)=*(a[2].y)=30；

p->x=a[1].x=201；

*(++p)->y=*(a[2].y)=data[3]=30（p 先加1）；

p->x=a[2].x=300；

*p->y++=*(a[2].y++)=data[3]=30（a[2].y 指向 data[3]）；

p->x=a[2].x=300；

*(p->y)++=*(a[2].y)=data[3]=40（此时 a[2].y 指向 data[4]）；

p->x=a[2].x=300；

*p++->y=*(a[2].y)=data[4]=50（p 后加1）；

p->x=a[3].x=400。

程序输出为 100,100,10,10,101,200,200,201,21,22,30,201,30,300,30,300,40,300,50,400。

【例 7-2-19】给出如下程序的执行结果，并加以分析。

```
#include <stdio.h>
struct tree
{   int x;
    char *y;
    struct tree *tpi;
} t[]={{1,"pascal",0},{3,"basic",0}};
void main()
{   struct tree *p=t;
    char c,*s;
    s=++p->y;
    printf("%s,",s);
    s=++p->y;
```

```
    printf("%s,",s);
    c=*p->y;
    printf("%c,",c);
    c=*p++->y;
    printf("%c,",c);
    c=*p->y++;
    printf("%c,",c);
    c=*p->y;
    printf("%c\n",c);
}
```

▶ **解**：在执行 struct tree *p=t 后，p 指向结构体数组 t 的起始位置，如图 7.5 所示。++p->y 等价于++(p->y)，这时 p->y 是字符串"pascal"的指针，开始指向第一个字符，执行++后指向第 2 个字符，故 s=++p->y 执行后，s="ascal"；同样的理由，执行第 2 个 s=++p->y 后，s="scal"；这时 y 指向"pascal"的第 3 个字符，执行 c=*p->y，则 c='s'；当执行 c=*p++->y 后，p 自增指向 t[1]，但其返回的值仍指向 t[0]，故 c='s'；再执行 c=*p->y++，等价于 c=*((p->y)++)，y 指向"basic"的第一个元素，所以 c='b'，y 自增后指向第 2 个元素'a'；最后执行 c=*p->y，因此，c='a'。程序的执行结果如下：

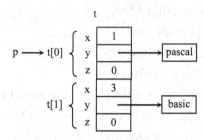

图 7.5 内存数据存储情况

```
ascal,scal,s,s,b,a
```

### 5. 程序设计题

【例 7-2-20】编写一个程序，输入若干人员的姓名及电话号码，以字符'#'表示结束输入。然后输入姓名，查找该人的电话号码。

▶ **解**：用一个结构体数组存放所有输入人员的姓名和电话号码。在输入查找人姓名后，从头到尾在该数组中顺序查找。一旦找到了，输出其电话号码，若找到末尾仍没有该姓名的元素，则显示相应信息。程序如下：

```
#include <stdio.h>
#include <string.h>
#define MAX 100
void search(struct telephone b[],char *x,int n);
struct telephone
{   char name[10];
    char telno[20];
}
void main()
{   struct telephone s[MAX];
    int i=0;
    char na[10],tel[20];
    while (1)
    {   printf("输入姓名:");
        gets(na);
        if (strcmp(na,"#")==0)
            break;
```

```
            printf("输入电话号码:");
            gets(tel);
            strcpy(s[i].name,na);
            strcpy(s[i].telno,tel);
            i++;
        }
        printf("查找的姓名:");
        gets(na);
        search(s,na,i);
}
void search(struct telephone b[],char *x,int n)
{   int i=0;
    while (strcmp(b[i].name,x)!=0 && i<n)
        i++;
    if (i<n) printf("电话号码是:%s\n", b[i].telno);
    else printf("没有找到!\n");
}
```

## 7.3 知识点3：函数之间结构体变量的数据传递

### 7.3.1 要点归纳

**1. 结构体变量在函数间的传递**

和其他变量一样，结构体变量也可以作为函数参数，用于在函数之间传递数据。结构体变量的数据传递有以下两种方式。

（1）传值方式

采用传值方式时，被调用的函数的相应形参也是具有相同结构体类型的结构体变量。在函数调用的程序控制转移的同时，实参的结构体变量赋给形参的结构体变量，实际上完成的是两个结构体变量的对应成员项之间的数据复制。

（2）传地址方式

采用传地址方式时，函数中用指向相同结构体类型的指针作为形参接收该地址值。然后在函数中通过这个结构体指针来处理结构体中的各项数据。

**2. 结构体数组在函数间的传递**

当需要把多个结构体作为一个参数向函数传递时，应该把它们组织成结构体数组。函数间传递结构体数组时，一般采用地址传递方式，即把结构体数组的存储首地址作为实参。在调用的函数中，用同样结构体类型的结构体指针作为形参接收传递的地址值。

### 7.3.2 例题解析

**1. 单项选择题**

【例7-3-1】有以下程序：
```
#include <stdio.h>
struct stu
```

```
{   int num;
    char name[10];
    int age;
};
void fun(struct stu *p)
{   printf("%s\n",(*p).name);
    }
void main()
{   struct stu students[3]={{9801,"Zhang",20},
                            {9802,"Wang",19},
                            {9803,"Zhao",18}};
    fun(students+2);
}
```

输出结果是_____。

  A. Zhang      B. Zhao      C. Wang      D. 18

▶ **解**：实参students+2 指向students[2]。本题答案为B。

【例 7-3-2】有以下程序：

```
#include <stdio.h>
struct STU
{   char name[10];
    int num;
};
void f1(struct STU c)
{   struct STU b={"LiSiGuo",2042};
    c=b;
}
void f2(struct STU *c)
{   struct STU b={"SunDan",2044};
    *c=b;
}
void main()
{   struct STU a={"YangSan",2041},b={"WangYin",2043};
    f1(a);
    f2(&b);
    printf("%d %d\n",a.num,b.num);
}
```

执行后的输出结果是_____。

  A. 2041 2044    B. 2041 2043    C. 2042 2044    D. 2042 2043

▶ **解**：函数f1 形参为结构体变量，不会回传形参的值给实参，而函数f2 形参为结构体指针变量，会回传形参的值给实参。本题答案为A。

### 2. 填空题

【例 7-3-3】以下程序的功能是先输入20 个人的姓名和他们的电话号码（7 位数字），然后输入姓名，查找该人的电话号码，请填空。

```
#include <stdio.h>
#include <string.h>
struct ph
{   char name[10];
    char tel[8];
```

```
};
void main()
{    ① s[20];
    void readin(struct ph *p);
    void search(struct ph *p,char *x);
    char c[10];
    readin(s);
    printf("请输入被查人的姓名:\n");
    gets( ② );
    search(s,c);
}
void readin(struct ph *p)
{    int i;
    for(i=0;i<20;i++,p++)
    {    printf("请输入姓名:");
        gets( ③ );
        printf("请输入他的电话号码:");
        gets( ④ );
    }
}
void search(struct ph *p, char *x)
{    int i;
    for(i=0;i<20;i++,p++)
        if(strcmp( ⑤ )==0)
        {    printf("%s 的电话号码是%s\n",x,p->tel);
            break;
        }
        if(i==3)
            printf("找不到%s 的电话号码!\n",x);
}
```

▶ 解：s 是一个结构体数组，readin 和 search 函数中形参 p 是 s 的指针。本题答案为① struct ph ②c ③p->name ④p->tel ⑤p->name,x。

### 3. 判断题

**【例 7-3-4】** 判断以下叙述的正确性。

（1）结构体变量作为参数时是地址传递。

（2）指向结构体变量的指针可以作函数参数，实现传址调用。

▶ 解：（1）错误。结构体变量作为参数时是值传递。

（2）正确。

### 4. 简答题

**【例 7-3-5】** 以下程序用于输入两个学生的学号和姓名，然后输出。指出并改正程序中的错误。

```
#include <stdio.h>
struct Stud
{    int no;
    char name[10];
};
void disp(struct Stud s)
```

```
{   printf("%s(%d) ",s.name,s.no);
}
void input(struct Stud s)
{   printf("学号:");
    scanf("%d",&s.no);
    printf("姓名:");
    scanf("%s",s.name);
}
void main()
{   struct Stud s[2];
    int i;
    for (i=0;i<2;i++)
        input(s[i]);
    for (i=0;i<2;i++)
        disp(s[i]);
    printf("\n");
}
```

▶ **解**：主函数中调用 input 函数的实参 s[i] 不会回传，应改为指针型参数。修改后的程序如下：

```
#include <stdio.h>
struct Stud
{   int no;
    char name[10];
};
void disp(struct Stud s)
{   printf("%s(%d) ",s.name,s.no);   }
void input(struct Stud *s)
{   printf("学号:");
    scanf("%d",&s->no);
    printf("姓名:");
    scanf("%s",s->name);
}
void main()
{   struct Stud s[2];
    int i;
    for (i=0;i<2;i++)
        input(&s[i]);
    for (i=0;i<2;i++)
        disp(s[i]);
    printf("\n");
}
```

【例 7-3-6】分析以下程序的输出结果。

```
#include <stdio.h>
struct Stud
{   int no;
    char name[10];
    struct Stud *next;
};
void fun(struct Stud *s)
{   s=s->next;
}
void main()
```

```
{   int i;
    struct Stud s[2]={{1,"Mary"},{2,"Smith"}};
    struct Stud *h;
    s[0].next=&s[1];
    s[1].next=&s[0];
    h=&s[0];
    fun(h);
    for (i=0;i<2;i++)
    {   printf("%s(%d) ",h->name,h->no);
        h=h->next;
    }
    printf("\n");
}
```

▶ **解**：定义一个结构体数组s，s[0]的next成员指向s[1]，s[1]的next成员指向s[0]，构成一个循环结构，h是结构体指针变量，先指向s[0]，调用fun，由于是传值方式（这里的值是地址），所以不会回传改变h的值，h仍指向s[0]。程序输出为Mary(1)  Smith(2)。

提示

不要以为形参是地址，就一定回传给实参。本例中实参h是地址，它是以值的形式传递的，所以函数调用后不会改变h的值。要想改变h的值，需将fun函数改为：
```
void fun(struct Stud **s)   //s为二级指针
{   *s=(*s)->next;  }
```
相应的函数调用改为fun(&h)，这样h的值发生改变，指向s[1]，程序输出结果为Smith(2) Mary(1)。

【例7-3-7】分析以下程序的输出结果。

```
#include <stdio.h>
struct Stud
{   int no;
    char name[10];
    struct Stud *next;
};
void fun(struct Stud *s)
{   int i;
    for (i=0;i<2;i++)
    {   printf("%s(%d) ",s->name,s->no);
        s=s->next;
    }
    printf("\n");
}
void main()
{   struct Stud s[2]={{1,"Mary"},{2,"Smith"}};
    struct Stud *h;
    s[0].next=&s[1];
    s[1].next=&s[0];
    h=&s[0];
    fun(h);
}
```

▶ **解**：定义一个结构体数组s，s[0]的next成员指向s[1]，s[1]的next成员指向s[0]，h是结构体指针变量，先指向s[0]，调用fun，由于是传址方式，在fun函数中输出所有数组元素的值。程序输出为Mary(1) Smith(2)。

## 7.4 知识点4：结构体的应用——链表

### 7.4.1 要点归纳

链表是指将若干个数据项按一定的原则连接起来的表。链表中的每一个数据（可能包含多个成员项）称为结点。链表的连接原则是：前一个结点指向下一个结点；只有通过前一个结点才能找到下一个结点。本节都是讨论单链表的运算，有关双链表和循环链表请参见相关数据结构教程。

为了实现链表操作，需要动态地分配和释放内存空间。一般来说，C语言提供了两个动态分配和释放内存空间的函数，即malloc()和free()。它们的声明在stdlib.h（Turbo C系统）或malloc.h（VC++系统）中。

由于malloc函数返回的指针为void *（无值型指针），故在调用函数时，必须使用强制类型转换将其转换成所需的类型。例如，要使p指向一个float类型的存储单元：

```
float *p;
p=(float *)malloc(sizeof(float));
```

本节以学生链表为例讨论单链表的一般运算算法的实现过程。学生链表的结构如下：

```
struct Stud                /*定义链表结构*/
{   int no;                /*学号*/
    int score;             /*分数*/
    struct Stud *next;     /*指针域*/
};
```

为了方便，链表带有一个头结点（实际上，对于不带头结点的链表，可以为它临时创建一个头结点，头结点不存放有效的数据，主要是为了方便插入和删除运算的实现，有时把除头结点之外的其他结点称为数据结点），如图7.6所示是一个带头结点*h的单链表，真正存放数据是从*h之后的结点开始的，所以通常只对存放实际数据的结点进行编号，在图7.6中，(1，90)的结点为第1个结点，(2，72)的结点为第2个结点，(3，85)的结点为第3个结点，也是最后结点，其next域置为"∧"，表示空。

图7.6 带头结点的单链表

#### 1. 建立链表

函数create()采用尾插法建立一个学生链表。先建立头结点*head，用t始终指向尾结点，用户输入学号和分数，当不为（0,0）时，新建一个存放该数据的结点*p，并将其链接到*t结点之后，直到用户输入（0,0）为止，最后置尾结点的next域为NULL，并返回所建链表的头结点指针h。对应的函数如下：

```
struct Stud *create()            /*指针型函数*/
{   struct Stud *h,*t,*p;
```

```
    int n,s;
    h=(struct Stud *)malloc(sizeof(struct Stud));
    t=h;                           /*t 始终指向新建链表的尾结点*/
    while (1)
    {   printf("学号 分数:");
        scanf("%d%d",&n,&s);
        if (n==0 && s==0)          /*输入 0,0 时退出循环*/
            break;
        else
        {   p=(struct Stud *)malloc(sizeof(struct Stud));/*建新结点*/
            p->no=n; p->score=s;;
            t->next=p; t=p;
        }
    }
    t->next=NULL;                  /*将尾结点的 next 域置为 NULL*/
    return h;                      /*返回头结点指针*/
}
```

### 2. 显示链表

以下函数disp()用于显示头结点为*h的链表的所有结点数据域。采用的方法从第一个数据结点开始逐个扫描，直到单链表扫描结束，扫描的同时输出结点的数据值。

```
void disp(struct Stud *h)
{   struct Stud *p=h->next;     /*p 指向链表的第一个数据结点*/
    printf("输出链表:");
    if (p==NULL) printf("空表\n");
    else
    {   while (p!=NULL)
        {   printf("(%d,%d) ",p->no,p->score);
            p=p->next;
        }
        printf("\n");
    }
}
```

### 3. 查找结点

以下函数locate()用于在头结点为*h的链表中查找学号等于n的结点，并返回该结点的指针。从第一个数据结点开始扫描，若当前扫描的结点是要找的结点，返回其地址。

```
struct Stud *locate(struct Stud *h,int n)
{   struct Stud *p=h->next; /*p 指向链表的第一个数据结点*/
    while (p!=NULL && p->no!=n)
        p=p->next;
    return p;
}
```

### 4. 插入结点

以下函数用于在头结点为*h的链表中插入一个结点（其no域值为n，score域值为s）作为第i（1≤i≤n+1）个结点。先建立要插入的结点*p，查找到第i-1个结点*q，将*q结点插入到*p结点之后的步骤为q->next=p;p->next=q;，这两步一定不能颠倒。

```
int insnode(struct Stud *h,int i,int n,int s)
{   struct Stud *p,*q; int j;
```

```
        p=(struct Stud *)malloc(sizeof(struct Stud));   /*创建新结点*/
        p->no=n; p->score=s;
        if (i<1) return 0;                    /*i 错误,不能插入*/
        q=h; j=1;
        while (q!=NULL && j<i)                /*找第 i-1 个结点*q*/
        {   q=q->next; j++;  }
        if (q==NULL) return 0;                /*没有第 i-1 个结点时返回 0*/
        p->next=q->next;                      /*将*p 插到*q 之后*/
        q->next=p;
        return 1;                             /*成功插入返回 1*/
    }
```

### 5. 删除结点

以下函数用于在头结点为*h的链表中删除第i（1≤i≤n）个结点。先找到第i-1结点*q，p=q->next，让p指向被删结点，然后执行q->next=p->next;和free(p);语句从单链表中删除*p结点并释放其占用的存储空间。

```
int delnode(struct Stud *h,int i)
{   struct Stud *p,*q; int j;
    if (i<1) return 0;                    /*i 错误,不能删除*/
    q=h; j=1;
    while (q!=NULL && j<i)                /*找第 i-1 个结点*q*/
    {   q=q->next; j++;  }
    if (q==NULL) return 0;                /*没有第 i-1 个结点时返回 0*/
    p=q->next;                            /*p 指向第 i 个结点*/
    if (p==NULL) return 0;                /*没有第 i 个结点时返回 0*/
    q->next=p->next;                      /*删除第 i 个结点*/
    free(p);                              /*释放第 i 个结点的空间*/
    return 1;                             /*成功删除返回 1*/
}
```

### 6. 释放链表

以下函数用于释放头结点为*h的链表。p扫描所有结点：p指向当前结点，q指向*p结点的后一个结点，删除*p结点，p、q同步后移一个结点。

```
void freelist(struct Stud *h)
{   struct Stud *p=h,*q=h->next;
    while (q!=NULL)
    {   free(p);
        p=q;q=q->next;
    }
    free(q);                              /*释放最后一个结点*/
}
```

## 7.4.2 例题解析

### 1. 单项选择题

【例7-4-1】若已建立如图7.7所示的单链表结构，在该链表结构中，指针p、s分别指向图中所示结点，则不能将s所指的结点插入到链表末尾仍构成单链表的语句是_____。

A. p=p->next;s->next=p;p->next=s;

B. p=p->next;s->next=p->next; p->next=s;

C. s->next=NULL; p=p->next; p->next=s;

D. p=(*p).next; (*s).next=(*p).next; (*p).next=s;

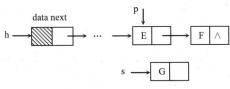

图 7.7　一个单链表的结构

**解**：选项A中，执行p=p->next;让p指向尾结点，执行s->next=p;p->next=s;让两结点的next域相互指向对方，不能构成一个正确的单链表。本题答案为A。

【例 7-4-2】若有以下定义：

```
struct link
{   int data;
    struct link *next;
} a,b,c,*p,*q;
```

且变量a和b之间已有如图 7.8 所示的链表结构。指针p指向变量a，q指向变量c。则能够把c插入到a和b之间并形成新的链表的语句是_____。

A. a.next=c;c.next=b;　　　　　　　　B. p.next=q;q.next=p.next;

C. p->next=&c;q->next=p->next;　　　D. (*p).next=q;(*q).next=&b;

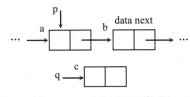

图 7.8　一个单链表的结构

**解**：注意c结点由q指针所指向，即q与&c相等。本题答案为C。

【例 7-4-3】有以下程序：

```
#include <stdio.h>
#include <malloc.h>
struct NODE
{   int num;
    struct NODE *next;
};
void main()
{   struct NODE *p,*q,*r;
    p=(struct NODE*)malloc(sizeof(struct NODE));
    q=(struct NODE*)malloc(sizeof(struct NODE));
    r=(struct NODE*)malloc(sizeof(struct NODE));
    p->num=10;  q->num=20;  r->num=30;
    p->next=q;  q->next=r;  r->next=NULL;
    printf("%d\n",p->num+q->next->num);
}
```

程序运行后的输出结果是_____。

　　A. 10　　　　　　B. 20　　　　　　C. 30　　　　　　D. 40

▶ 解：建立 3 个结点，分别由p、q、r所指向，然后构成一个单链表，输出p所指结点和r所指结点的num成员之和。本题答案为D。

### 2. 填空题

【例7-4-4】现有如图7.9所示的存储结构，每个结点含两个域，data是指向字符串的指针域，next是指向结点的指针域。请填空完成此结构的类型定义。

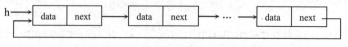

图7.9　一个循环单链表的结构

```
struct link
{    ①  ;
     ②  ;
} *h;
```

▶ 解：循环单链表的结点类型与一般单链表的结点类型相同。本题答案为①char *data ②struct link *next。

【例7-4-5】设有以下定义：

```
struct node
{   int data;
    struct node *next;
} x,y,z;
```

且已建立如图7.10所示的链表结构，请写出删除y结点的赋值语句_____。

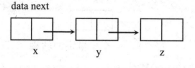

图7.10　一个单链表的结构

▶ 解：直接修改x结点的next成员即可。本题答案为x.next=&z或x.next=y.next。

【例7-4-6】以下程序建立了一个带有头结点的单链表，链表结点中的数据通过键盘输入，当输入数据为-1时，表示输入结束（链表头结点*ph的data域不放数据，表空的条件是ph->next==NULL）。请填空。

```
#include <stdio.h>
#include <malloc.h>
struct list
{   int data;
    struct list *next;
};
  ①  creatlist()
{   struct list *p,*q,*ph;
    int a;
    ph=(struct list *) malloc(sizeof(struct list));
    q=ph;
```

```
        printf("输入一个整数，输入-1表示结束:");
        scanf("%d",&a);
        while(a!=-1)
        {   p=(struct list *)malloc(sizeof(struct list));
            p->data=a;
            q->next=p;  ②  =p;
            scanf("%d",&a);
        }
        q->next=NULL;
        return(ph);
    }
    void main()
    {   struct list *head;
        head=creatlist();
    }
```

> **解**：采用尾插法建表，q始终指向新建链表的尾结点。本题答案为①struct list * ②q。

**【例 7-4-7】** 下面 MIN3 函数的功能是：计算如图 7.11 所示的循环单链表 first（不带头结点，至少有 3 个以上的结点）中每 3 个相邻结点数据域中值的和（假设结点个数为 3 的倍数），返回其中最小的值。请填空。

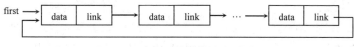

图 7.11 一个循环单链表的结构

```
struct node
{   int data;
    struct node * link;
};
int MIN3(struct node * first)
{   int m,m3;
    struct node *p=first;
    m=m3=p->data+p->link->data+p->link->link->data;
    for(p=p->link;p!=first;p=  ①  )
    {   m=p->data+p->link->data+p->link->link->data;
        if (  ②  ) m3=m;
    }
    return(m3);
}
```

> **解**：扫描整个循环单链表，用m3记录3个相邻结点数据域之和的最小值，用m记录当前3个相邻结点数据域之和，当m<m3时，则m3=m。本题答案为①p->link->link->link ②m<=m3 或m3>=m。

### 3. 程序设计题

**【例 7-4-8】** 编写一个程序，读入一行字符，且每个字符存入一个结点，按输入顺序建立一个链表的结点序列，然后再按相反顺序输出并释放全部结点。

> **解**：采用getchar()函数接收字符，同时以前插方式建立一个链表，然后从前向后输出结点的info域值。对应的程序如下：

```
#include <stdio.h>
#include <malloc.h>
void main()
{   struct node
    {   char info;
        struct node *link;
    } *top,*p;
    char c;
    printf("输入一行字符:");
    top=NULL;
    while ((c=getchar())!='\n')
    {   p=(struct node *)malloc(sizeof(struct node));   /*建立一个结点*/
        p->info=c;
        p->link=top;                        /*将*p 结点插入到*top 之前*/
        top=p;                              /*top 始终指向第一个结点*/
    }
    printf("输出结果:");
    while (top!=NULL)
    {   p=top;
        top=p->link;
        printf("%c",p->info);
        free(p);
    }
    printf("\n");
}
```

【例 7-4-9】有若干个班，每个班的学生人数不等，每个学生含姓名、分数数据。编写一个程序，输入各班学生姓名和分数后，统计各班平均分并输出各班学生分数及平均分。

▶ 解：由于班个数与每班学生人数不定，为了节省内存，可以采用单链表存储数据，其结构如图 7.12 所示，左边自上到下为一个班号链表，存放各班的班号、平均分以及相关指针域，为了方便起见，该链表有一个表头结点*h；每条自左向右的链表存放一个班的学生数据。约定自左向右的指针为 hnext（水平方向），自上向下的指针为 vnext（垂直方向）。对应的程序如下：

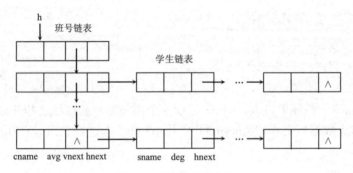

图 7.12 学生链表结构

```
#include <stdio.h>
#include <string.h>
typedef struct student                  /*每个学生结点的结构*/
{   char sname[10];                     /*学生姓名*/
    int deg;                            /*分数*/
    struct student *hnext;              /*指向该班的下一个学生结点*/
```

```c
} Stud;
typedef struct classn                              /*每个班号结点的结构*/
{   char cname[10];                                /*班号*/
    float avg;                                     /*平均分*/
    struct classn *vnext;                          /*指向下一个班号链表的头结果点*/
    Stud *hnext;                                   /*指向该班的第1个学生结点*/
} Classn;
Classn *input()                                    /*采用尾插法建立学生链表*/
{   Classn *h,*p,*q;
    Stud *s,*t;
    char cn[10],sn[10];
    int n,i;
    h=(Classn *)malloc(sizeof(Classn));            /*创建班名链表的头结点*/
    h->vnext=NULL;h->hnext=NULL;
    p=h;
    while (1)
    {   printf("输入班号(以*结束):");
        scanf("%s",cn);
        if (strcmp(cn,"*")==0) break;
        q=(Classn *)malloc(sizeof(Classn));        /*创建一个班号结点*/
        strcpy(q->cname,cn);
        q->vnext=NULL;q->hnext=NULL;
        p->vnext=q;p=q;                            /*p 始终指向班名链表的尾结点*/
        i=1;
        while (1)
        {   printf("  %s 班学生%d 姓名(以*结束):",cn,i);
            scanf("%s",sn);
            if (strcmp(sn,"*")==0) break;
            printf("  %s 班学生%d 分数:",cn,i++);
            scanf("%d",&n);
            s=(Stud *)malloc(sizeof(Stud));        /*创建一个学生结点*/
            strcpy(s->sname,sn);
            s->deg=n;
            s->hnext=NULL;
            if (i==2)                              /*本班第1个学生*/
            {   q->hnext=s; t=s;  }
            else
            {   t->hnext=s; t=s;  }
        }
    }
    return h;
}
void average(Classn *h)                            /*求各班平均分*/
{   Classn *p=h->vnext;
    Stud *s;
    int num,sum;
    while (p!=NULL)
    {   s=p->hnext; num=sum=0;
        while (s!=NULL)
        {   num++;
            sum+=s->deg;
            s=s->hnext;                            /*水平方向查找下一个学生结点*/
        }
        p->avg=1.0*sum/num;
```

```
            p=p->vnext;                    /*垂直方向查找下一个班号结点*/
        }
}
void display(Classn *h)                    /*输出学生数据*/
{   Classn *p=h->vnext;
    Stud *s;
    printf("输出结果:\n");
    while (p!=NULL)
    {   printf(" 班号:%s    平均分:%g\n",p->cname,p->avg);
        printf("       ");
        s=p->hnext;
        while (s!=NULL)
        {   printf("%s(%d) ",s->sname,s->deg);
            s=s->hnext;                    /*水平方向查找下一个学生结点*/
        }
        p=p->vnext;                        /*垂直方向查找下一个班号结点*/
        printf("\n");
    }
}
void main()
{   Classn *h;
    h=input();                             /*建立学生链表结构*/
    average(h);                            /*求各班平均分*/
    display(h);                            /*输出学生数据*/
}
```

【例7-4-10】假设每行文字长度不超过 80 个字符，每个单词由空格、\t 或\n 分隔，单词长度不超过 20 个字符。现要求从键盘上任意输入一段英文文字，当输入"stop"后，结束输入过程。请编程统计在这段文字中每个单词出现的次数。例如，输入了下面一段文字（3 行）：

aaa    bbb    cc    sss    123    4567    cc
456    4567   aaa   cc     sss    123     123
123    stop

统计后的输出为：

aaa(2) bbb(1) cc(3) sss(2) 123(4) 4567(2) 456(1)

▶ 解：采用自定义的结构类型，该结构包括 3 个成员，count 为出现本单词的个数；data 为字符数组，存放本单词；next 为指向下一个结点的指针。根据用户输入创建一个单链表，其中结点 data 成员不重复出现。对应的程序如下：

```
#include <stdio.h>
#include <string.h>
typedef struct node
{   int count;
    char data[20];
    struct node *next;
} stype;
stype *create()                            /*创建单链表*/
{   char str[20];
    stype *h=NULL,*r,*s,*p;
    printf("输入字符串(以 stop 标记结束):\n");
    while (1)
```

```
        { scanf("%s",str);
            if (strcmp(str,"stop")==0)
                break;
            p=h;
            while (p!=NULL && strcmp(p->data,str)!=0)
                p=p->next;
            if (p!=NULL)              /*在单链表中找到了,则count成员增1*/
                p->count++;
            else                      /*未找到,则创建一个新结点链到单链表末尾*/
            { s=(stype *)malloc(sizeof(node));
                s->count=1;strcpy(s->data,str);s->next=NULL;
                if (h==NULL)
                {   h=s;
                    r=s;              /*h指向单链表第一个结点 */
                }
                else
                {   r->next=s;
                    r=s;              /*r始终指向最后一个结点 */
                }
            }
        }
    return h;
}
void disp(stype *p)
{   if (p==NULL) printf("空表\n");
    else
        while (p!=NULL)
        { printf("%s(%d) ",p->data,p->count);
            p=p->next;
        }
    printf("\n");
}
void main()
{   stype *p;
    p=create();
    printf("输出单链表:\n   ");
    disp(p);
}
```

【例7-4-11】假定一个带头结点*h的单链表的结点结构如下:

```
struct node
{   int data;
    struct node *next;
}
```

编写一个函数,删除data成员等于x的所有结点。

▶ 解:从头开始扫描单链表,q始终指向当前结点*p的前一个结点,当p所指结点满足条件时,使用语句q->next=p->next删除p所指结点。函数如下:

```
struct node *delnode(struct node *h,int x)
{   struct node *p,*q;
    p=h->next;q=h;
    while (p!=NULL)
    {   if (p->data==x)
        {   q->next=p->next;         /*删除p所指结点*/
```

```
            free(p);                    /*释放*p结点所占的空间*/
            p=q->next;                  /**p结点后移一个结点*/
        }
        else
        {   q=p;                        /*q始终指向*p结点的前一个结点*/
            p=p->next;                  /*p后移一个结点*/
        }
    }
    return h;
}
```

**【例7-4-12】**编写一个程序求解约瑟夫问题。有n个小孩围成一圈，给他们从1开始依次编号，现指定从第w个小孩开始报数，报到第s个时，该小孩出列，然后从下一个小孩开始报数，仍是报到第s个时出列，如此重复下去，直到所有的小孩都出列，求小孩出列的顺序。

**解**：对于输入的n，建立一个首尾相连的循环单链表，所有结点的num域值从1到n。置出列结点数count为0。从第w个小孩开始报数，报到第s个时，输出该结点的num值，将其num域值置为0表示已出列，从下一个结点开始继续找，直到count=n为止。对应的程序如下：

```
#include <stdio.h>
#define M 100
void main()
{   struct child
    {   int next;
        int num;
    } link[M];
    int i,k,n,w,s,count;
    printf("小孩个数 n=");
    scanf("%d",&n);
    printf("开始报数编号 w=");
    scanf("%d",&w);
    printf("报到第几个出列 s=");
    scanf("%d",&s);
    for (i=0;i<n;++i)              /*给小孩编号,并把下一个小孩的编号赋给next域*/
    {   if (i==n-1)
            link[i].next=0;        /*构成一个循环单链表*/
        else
            link[i].next=i+1;
        link[i].num=i+1;
    }
    printf("出列顺序:");
    for (i=0; i<n; i++)            /*找编号为w的小孩*/
        if(link[i].num==w)
            break;
    k=i;
    count=0;                       /*存储出列的小孩个数*/
    while (count!=n)
    {   i=0;
        while (i!=s)               /*找下一个出列的编号k*/
        {   k=link[k].next;
            if (link[k].num!=0) ++i;
        }
        printf("%3d",link[k].num);
```

```
        link[k].num=0;                           /*为0表示已出列*/
        ++count;
        if (count%10==0)                         /*每10个元素显示一行*/
            printf("\n");
    }
}
```

**【例 7-4-13】** 编写一个程序对某电码文（原文）进行加密并形成密码文。其加密算法如下：

假定原文为$C_1C_2C_3\cdots C_n$，加密后产生的密文为$S_1S_2S_3\cdots S_n$，首先读入正整数key（key>1）作为加密钥匙，并将密文字符位置按顺时针方向连成一个环，如图7.13所示。

加密时从$S_1$位置起顺时针计数，当数到第key个字符位置时，将原文中的字符$C_1$放入该密文字符位置中，同时从环中除去该字符位置。接着，从环中下一个字符位置起继续计数，当

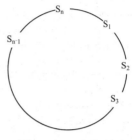

图7.13  一个密文环

再次数到第key个字符位置时，将原文中的字符$C_2$放入其中，并从环中除去该字符位置；依此类推，直到n个原文字符全部放入密文环中。由此产生$S_1S_2S_3\cdots S_n$，即为原文的密文。

**解**：将电码原文放在字符数组ocode中，加密钥匙放在key中。函数decode()用于将原文ocode加密并返回密文字符数组的首指针，其中采用一个双向循环链表loop来表示密文环。对应的程序如下：

```
#include <stdio.h>
#include <string.h>
typedef struct node
{   char ch;
    struct node *forward;                        /*链接下一结点*/
    struct node *backward;                       /*链接前一结点*/
} CODE;
char *decode(char *ocode,int key)
{   char *ncode; int length,count,i;
    CODE *loop,*p;
    length=strlen(ocode);
    loop=(CODE *)malloc(length*sizeof(CODE));    /*动态分配密文环*/
    for (i=1;i<length-1;i++)                     /*构建双向循环链表*/
    {   loop[i].forward=&loop[i+1];
        loop[i].backward=&loop[i-1];
    }
    loop[0].backward=&loop[length-1];
    loop[0].forward=&loop[1];
    loop[length-1].forward=loop;
    loop[length-1].backward=&loop[length-2];
    for (p=loop,i=0;i<length;i++)                /*产生密文链表*/
    {   for (count=1;count<key;count++)
            p=p->forward;
        p->ch=*ocode++;
        p->backward->forward=p->forward;
        p->forward->backward=p->backward;
        p=p->forward;
```

```
        }
        ncode=(char *)malloc((length+1)*sizeof(char));
        for (i=0;i<length;i++)                                /*将密文放入 ncode 字符串中*/
            ncode[i]=loop[i].ch;
        ncode[length]='\0';
        return ncode;
}
void main()
{   char ocode[256];
    int key,num=0;
    printf("输入加密电文:");
    while (num<255 && (ocode[num++]=getchar())!='\n');
    ocode[(num==255)?num:num-1]='\0';
    do
    {   printf("输入加密钥匙:");
        scanf("%d",&key);
    } while (key<=1);
    printf("电文的密码是:'%s'\n",decode(ocode,key));
}
```

## 7.5 知识点5：共用体

### 7.5.1 要点归纳

在C语言中，可以定义不同类型的数据使用共用的存储区域，这种形式的数据构造类型称为共用体。共用体类型和结构体类型在定义、说明和引用形式上很相似，但它们在存储空间的占用分配上有本质区别。

**1. 共用体类型的声明**

共用体类型声明的一般形式如下：

```
union 共用体类型名
{   数据类型  成员名1;
    数据类型  成员名2;
    …
    数据类型  成员名n;
};
```

这个声明确定了共用体的组织形式，同时指出了组成共用体的成员具有的数据类型，所有成员共享一片内存单元。

**2. 共用体变量的定义**

共用体变量的定义和结构体变量的定义相似，常用的形式是：

```
union 共用体类型名  共用体变量表;
```

共用体变量中的所有成员共享一段公共存储区，所以共用体变量所占内存字节数与其成员中占字节数最多的那个成员相等，如图7.14所示；而结构体变量中的每个成员分别占有独立的存储空间，所以结构体变量所占内存字节数是其成员所占字节数的总和。

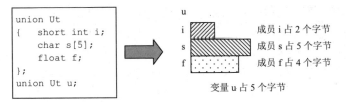

图 7.14 共用体变量的存储结构

### 3. 共用体变量的引用

共用体变量的引用方式如下：

共用体变量名.成员名

共用体指针变量的引用方式如下：

共用体指针变量名->成员名　或　(*共用体指针变量名).成员名

共用体变量和结构体变量的区别如下：

- 不能对共用体变量赋值，不能通过引用变量名来得到一个值，也不能在定义共用体变量时对它进行初始化。
- 共用体变量中的所有成员共享一段公共存储区，所以共用体变量所占内存字节数与其成员中占字节数最多的那个成员相等；而结构体变量中的每个成员分别占有独立的存储空间，所以结构体变量所占内存字节数是其成员所占字节数的总和。
- 由于共用体变量中的所有成员共享存储空间，因此变量中的所有成员的首地址相同，而且变量的地址也就是该变量成员的地址。
- 共用体变量中起作用的成员是最后一次存放的成员，在存入一个新的成员后原有的成员就失去作用。
- 不能把共用体变量作为函数参数，但可以使用指向共用体变量的指针作为函数参数。

## 7.5.2 例题解析

### 1. 单项选择题

【例 7-5-1】以下叙述正确的是_____。

　　A. 一旦定义了一个共用体变量后，即可引用该变量或该变量中的任意成员
　　B. 一个共用体变量中可以同时存放其所有成员
　　C. 一个共用体变量中不能同时存放其所有成员
　　D. 共用体类型数据可以出现在结构体类型定义中，但结构体类型数据不能出现共用体类型定义中

▶ 解：一旦定义了一个共用体变量后，只能引用该变量中的任意成员，但不能引用该变量。本题答案为C。

【例 7-5-2】变量 a 所占内存字节数是_____。

```
union U
{   char st[4];
    short int i;
    long l;
```

```
};
struct A
{   short int c;
    union U u;
} a;
```

A. 4　　　　　　B. 5　　　　　　C. 6　　　　　　D. 8

▶ 解：变量a的c成员占 2 个字节，u成员是一个共用体变量，它的 3 个成中st数组和l均占 4 个字节，所以u成员占 4 个字节。a占用的字节数=2+4=6。本题答案为C。

【例 7-5-3】以下程序的输出结果是_____。

```
#include <stdio.h>
union myun
{   struct
    { int x, y, z; } u;
    int  k;
} a;
void main()
{   a.u.x=4; a.u.y=5; a.u.z=6;
    a.k=0;
    printf("%d\n",a.u.x);
}
```

A. 4　　　　　　B. 5　　　　　　C. 6　　　　　　D. 0

▶ 解：变量a是一个共用体，执行a.k=0 语句后覆盖前面的结果。本题答案为D。

【例 7-5-4】有以下程序：

```
#include <stdio.h>
void main()
{   union
    {   unsigned int n;
        unsigned char c;
    } u1;
    u1.c='A';
    printf("%c\n",u1.n);
}
```

执行后输出结果是_____。

A. 产生语法错　　B. 随机值　　C. A　　　　　　D. 65

▶ 解：u1 是共用体变量，其所有成员共享同一存储空间。本题答案为C。

【例 7-5-5】下面程序的输出是_____。

```
#include <stdio.h>
typedef union
{   long x[2];
    int y[4];
    char z[8];
} MYTYPE;
MYTYPE them;
void main()
{   printf("%d\n",sizeof(them));  }
```

A. 32　　　　　　B. 16　　　　　　C. 8　　　　　　D. 24

▶ 解：them是一个共用体变量，其x成员占 8 个字节，y成员占 8 个字节，z成员占 8

个字节，所以them的长度为8。本题答案为C。

【例7-5-6】字符'0'的ASCII码的十进制数为48，且数组的第0个元素在低位，则以下程序的输出结果是_____。

```
#include <stdio.h>
void main()
{   union
    {   short int i[2];
        long k;
        char c[4];
    } r,*s=&r;
    s->i[0]=0x39;
    s->i[1]=0x38;
    printf("%c\n",s->c[0]);
}
```

A. 39　　　　　　B. 9　　　　　　C. 38　　　　　　D. 8

解：s是共用体变量r的指针，r的成员i是一个短整型数组，该数组有2个元素，分别为r.i[0]和r.i[1]，每个元素占2个字节，在执行s->i[0]=0x39 和s->i[1]=0x38 后，i中从低位到高位分别为9、3、8、3，对应c[0]的是9。本题答案为B。

【例7-5-7】若有下面的定义，则 sizeof(struct aa)的值是_____。

```
struct aa
{   short int r1;
    double r2;
    float r3;
    union uu
    {   char u1[5];
        long u2[2];
    } ua;
} mya;
```

A. 30　　　　　　B. 29　　　　　　C. 24　　　　　　D. 22

解：sizeof(struct aa)=sizeof(mya)，mya是一个结构体变量，成员r1 占2个字节，成员r2 占8个字节，成员r3 占4个字节，成员ua是一个共用体变量，占8个字节，sizeof(mya)=2+8+4+8=22。本题答案为D。

【例7-5-8】以下程序的执行结果是_____。

```
#include <stdio.h>
void main()
{   union
    {   char s[2];
        short int i;
    } a;
    a.i=0x1234;
    printf("%x,%x\n",a.s[0],a.s[1]);
}
```

A. 12,34　　　　　B. 34,12　　　　　C. 12,00　　　　　D. 34,00

解：本题使用共用体将一个整数的高低位字节分离出来，0x1234 的高位是 0x12（对应a.s[1]），低位是 0x34（对应a.s[0]）。本题答案为B。

【例7-5-9】设有以下定义,则下面不正确的叙述是_____。

```
union data
{   int i;
    char c;
    float f;
} a;
```

A. a所占的内存长度等于成员f的长度。

B. a的地址和它的各成员地址都是同一地址。

C. a可以作为函数参数。

D. 不能对a赋值,但可以在定义a时对它初始化。

▶ 解:共用体变量不能作为函数参数(但共用体变量指针可以作为函数参数)。本题答案为C。

## 2. 填空题

【例7-5-10】若有以下定义语句,则变量w在内存中所占的字节数是_____。

```
union aa
{   float x,y;
    char c[6];
};
struct st
{   union aa v;
    float w[5];
    double ave;
} w;
```

▶ 解:w是一个结构体变量,成员v是一个共用体变量,占用max{4,4,6}=6个字节,成员w占5*4=20个字节,成员ave占8个字节,变量w在内存中所占的字节数=6+20+8=34。本题答案为34。

【例7-5-11】下面程序的运行结果是_____。

```
#include <stdio.h>
typedef union student
{   char name[10];
    long sno;
    char sex;
    float score[4];
} STU;
void main()
{   STU a[5];
    printf("%d\n",sizeof(a));
}
```

▶ 解:score数组的长度=4*4=16,a数组的长度=5*16=80。本题答案为80。

## 3. 判断题

【例7-5-12】判断以下叙述的正确性。

(1) 共用体类型是用关键字union声明的,其声明方式与声明结构体类型相同。

(2) 结构体成员的类型必须是基本数据类型。

（3）只能用第一个成员类型的值初始化一个共用体变量。
（4）共用体所有成员共用的内存单元的大小为各成员需要占用内存大小之和。
（5）共用体所有成员都共用同一内存单元。

▶ 解：（1）正确。　（2）错误。　（3）正确。
（4）错误。共用体所有成员共用的内存单元的大小为各成员中最大值。
（5）正确。

4．简答题

【例7-5-13】分析以下程序的输出结果。

```c
#include <stdio.h>
struct s
{   char low;
    char high;
};
union m
{   struct s byte;
    short int word;
};
void main()
{   union m m1;
    m1.word=0x4567;
    printf("%x,%x,%x,",m1.word,m1.byte.high,m1.byte.low);
    m1.byte.low=0xff;
    printf("%x\n",m1.word);
}
```

▶ 解：共用体变量m1有两个成员，一个是结构体变量byte，另一个是整型变量word，它们同享同一存储空间，当给word赋值后，用byte提取word的前后两个字节的值。当给byte的low成员赋值后，其high成员保持不变。程序输出为 4567,45,67,45ff。

【例7-5-14】分析以下程序的输出结果。

```c
#include <stdio.h>
struct s
{   union
    {   short int x;
        short int y;
    } c;
    short int a;
    short int b;
};
void main()
{   struct s m;
    m.a=1;m.b=2;
    m.c.x=m.a*m.b;
    m.c.y=m.a+m.b;
    printf("%d,%d\n",m.c.x,m.c.y);
}
```

▶ 解：结构体变量m有三个成员，一个是共用体变量c，另两个是整型变量a和b。先给成员a和b赋值，它们与成员c不共享同一存储空间，然后给成员c的两个成员x和y赋值，但后者覆盖前者，所以m.c.x和m.c.y的值相同。程序输出为3,3。

【例7-5-15】分析以下程序的输出结果。

```
#include <stdio.h>
struct byte
{   short int x;
    char y;
};
union
{   short int i[2];
    long j;
    char m[2];
    struct byte d;
} r,*s=&r;
void main()
{   s->j=0x98765432;
    printf("%x,%x\n",s->d.x,s->d.y);
}
```

▶ 解：共用体变量r有4个成员，其中有一个是结构体变量d。通过共用体变量指针s给j赋值，所有4个成员共享这个数据。程序输出为5432,76。

5. 程序设计题

【例7-5-16】编写一个程序，输入一个长整数，分别取出该数各字节的值。

▶ 解：采用一个共用体，long型占4个字节，为此让long与char s[4]共享一区空间，通过对s数组的操作输出各字节的值。对应的程序如下：

```
#include<stdio.h>
union data
{   char s[4];
    long n;
};
void main()
{   union data val;
    int i,ns=sizeof(long);          /*取long型占的字节数*/
    printf("输入一个长整数:");
    scanf("%lx",&val.n);
    printf("各字节如下\n");
    for (i=0;i<ns;i++)
        printf("  第%d个字节:%x\n",i,val.s[i]);
    printf("\n");
}
```

本程序的一次执行结果如下：

输入一个长整数:12345678✓
各字节如下
  第0个字节:78
  第1个字节:56
  第2个字节:34
  第3个字节:12

【例7-5-17】编写一个程序，读入N（N≤10）个职工的数据，每个职工的数据包括编号、姓名、类型（t/g），若为干部（g），还要输入级别，若为教师（t），还要输入系别、职称。最后输出这些数据。

**解**：对于干部和教师，由于级别和系别及职称只取其中之一，故将这部分设计成联合体，即body。对应的程序如下：

```c
#include <stdio.h>
#define N 50
struct
{   int no;                         /*编号*/
    char name[10];                  /*姓名*/
    char type[10];                  /*类型*/
    union body                      /*共用体*/
    {   int level;                  /*级别*/
        struct
        {   char dept[10];          /*系别*/
            char prof[10];          /*职称*/
        } teach;
    } body;
} person[N];
void main()
{   int i,n;
    printf("输入职工数:"); scanf("%d",&n);
    for (i=0;i<n;i++)
    {   printf("第%d个职工:",i+1);
        scanf("%d%s%s",&person[i].no,person[i].name,person[i].type);
        if (person[i].type[0]=='g')
            scanf("%d",&person[i].body.level);
        else if (person[i].type[0]=='t')
            scanf("%s%s",person[i].body.teach.dept,
                person[i].body.teach.prof);
        else printf("\t 类别输入错误\n");
    }
    printf("输出结果:\n");
    printf("编号  姓名  类型  级别  系别  职称\n");
    for (i=0;i<n;i++)
    {   if (person[i].type[0]=='g')
            printf("%4d%8s%6s%4d\n",person[i].no,person[i].name,"干部",
                person[i].body.level);
        else if (person[i].type[0]=='t')
            printf("%4d%8s%6s%15s%10s\n",person[i].no,person[i].name,
                "教师",  person[i].body.teach.dept,
                person[i].body.teach.prof);
        else printf("error\n");
    }
    printf("\n");
}
```

## 7.6 知识点6：枚举类型

### 7.6.1 要点归纳

枚举是一个命名为整型常量的集合。枚举的定义形式和结构体定义形式相似，其一般形式为：
```
enum 枚举名 {枚举元素表} 枚举变量表;
```
其中，"枚举元素表"由一系列符号组成，也称为枚举常量表，每个符号都表示一个整数值，且可用在任意的整型表达式中。例如，以下语句定义了一个 week_day 的枚举类型和一个具有该类型的枚举变量 week：
```
enum week_day {Mon,Tue,Wed,Thu,Fri,Sat,Sun} week;
```
有关枚举变量的说明如下：

① 枚举元素是按常量处理的，如果没有进行初始化，第一个枚举元素的值为 0，第二个枚举元素的值为 1，依次类推。例如，对上述枚举变量 week 来说，如下语句：
```
week=Fri;
printf("%d",week);
```
输出结果是 4。

② 通过枚举类型中"枚举元素表"，使得对应枚举变量只能取"枚举元素表"中的某个元素，而不能取其他值。如不能把整数直接赋给枚举变量。例如：
```
week=Wed;              /*正确*/
week=2;                /*错误*/
```

③ 若想将整数值赋给枚举变量须作强制类型转换。例如：
```
week=(enum week_day)2;
```
相当于
```
week=Wed;
```
转换后的值亦在枚举范围内。

## 7.6.2 例题解析

### 1. 单项选择题

【例 7-6-1】以下关于枚举的叙述不正确的是_____。
  A. 枚举变量只能取对应枚举类型的枚举元素表中的元素。
  B. 可以在定义枚举类型时对枚举元素进行初始化。
  C. 枚举元素表中的元素有先后次序，可以进行比较。
  D. 枚举元素的值可以是整数或字符串。

▶ **解**：枚举元素只能是符号，其值只能是整数。本题答案为 D。

【例 7-6-2】以下对枚举类型名的定义中正确的是_____。
  A. enum a={one,two,three};                B. enum a {one=9,two=-1,three};
  C. enum a={"one","two","three"};          D. enum a {"one","two","three"};

▶ **解**：选项 A 和 C 有语法错误，选项 D 中枚举常量只能是符号，不能为字符串。本题答案为 B。

【例 7-6-3】设有如下枚举类型定义：
```
enum language {Basic=3,Assembly,Ada=100,COBOL,Fortran};
```

枚举量Fortran的值为_____。
   A．4          B．7          C．102         D．103
▶ 解：枚举常量Ada指定值为100，所以COBOL的值应为101，Fortran的值应为102。本题答案为C。

【例7-6-4】正确的k值是_____。
```
enum { a,b=5,c,d=4,e} k=e;
```
   A．3          B．4          C．5           D．6
▶ 解：在枚举变量k中，e的前面枚举常量d的指定值为4，所以e的值应为5。本题答案为C。

2．填空题

【例7-6-5】以下程序的运算结果是_____。
```
#include <stdio.h>
void main()
{   enum {a,b=5,c,d=4,e} k=c;
    printf("%d\n",k);
}
```
▶ 解：在枚举变量k中，c是一个枚举常量值，由于前一个枚举常量值为5，所以c的值为6。本题答案为6。

【例7-6-6】以下程序的运算结果是_____。
```
#include <stdio.h>
void main()
{   enum {a,b=5,c,d=4,e} k;
    int n;
    k=e; n=2*k;
    printf("%d\n",n);
}
```
▶ 解：在枚举变量k中，e是一个枚举常量值，由于前一个枚举常量值为4，所以e的值为5。本题答案为10。

3．程序设计题

【例7-6-7】已知枚举类型定义如下：
```
enum {red,yellow,blue,green,black,white};
```
从键盘输入一整数，显示与该整数对应的枚举常量的英文名称。

▶ 解：枚举变量对应的枚举常量值是整数，不能直接输出枚举常量的英文名称，应使用switch语句逐一进行比较判断。对应的程序如下：
```
#include <stdio.h>
void main()
{   enum {red,yellow,blue,green,black,white};
    int n;
    printf("n:"); scanf("%d",&n);
    switch(n)
    {
    case 0:printf("red\n");break;
```

```
        case 1:printf("yellow\n");break;
        case 2:printf("blue\n");break;
        case 3:printf("green\n");break;
        case 4:printf("black\n");break;
        case 5:printf("white\n");break;
        default:printf("输入错误\n");break;
    }
}
```

## 7.7 知识点7：用户定义类型

### 7.7.1 要点归纳

C语言允许用typedef声明一种新的类型标识符，其一般形式为：

`typedef 类型名1 类型名2;`

其中，"类型名1"是系统提供的标准类型名或已经定义过的其他类型名，"类型名2"就是用户定义的类型名称，即用户定义类型标识符。例如：

```
typedef int INTEGER;              /*将INTEGER定义成整型int*/
typedef struct
{   int no;
    char *name;
} PERSON;                         /*将PERSON定义成该结构体类型*/
typedef char NAME[10];            /*定义NAME为字符型数组类型名*/
typefef char * POINT;             /*定义POINT为字符指针类型名*/
```

使用用户定义类型时，应注意以下几点。

① 使用typedef只能声明各种用户定义类型名，而不能用于声明变量。

② 用户定义类型相当于原类型的别名，例如：

`typedef char *NAME; NAME p; 等价于char *p;`

③ typedef并不是做简单的字符串替换，与#define的作用不同。

④ typedef定义类型名可嵌套进行。例如：

```
typedef int ElemType;             /*声明ElemType用户定义类型*/
typedef struct node
{   ElemType data;                /*嵌套使用ElemType用户定义类型*/
    struct node *next;
} NodeType;
```

⑤ 利用typedef定义类型名有利于程序的移植，并可增加程序的可读性。

### 7.7.2 例题解析

1. 单项选择题

【例7-7-1】以下关于typedef的叙述不正确的是_____。

　　A. 用typedef可以声明各种类型名，但不能用来声明变量

　　B. 用typedef可以增加新的数据类型

C. 用typedef只是将已存在的类型用一个新的名称来代表

D. 使用typedef便于程序的通用

解：使用typedef语句并不能创建新的数据类型，只是给原有的类型取一个新的类型标识符。本题答案为B。

【例7-7-2】若有以下声明和定义：

```
typedef int *INTEGER;
INTEGER p,*q;
```

以下叙述正确的是_____。

A. p是int型变量　　　　　　　　B. p是基类型为int的指针变量

C. q是基类型为int的指针变量　　D. 程序中可用INTEGER代替int类型名

解：将INTEGER定义为int *类型，p的定义等价于int *p。本题答案为B。

【例7-7-3】若要声明一个类型名STP，使得定义语句STP s 等价于 char *s，以下选项中正确的是_____。

A. typedef STP char *s;　　　　B. typedef *char STP;

C. typedef STP *char;　　　　　D. typedef char *STP;

解：选项A、B和C有语法错误。本题答案为D。

【例7-7-4】设有以下定义：

```
typedef union
{   long i;
    short int k[5];
    char c;
} DATE;
struct date
{   short int cat;
    DATE cow;
    double dog;
} too;
DATE max;
```

则下列语句的执行结果是_____。

```
printf("%d",sizeof(struct date)+sizeof(max));
```

A. 25　　　　　　B. 30　　　　　　C. 18　　　　　　D. 8

解：DATE是一个共用体类型，占10个字节，结构体类型date占2+10+8=20个字节。sizeof(struct date)+sizeof(max)=20+10=30。本题答案为B。

【例7-7-5】设有如下声明：

```
typedef struct
{   int n; char c; double x; } STD;
```

则以下选项中，能正确定义结构体数组并赋初值的语句是_____。

A. STD tt[2]={{1,'A',62},{2,'B',75}};

B. STD tt[2]={1,"A",62},{2,"B",75};

C. struct tt[2]={{1,'A',2,'B'};

D. struct tt[2]={{1,"A",62.5},{2, "B",75.0}};

▶ **解**：不能给字符成员赋字符串。本题答案为A。

## 2. 填空题

**【例 7-7-6】** 给出以下程序的运行结果_____。

```c
#include <stdio.h>
typedef int A[5];           /*A 类型为含有 5 个整数的数组*/
void main()
{   A a;
    int i;
    for (i=0;i<5;i++)
        a[i]=2*i;
    for (i=0;i<5;i++)
        printf("%d ",a[i]);
    printf("\n");
}
```

▶ **解**：定义一个长度为5的整型数组类型A，由A定义数组a，等价于int a[5]。本题答案为 0 2 4 6 8。

**【例 7-7-7】** 给出以下程序的运行结果_____。

```c
#include <stdio.h>
#include <malloc.h>
typedef struct node
{   int data;
    struct node *next;
} NODE;
void main()
{   int a[]={2,4,1,3,5},n=5,i;
    NODE *h=NULL,*p,*t;
    for (i=0;i<n;i++)
    {   p=(NODE *)malloc(sizeof(NODE));
        p->data=a[i];
        if (h==NULL) h=t=p;
        else {   t->next=p; t=p; }
    }
    t->next;
    p=h;
    for (;p!=t;p=p->next)
        printf("%d ",p->data);
    printf("%d\n",p->data);
}
```

▶ **解**：定义一个结构体类型NODE，采用尾插法建立一个首结点指针为h的单链表，然后输出所有结点的data域。本题答案为 2 4 1 3 5。

## 3. 程序设计题

**【例 7-7-8】** 编写一个程序，从键盘输入一行字符，调用一个函数建立反序的单链表（不带头结点），然后输出整个单链表。

▶ **解**：声明一个结构体类型 NODE。ins(head,p)函数的作用是建立反序的不带头结点的单链表，其操作是将结点*p 插入到以 head 为首结点指针的单链表的最前端，这样需要修改 head 指针，并返回修改的值给对应的实参，因为 head 本身是指针类型，又需要采用传地址方式，所以采用 NODE **head 形参。对应的程序如下：

```c
#include <stdio.h>
#include <malloc.h>
typedef struct node
{   int data;
    struct node *next;
} NODE;
void ins(NODE **hp,NODE *q)            /*hp 形参是一个二级指针*/
{   if (hp==NULL) {   q->next=NULL; *hp=q;  }
    else {   q->next=*hp; *hp=q;  }
}
void main()
{   char ch;
    NODE *p,*head;
    head=NULL;
    printf("输入一个字符串");
    while ((ch=getchar())!='\n')
    {   p=(NODE *)malloc(sizeof(NODE));
        p->data=ch;
        ins(&head,p);                  /*由于 head 是一级指针，所以实参为&head*/
    }
    p=head;
    while (p!=NULL)
    {   printf("%c",p->data);
        p=p->next;
    }
    printf("\n");
}
```

# 第 8 章　预编译处理和位段

**基本知识点**：宏、条件编译、文件包含等预处理命令以及位段的相关概念。
**重　　点**：带参宏的展开过程。
**难　　点**：预处理命令和位段在程序设计中的应用。

## 8.1　知识点 1：宏

所有编译预处理语句都以"#"开头，每个预处理语句必须单独占一行，语句末尾不使用分号作为结束符。一般将编译预处理语句放在源程序的首部。预处理语句主要有宏、条件编译和文件包含。

### 8.1.1　要点归纳

宏是一种编译预处理命令，根据是否带参数分为无参宏和带参宏。

#### 1. 无参宏

无参宏定义语句的一般格式如下：

```
#define 标识符 字符串
```

无参宏用一个简单的名称代替一个长的字符串。这个标识符称为"宏名"，在预编译时将宏名替换成字符串的过程称为"宏展开"或"宏替换"。

宏名习惯上用大写字母表示，以与变量名相区别。宏定义是用宏名代替一个字符串，只做简单的置换，不做语法检查。#define命令出现在程序中所有函数的外面，宏名的有效范围是定义命令之后到本文件结束，但可用#undef命令终止宏定义的作用域。

#### 2. 带参宏

带参宏定义语句的一般格式如下：

```
#define 标识符(标识符1,标识符2,…,标识符n) 字符串
```

其中，括号中的标识符表是形式参数。对带参宏的展开也是用字符串代替宏名，但是其中的形式参数要用相应的实际参数代替。

例如，以下语句定义了一个求正方形面积的宏：

```
#define area(a) ((a)*(a))
```

为什么要加上括号呢？这是因为"替换"是简单的替换操作，当 area 的实际参数是一

个表达式时，不加括号会在编译时出错。如：

```
#define area(a) (a*a)
```

当调用 area(2+3)时，替换成：

```
(2+3*2+3)
```

那么，求出的面积是 11，而不是正确的 25。

带参宏和函数在形式和使用上都很相似。例如，以下语句定义了一个求两个数中较大值的宏：

```
#define max(a,b) ((a)>(b)?(a):(b))
```

也可以用下面的函数方式实现它：

```
int max(int a,int b)
{
    return((a>b)?a:b);
}
```

带参宏和函数的区别有以下几方面。

① 调用函数时，先求出实参表达式的值，然后代入函数定义中的形参；而使用带参宏只是进行简单的字符替换，不进行计算。

② 函数调用是在程序运行时处理的，分配临时的内存单元；而宏扩展则是在编译之前进行的，在展开时并不分配内存单元，也不进行值的传递处理，也没有"返回值"的概念。

③ 对函数中的实参和形参都要定义类型，且两者的类型要求一致，如不一致应进行类型转换；而宏不存在类型问题，宏名无类型，它的参数也无类型，只是一个符号代表，展开时代入指定的字符即可。

④ 调用函数只能得到一个返回值，而使用宏可以得到几个结果。例如，对于下面的宏定义：

```
#define PI 3.14159
#define CIRCLE(R,L,S) L=2*PI*R;S=PI*R*R
```

若程序中出现语句

```
CIRCLE(5,A,B);
```

则宏扩展的结果为：

```
A=2*3.14159*5;B=3.14159*5*5;
```

显然得到了两个结果，即圆周长 A 和圆面积 B。

⑤ 使用宏次数多时，宏展开后源程序变长，而函数调用不使源程序变长。因此，一般用宏替换小的、可重复的代码段，对于代码行较多的应使用函数方式。

⑥ 宏替换不占运行时间，只占编译预处理时间，而函数调用则占运行时间（如分配内存、保留现场、值传递、返回等）。

## 8.1.2 例题解析

### 1. 单项选择题

【例 8-1-1】C 语言编译系统对宏命令是_____。

A. 在程序运行时进行代换处理的
B. 在程序连接时进行处理的
C. 和源程序中其他C语句同时进行编译的
D. 在对源程序中其他成分正式编译之前进行处理的

▶ 解：所有宏命令都是在对源程序中其他成分正式编译之前进行展开处理的。本题答案为D。

【例8-1-2】C语言的预处理命令_____C语言文本的一部分。
A. 是　　　　　　　　　　　　B. 不是

▶ 解：C语言文本不包括库函数和预处理命令。本题答案为B。

【例8-1-3】以下正确的描述是_____。
A. 每个C程序必须在开头用预处理命令：#include <stdio.h>
B. 预处理命令必须位于C程序的首部
C. 在C语言中预处理命令都以"#"开头
D. C语言的预处理命令只能实现宏定义和条件编译的功能

▶ 解：C程序中包含有输入输出等库函数时应在开头用预处理命令#include <stdio.h>，否则不需要用该命令。预处理命令不一定位于C程序的首部。C语言的预处理命令还包括#include命令。本题答案为C。

【例8-1-4】在宏定义#define PI 3.14159中，用宏名PI代替一个_____。
A. 单精度数　　　B. 双精度数　　　C. 常量　　　D. 字符串

▶ 解：宏是用一个简单的名称代替一个的字符串。本题答案为D。

【例8-1-5】下列正确的预编译命令是_____。
A. define PI 3.14159
B. #define P(a,b) strcpy(a,b)
C. #define stdio.h
D. #define PI 3.14159;

▶ 解：选项A中应用#define。选项C标识符和字符串之间不应为"."。选项D不应以";"结尾。本题答案为B。

【例8-1-6】设有宏定义"#define AREA(a,b) a*b"，则正确的"宏调用"是_____。
A. s=AREA(r*r)　　　　　　　　B. s=AREA(x*y)
C. s=AREA　　　　　　　　　　D. s=c*AREA((x=3.5),(y+4.1))

▶ 解：选项A、B、C都存在参数错误。本题答案为D。

【例8-1-7】设有以下宏定义，则执行语句z=2*(N+Y(5+1));后，z的值为_____。

```
#define N 3
#define Y(n)  ((N+1)*n)
```

A. 出错　　　B. 42　　　C. 48　　　D. 54

▶ 解：扩展带参宏，z=2*(N+Y(5+1))=2*(3+((3+1)*5+1))=48。本题答案为C。

【例8-1-8】设有以下宏定义，当int x,m=5,n=1;时，执行语句IFABC(m+n,m,x);后，x

- 270 -

的值为_____。

```
#define IFABC(a,b,c)  c=a>b?a:b
```

  A. 5      B. 6      C. 11      D. 出错

 ▶ **解**：语句IFABC(m+n,m,x);扩展为x=m+n>m?m+n:m=m+n=6。本题答案为B。

【例8-1-9】有以下程序：

```
#include <stdio.h>
#define f(x)  x*x
void main()
{  int i;
   i=f(4+4)/f(2+2);
   printf("%d\n",i);
}
```

执行后输出结果是_____。

  A. 28      B. 22      C. 16      D. 4

 ▶ **解**：扩展带参宏，i=f(4+4)/f(2+2)=4+4*4+4/2+2*2+2=28。本题答案为A。

【例8-1-10】以下程序的输出结果是_____。

```
#include <stdio.h>
#define f(x)  x*x
void main()
{  int a=6,b=2,c;
   c=f(a)/f(b);
   printf("%d\n",c);
}
```

  A. 9      B. 6      C. 36      D. 18

 ▶ **解**：扩展带参宏，c=f(a)/f(b)=6*6/2*2=6*3*2=36。本题答案为C。

【例8-1-11】以下程序的输出结果是_____。

```
#include <stdio.h>
#define MA(x)  x*(x-1)
void main()
{  int a=1,b=2;
   printf("%d \n",MA(1+a+b));
}
```

  A. 6      B. 8      C. 10      D. 12

 ▶ **解**：扩展带参宏，MA(1+a+b)=1+a+b*(1+a+b-1)=1+1+2*(1+1+2-1)=8。本题答案为B。

【例8-1-12】有如下程序：

```
#include <stdio.h>
#define N 2
#define M N+1
#define NUM 2*M+1
void main()
{  int i;
   for(i=1;i<=NUM;i++)
      printf("%d\n",i);
}
```

该程序中的for循环执行的次数是_____。

  A. 5      B. 6      C. 7      D. 8

▶ **解**：扩展无参宏，NUM=2*M+1=2*N+1+1=2*2+1+1=6。本题答案为B。

【例8-1-13】以下程序的输出结果是_____。

```
#include <stdio.h>
#define M(x,y,z)  x*y+z
void main()
{   int a=1,b=2,c=3;
    printf("%d\n",M(a+b,b+c,c+a));
}
```

  A. 19      B. 17      C. 15      D. 12

▶ **解**：扩展带参宏，M(a+b,b+c,c+a)=a+b*b+c+c+a=1+2*2+3+3+1=12。本题答案为D。

【例8-1-14】以下程序的输出结果是_____。

```
#include<stdio.h>
#define PT 5.5
#define S(x)  PT*x*x
void main()
{   int a=1,b=2;
    printf("%4.1f\n",S(a+b));
}
```

  A. 49.5      B. 9.5      C. 22.0      D. 45.0

▶ **解**：扩展带参宏，S(a+b)=PT*a+b*a+b=5.5*1+2*1+2=9.5。本题答案为B。

【例8-1-15】以下程序的输出结果是_____。

```
#include<stdio.h>
#define SUB(X,Y) (X)*Y
void main()
{   int a=3,b=4;
    printf("%d",SUB(a++,b++));
}
```

  A. 12      B. 15      C. 16      D. 20

▶ **解**：扩展带参宏，SUB(a++,b++)=(a++)*b++=3*4=12。本题答案为A。

2. 填空题

【例8-1-16】以下程序的输出结果是_____。

```
#include <stdio.h>
#define JH(x,y)  x=x^y;y=x^y;x=x^y;
void main()
{   int a=3,b=5,c=7;
    JH(a,b);
    JH(b,c);
    JH(a,c);
    printf("a=%d,b=%d,c=%d\n",a,b,c);
}
```

▶ **解**：宏展开等价于以下程序：

```
#include <stdio.h>
void main()
```

```
{   int a=3,b=5,c=7;
    a=a^b;b=a^b;a=a^b;
    b=b^c;c=b^c;b=b^c;
    a=a^c;c=a^c;a=a^c;
    printf("a=%d,b=%d,c=%d\n",a,b,c);
}
```

本题答案为a=3,b=7,c=5。

【例 8-1-17】以下程序的输出结果是_____。

```
#include <stdio.h>
#define A 3
#define B(a) ((A+1)*a)
void main()
{   int x;
    x=3*(A+B(7));
    printf("x=%d\n",x);
}
```

▶ 解：宏展开后x=3*(A+B(7));变为x=3*(3+((3+1)*7))=93。本题答案为x=93。

【例 8-1-18】以下程序的输出结果是_____。

```
#include <stdio.h>
#define POWER(x) (x)*(x)
void main()
{   int i=1;
    while (i<=4)
        printf("%d ",POWER(i++));
    printf("\n");
}
```

▶ 解：POWER(i++)宏展开为(i++)*(i++)。本题答案为 2 12。

【例 8-1-19】以下程序的输出结果是_____。

```
#include <stdio.h>
#define MAX(x,y) (x)>(y)?(x):(y)
void main()
{   int a=5,b=2,c=3,d=3,t;
    t=MAX(a+b,c+d)*10;
    printf("%d\n",t);
}
```

▶ 解：本题答案为 7。

【例 8-1-20】以下程序的输出结果是_____。

```
#include <stdio.h>
#define M 5
#define N M*3+4
#define MN N*M
#include <stdio.h>
void main()
{
    printf("%d,%d\n",2*MN,MN/2);
}
```

▶ 解：扩展无参宏MN，则表达式 2*MN=2*N*M=2*M*3+4*M=2*5*3+4*5=50，MN/

2=N*M/2=M*3+4*M/2=5*3+4*5/2=25。本题答案为 50,25。

【例 8-1-21】以下程序的输出结果是_____。

```
#include <stdio.h>
#define EXCH(a,b) {int t;t=a;a=b;b=t;}
void main()
{   int x=5, y=9;
    EXCH(x,y);
    printf("x=%d,y=%d\n",x,y);
}
```

▶ 解：扩展带参宏EXCH(x,y)为{int t;t=x;x=y;y=t;}，将x和y交换。本题答案为x=9,y=5。

【例 8-1-22】设有如下宏定义：

```
#define MYSWAP(z,x,y)  {z=x;x=y;y=z;}
```

以下程序段通过宏调用实现变量 a、b 内容交换，请填空。

```
float a=5,b=16,c;
MYSWAP(_____,a,b);
```

▶ 解：本题答案为c。

【例 8-1-23】以下程序的输出结果是_____。

```
#include <stdio.h>
#define MCRA(m) 2*m
#define MCRB(n,m) 2*MCRA(n)+m
void main()
{   int i=2,j=3;
    printf("%d\n",MCRB(j,MCRA(i)));
}
```

▶ 解：程序中MCRA和MCRB为带参宏，扩展这两个带参宏，MCRB(j,MCRA(i))= MCRB(j,2*i)=2*MCRA(j)+2*i=2*2*j+2*i=4*3+2*2=16。本题答案为 16。

【例 8-1-24】以下程序的输出结果是_____。

```
#include <stdio.h>
#define A  3
#define B(a)  ((A+1)*a)
void main()
{   int x;
    x=3*(A+B(7));
    printf("x=%d\n",x);
}
```

▶ 解：扩展带参宏，x=3*(A+B(7))=3*(3+((3+1)*7))=3*31=93。本题答案为x=93。

3. 判断题

【例 8-1-25】判断以下叙述的正确性。

（1）进行宏定义时，宏名必须使用大写字母表示。

（2）若有宏定义#define S(a,b) t=a;a=b;b=t;，由于变量t没定义，所以此宏定义是错误的。

（3）若有#define S(a,b) a*b，则语句area=S(3,2)执行后area的值为 6。

（4）若有#define S(a,b) a*b，则语句area=S(3-1,2+1)执行后area的值为 6。

▶ 解：（1）错误。宏名不一定使用大写字母表示。

（2）错误。宏替换仅是字符串的替换，并不进行语法检查。
（3）正确。area=S(3,2)=3*2=6。
（4）错误。area=S(3-1,2+1)=3-1*2+1=2。

4．简答题

【例8-1-26】分析以下程序的执行结果。

```c
#include <stdio.h>
#define PR(ar) printf("%d",ar)
void main()
{   int j,a[]={1,3,5,7,9,11,13,15},*p=a+5;
    for(j=3;j;j--)
    {   switch(j)
        {
        case 1:
        case 2: PR(*p++);break;
        case 3: PR(*(--p));
        }
    }
}
```

**解．** 扩展带参宏后程序如下：

```c
#include <stdio.h>
void main()
{   int j,a[]={1,3,5,7,9,11,13,15},*p=a+5;
    for(j=3;j!=0;j--)
    {   switch(j)
        {
        case 1:
        case 2: printf("%d",*p++);break;
        case 3: printf("%d",*(--p));
        }
    }
}
```

p先指向11，j=3：执行printf("%d",*(--p))，表达式*(--p)中，先执行--p返回指向9的指针，再执行"*"，返回9。j=2：执行printf("%d",*p++)，表达式*p++中，先执行p++，使p指向11，但p++仍返回指向9的指针，再执行"*"，返回9。j=1：执行printf("%d",*p++)，表达式*p++中，先执行p++，使p指向13，但p++仍返回指向11的指针，再执行"*"，返回11。本题答案为9911。

【例8-1-27】分析以下程序的执行结果。

```c
#include <stdio.h>
#define PR(x,y,z) printf("x=%d y=%d z=%d\n",x,y,z);
void main()
{   int x,y,z;
    x=y=z=2; ++x || ++y && ++z; PR(x,y,z);
    x=y=z=2; ++x && ++y || ++z; PR(x,y,z);
    x=y=z=2; ++x && ++y && ++z; PR(x,y,z);
    x=y=z=-2;++x || ++y && ++z; PR(x,y,z);
    x=y=z=-2;++x && ++y || ++z; PR(x,y,z);
    x=y=z=-2;++x && ++y && ++z; PR(x,y,z);
```

解：带参宏 PR()用于输出 x，y，z 的值。对于 x=y=z=2; ++x || ++y && ++z;语句，先给 x、y、z 均赋值 2，++x 之后 x=3 并返回 3，即为真（非 0），不再执行++y && ++z，所以输出为 x=3 y=2 z=2，后面的语句执行过程相同。程序输出如下：

```
x=3 y=2 z=2
x=3 y=3 z=2
x=3 y=3 z=3
x=-1 y=-2 z=-2
x=-1 y=-1 z=-2
x=-1 y=-1 z=-1
```

### 5. 程序设计题

【例 8-1-28】编写一个宏定义 AREA(a，b，c)，用于求一个边长为 a、b 和 c 的三角形的面积。其公式为：

s=(a+b+c)/2，area=s(s-a)(s-b)(s-c)

解：宏定义如下：

```
#define s(a,b,c)  ((a+b+c)/2)
#define area(a,b,c)  sqrt(s(a,b,c)*(s(a,b,c)-a)*(s(a,b,c)-b)*(s(a,b,c)-c))
```

【例 8-1-29】编写一个程序求三个数中最大者，要求用带参宏实现。

解：定义一个宏 max3(a,b,c)，用于求 a、b 和 c 中最大者。对应的程序如下：

```
#include <stdio.h>
#define max3(a,b,c)  (a>b?a:b)>c ? (a>b?a:b):c
void main()
{
    printf("Max=%d\n",max3(3+5,4+2,5+1));
}
```

或者：

```
#include <stdio.h>
#define max2(a,b)  (a>b?a: b)
#define max3(a,b,c) max2(a,b)>c ? max2(a,b):c
void main()
{
    printf("Max=%d\n",max3(3+5,4+2,5+1));
}
```

【例 8-1-30】为使 INTEGER 定义整型变量，CHAR 定义字符型变量，CHARn(n,m)直接定义有 m 个元素的一维字符数组，请使用宏定义，编写一个主程序验证其正确性。

解：设计 CHARn 带参宏如下：

```
#define CHARn(n,m)  CHAR n[m]
```

其中第一个参数为数组名，第二个参数为数组长度。对应的程序如下：

```
#include <stdio.h>
#define INTEGER int
#define CHAR char
#define CHARn(n,m) CHAR n[m]
void main()
{   INTEGER sel;
    CHARn(A,20);
```

```
    while (1)
    {   printf("选择:1-输入字符串 2-输出字符串 0-退出:");
        scanf("%d",&sel);
        if (sel==0) break;
        switch(sel)
        {
        case 1:printf("输入字符串:");
               scanf("%s",A) ;
               break;
        case 2:printf("输出字符串:");
               printf("%s\n",A) ;
               break;
        }
    }
}
```

【例 8-1-31】编写一个程序，定义一个判断字符是大写字母的宏，一个判断字符是小写字母的宏以及实现大小写字母相互转换的宏，并将用户输入的一个字符串中的大小写字母互换。

▶ 解：判断为大写字母的宏是isupper(c)，判断为小写字母的宏是islower(c)，将大写字母转换为小写字母的宏是tolower(c)，将小写字母转换为大写字母的宏是toupper(c)。对应的程序如下：

```
#include <stdio.h>
#define isupper(c) ((c)>='A' && (c)<='Z')
#define islower(c) ((c)>='a' && (c)<='z')
#define tolower(c) (isupper(c) ? ((c)+('a'-'A')):(c))
#define toupper(c) (islower(c) ? ((c)-('a'-'A')):(c))
void main()
{   char s[20];
    int i;
    printf("输入字符串:");
    scanf("%s",s);
    for (i=0;s[i];i++)
        if (isupper(s[i]))
            s[i]=tolower(s[i]);
        else if (islower(s[i]))
            s[i]=toupper(s[i]);
    printf("转换的结果:%s\n",s);
}
```

## 8.2 知识点 2：条件编译

### 8.2.1 要点归纳

一般情况下，C源程序中所有的行都参加编译过程。但有时出于对程序代码优化的考虑，希望对其中一部分内容只是在满足一定条件时才进行编译，形成目标代码。这种对程序一部分内容指定编译的条件称为条件编译。

常用的条件编译语句有如下几种形式。

（1）形式一

对应的语法格式如下：

```
#if 常数表达式        或者        #if 常数表达式
    程序段 1                          程序段
#else                              #endif
    程序段 2
#endif
```

该语句的作用是：首先求"常数表达式"的值，如果为真（非 0），就编译"程序段 1"，否则编译"程序段 2"。如果没有#else 部分，则当"常数表达式"的值为 0 时，直接跳过#endif。

（2）形式二

对应的语法格式如下：

```
#ifdef 宏名          或者        #ifdef 宏名
    程序段 1                          程序段
#else                              #endif
    程序段 2
#endif
```

该语句的作用是，如果#ifdef 后的"宏名"在此之前已用#define 语句定义，就编译"程序段 1"；否则编译"程序段 2"。如果没有#else 部分，则当宏名未定义时，直接跳过#endif。

（3）形式三

对应的语法格式如下：

```
#ifndef 宏名         或者        #ifndef 宏名
    程序段 1                          程序段
#else                              #endif
    程序段 2
#endif
```

#ifndef 语句的功能与#ifdef 相反，如果宏名未定义，则编译"程序段 1"；否则编译"程序段 2"。

### 8.2.2 例题解析

**1. 单项选择题**

【例 8-2-1】以下程序的输出结果是____。

```
#include <stdio.h>
void main()
{   #if defined(NULL)
    printf("NULL=%d\n",NULL);
    #else
    printf("NULL 未定义!\n");
    #endif
}
```

A. NULL=0        B. NULL未定义!        C. NULL=1        D. 编译错误

**解**：程序中的 defined()操作符用于测试某名称是否被定义。由于 NULL 在 stdio.h 中定义为 0，故 defined(NULL)返回真，执行其后的 printf 语句。本题答案为 A。

【例 8-2-2】以下程序的输出结果是____。

```
#include <stdio.h>
#define ABCD
void main()
{   #if defined(ABCD)
    printf("ABCD\n");
    #else
    printf("!ABCD\n");
    #endif
}
```

    A. 编译错误         B. ABCD        C. !ABCD       D. 不输出任何字符

**解**：程序中的#define ABCD 表示定义了 ABCD 宏（defined(ABCD)返回真）。本题答案为 B。

### 2. 填空题

【例 8-2-3】说明以下程序的功能。

```
#include <stdio.h>
void main()
{   float r,s;
    printf("输入半径:");
    scanf("%f",&r);
    #ifdef PI
    s=PI*r*r;
    #else
    #define PI 3.14159
    s=PI*r*r;
    #endif
    printf("s=%f\n", s);
}
```

**解**：程序的功能是用于计算给定半径的圆的面积。其中宏语句的功能是：如果之前定义过宏PI，则直接计算面积，如果之前未定义宏PI，则使用#define PI 3.14159 定义PI，然后再计算面积。

### 3. 程序设计题

【例 8-2-4】编写一个程序，用户输入一个字符串，可以原样输出，也可以逆向输出。使用条件编译的方法加以控制。

**解**：采用#ifndef-#else-#endif语句进行控制。对应的程序如下：

```
#include <stdio.h>
#define CONVERSE
void main()
{   char str[50], *p=str;
    printf("输入一字符串:");
    scanf("%s", str);
    printf("输出结果:");
```

```
    #ifndef CONVERSE     /*原样输出*/
    printf("%s\n",str);
    #else                /*逆序输出*/
    while (*p++!='\0');
    p-=2;
    while (p>=str)
        printf("%c",*p--);
    printf("\n");
    #endif
}
```

# 8.3 知识点 3：文件包含

## 8.3.1 要点归纳

所谓文件包含预处理，是指在一个文件中将另一个文件的全部内容包含进来的处理过程，即将另外的文件包含到本文件中。C语言系统提供了#include编译预处理命令实现文件包含操作，其一般格式为：

`#include <包含文件名>`    或者`#include "包含文件名"`

其中，"包含文件名"是指要包含进来的文本文件的名称，又称头文件或编译预处理文件。用尖括号括住包含文件名，表示直接到指定的标准包含文件目录（Turbo C中通常是\TC\INCLUDE目录）去寻找文件；用双引号括住包含文件名，表示先在当前目录寻找，如找不到再到标准包含文件目录寻找。

文件包含预处理的功能是，在对源程序进行编译之前，用包含文件的内容取代该文件包含的预处理语句。

## 8.3.2 例题解析

### 1. 单项选择题

【例 8-3-1】以下_____不是 C 语言所提供的预处理命令。
　　A. 宏定义　　　　B. 文件包含　　　　C. 条件编译　　　　D. 字符预处理
　　解：D。

【例 8-3-2】对于文件包含处理，在编译时_____。
　　A. 把用#include命令指定的文件与本文件用link命令进行联接
　　B. 把用#include命令指定的文件与本文件进行宏替换
　　C. 把用#include命令指定的文件与本文件用project命令进行联接
　　D. 把用#include命令指定的文件与本文件作为一个源文件进行编译
　　解：D。

【例 8-3-3】以下叙述正确的是_____。
　　A. 用#include包含的头文件行后缀不可以是".a"
　　B. 可以使用#undef命令来终止宏定义的作用域

C. 在进行宏定义时，宏定义不能层层替换

D. 对程序中用双引号括起来的字符串内的字符，与宏名相同的要进行替换

▶ 解：B。

【例8-3-4】程序中头文件type1.h 的内容是：

```
#define N  5
#define M1 N*3
```

程序如下：

```
#include "type1.h"
#define M2 N*2
void main()
{   int i;
    i=M1+M2;
    printf("%d\n",i);
}
```

程序编译后运行的输出结果是_____。

A. 10　　　　　　B. 20　　　　　　C. 25　　　　　　D. 30

▶ 解：在编译程序时，预处理过程中将type1.h 文件的文本替换#include "type1.h"语句。本题答案为 C。

### 2. 填空题

【例8-3-5】以下程序的功能是_____。

a.c文件：

```
#include <stdio.h>
#include "myfile.txt"
void main()
{
    func();              /*func()函数定义在myfile.txt 文件中*/
}
```

myfile.txt 文件：

```
func()                   /*func()为一个递归函数*/
{   char c;
    if ((c=getchar())!='\n')
        func();
    putchar(c);
}
```

▶ 解：在编译a.c文件时，预处理过程中将myfile.txt文件的文本替换#include "myfile.txt"语句。本题答案为接受用户的按键序列，直到按Enter键为止，然后将该字符序列显示出来。

## 8.4　知识点4：位段

### 8.4.1　要点归纳

位段又可称为位域。C语言中没有专门的位段类型，位段的定义要借助于结构体，即以

二进制位为单位定义结构体成员所占存储空间。从而就可以按"位"来访问结构体中的成员，这一功能是很有用的。某些设备接口之间传输信息是以字节为单位的，字节中的不同位代表不同的控制信号，使用中常常需要单独置值或清零。又如 C 语言中没有逻辑量，是用 0 代表"假"，非 0 代表"真"。实际只需一个二进制位就可存储。利用位段就可以在一个字节中存放几个逻辑量。

位段结构体成员声明的一般形式如下：

数据类型 成员名：整数

其中，"数据类型"只能是 unsigned、shor unsigned 或 int 型，"整数"指出位段的长度。例如，以下语句声明了一个位段结构体：

```
struct packed_data    /*packed_data 为位段结构体类型名*/
{   unsigned a:1;
    unsigned b:2;
    unsigned c:3;
}
```

其中，a、b、c分别占1位、2位和3位，共占1个字节。

位段的定义遵守以下规定：

- 不允许位段跨越一个字的边界，如果一个字余下的空间不能容纳一个位段，则这个位段从相邻的下一个字的边界开始存放。由此在上一个字中留下未用的空位，称为空穴。
- 位段可以没有名字，无名位段表示该空间不用。
- 位段只能作为结构体成员，不能作共用体的成员。
- 位段没有地址，对位段不能进行取地址的 "&" 运算。
- 位段的长度不能大于机器字长度，也不能定义位段数组。
- 位段可以用整型格式符输出。
- 位段可以在数值表达式中引用，它会被系统自动转换成 int 型。

提示    本小节程序均在 Turbo C 中运行。

### 8.4.2 例题解析

**1. 单项选择题**

【例 8-4-1】以下程序的运行结果是_____。

```
#include <stdio.h>
void main()
{   struct st
    {   unsigned a:10;
        unsigned b:12;
        unsigned c:2;
    } x;
    printf("%d\n",sizeof(x));
}
```

A. 2  B. 3  C. 24  D. 不能通过编译

▶ **解**：位段结构体变量 a 的总长度为 24 个位，即 3 个字节。本题答案为 B。

**【例 8-4-2】** 以下程序的运行结果是_____。

```
#include <stdio.h>
void main()
{   struct st
    {
        unsigned a:20;
    } x;
    printf("%d\n",sizeof(x));
}
```

A. 1  B. 2  C. 3  D. 不能通过编译

▶ **解**：位段的最大长度为 16，本题定义的位段长度为 20，所以编译有错。本题答案为 D。

### 2. 填空题

**【例 8-4-3】** 以下程序的运行结果是_____。

```
#include <stdio.h>
void main()
{   struct
    {   unsigned short a:10;
        unsigned short b:6;
    } bit,*pbit;
    bit.a=100;
    bit.b=20;
    printf("%d,%d,",bit.a,bit.b);
    pbit=&bit;
    pbit->a=200;
    pbit->b=40;
    printf("%d,%d\n",bit.a,bit.b);
}
```

▶ **解**：本题答案为 100,20,200,40。

# 第 9 章 文 件

> **基本知识点**：文件的概念、文件指针、文件类型、文件的各种输入输出操作、文件的随机存取等。
> **重　　点**：文件打开时的文件使用模式选择、各种输入输出函数的使用。
> **难　　点**：文件的随机读/写操作方法及其应用。

## 9.1 知识点 1：文件概述

### 9.1.1 要点归纳

#### 1. 文件的分类

文件通常是存储在外部介质上的，在使用时才调入内存中来。从不同的角度可对文件做不同的分类。

（1）从用户的角度看，文件可分为普通文件和设备文件两种

普通文件是指存储在磁盘或其他外部介质上的一个有序数据集，可以是源程序文件、目标文件、可执行程序；也可以是一组待输入处理的原始数据，或者是一组输出的结果。对于源程序文件、目标文件、可执行程序可以称做程序文件，对输入输出数据可以称做数据文件。

设备文件是指与主机相连的各种外部设备，如显示器、打印机、键盘等。在操作系统中，把外部设备也看作是一个文件来进行管理，把通过它们而进行的输入、输出等同于对磁盘文件的读和写。C中常用的标准设备文件名如下。

- CON 或 KYBD：键盘。
- CON 或 SCRN：显示器。
- PRN 或 LPT1：打印机。
- AUX 或 COM1：异步通信口。

另外有三个标准设备文件的文件结构体指针也是由系统命名的，如下所示。

- stdin：标准输入文件结构体指针（系统分配为键盘）。
- stdout：标准输出文件结构体指针（由系统分配为显示器）。
- stderr：标准错误输出文件结构体指针（由系统分配为显示器）。

**（2）从文件的存取（读/写)方式来看，文件可分为顺序文件和随机文件**

所谓顺序文件，是指按从头到尾的顺序读出或写入的文件。例如，要从一个学生成绩数据文件中读取数据时，顺序存取方式必然是先读取第 1 个学生的成绩数据，再读取第 2 个数据，依次类推，而不能随意读取第 i 个学生的成绩信息。顺序存取通常不用来更新已有的某个数据，而是用来重写整个文件。

而随机文件的记录通常具有固定的长度，因而可以直接访问文件中的特定记录，也可以把数据插入到文件中，即覆盖当前位置的记录，达到数据修改的目的。

**（3）从文件编码的方式来看，文件可分为 ASCII 码文件和二进制码文件两种**

文本文件的每一个字节放一个 ASCII 码，代表一个字符。文本文件由文本行组成，每一行中可以有零个或多个字符，并以换行符"\n"结尾，文本文件以 EOF（-1）作为文件结束标志。在用文本文件向计算机输入时，将回车换行符（\r 和\n）转换成一个换行符（\n），在输出时把换行符转换成为回车和换行两个字符。文本文件也称为 ASCII 码文件，具有可读性。

二进制文件是把内存中的数据按其在内存中的存储形式原样输出到磁盘上存放，即每个字符占一个字节（字符仍以 ASCII 码存放），但对于数值存储格式就不同了，如每个 short int 数据占两个字节，例如，字符串"5678"的存储格式为 00110101、00110110、00110111、00111000，占 4 个字节，而 short int 型数值 5678 的存储格式为 0001011000101110，占 2 个字节。当从二进制文件中读入数据时，不做像文本文件那样从回车换行符到换行符之间的转换，而直接将读入的数据存入变量所占内存空间。因此，二进制文件不具有可读性，但从存储空间的利用来看，short int 型数无论位数大小均占 2 个字节，字符需按位数来存放，所以二进制文件相对来说节省存储空间。

**2. 流和文件指针**

流是程序输入或输出的一个连续的数据序列，设备（如键盘、磁盘、屏幕和打印机等）的输入输出都是用流来处理的。在 C 语言中，所有的流均以文件的形式出现，包括设备文件。流实际上是文件输入输出的一种动态形式。所以 C 语言中文件不是由记录组成的，而是被看作一个字符（字节）的序列，称为流式文件，如图 9.1 所示。

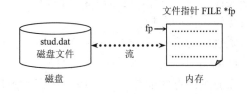

图 9.1 流式文件的含义

文件指针是指向一个结构体类型的指针变量。这个结构体中包含有诸如缓冲区的地址、在缓冲区中当前存取的字符位置、对文件是"读"还是"写"、是否出错等信息。用户不必去了解其中的细节，所有一切都在stdio.h 头文件中进行了定义；并称此结构体类型名为FILE，可以用此类型名来定义文件指针。定义文件类型指针变量的一般使用格式为：

```
FILE *文件指针；
```

在磁盘上每个文件都有一个文件名，如"D:\TC\test.dat"。在C语言中，由于"\"是转义字符的引导符，所以该文件名的字符串表示为"D:\\TC\\test.dat"。

通过文件指针能够找到与它相关的文件，如用文件指针 fp 与名称为 D:\TC\test.dat 的磁盘文件关联（通过 fopen 函数实现），以后程序中就通过文件指针 fp 对这个磁盘文件进行读/写等操作。

文件指针通常被称为流，输入输出函数通过流来对文件进行处理。

在文件内部有一个位置指针，用来指向文件的当前读/写字节。应注意文件指针和文件内部的位置指针不是一回事。文件指针是指向整个文件的，需在程序中用 FILE 进行定义，只要不重新赋值，文件指针的值是不变的。文件内部的位置指针用以指示文件内部的当前读/写位置，每读/写一次，该指针就会向后移动，它不需要在程序中定义，而是由系统自动设置。

提示
文件中位置编号从 1 开始，即第 1 个字节的编号为 1。

### 3. 文件的操作流程

通过程序对文件进行操作，达到从文件中读数据或向文件中写数据的目的，涉及的操作有：建立文件、打开文件、从文件中读数据或向文件中写数据、关闭文件等。C 语言中，没有输入输出语句，对文件的操作都是用库函数来实现的。文件的操作一般遵循的步骤如下：

① 建立/打开文件。
② 从文件中读取数据或向文件中写数据。
③ 关闭文件。

打开文件是进行文件的读或写操作之前的必要步骤。打开文件就是将指定文件与程序联系起来，为下面将进行的文件读/写工作做好准备。当为进行写操作而打开一个文件时，如果这个文件不存在，则系统会建立这个文件，并打开它。当为进行读操作而打开一个文件时，一般这个文件应该是已经存在的，否则会出错。数据文件可以借助常用的文本编辑程序建立，就如同建立源程序文件一样，当然，也可以是其他程序写操作生成的文件。

磁盘文件存取示意图如图 9.2 所示。C 程序中不能直接对磁盘文件操作，需通过内存中的变量来实现这种存取操作。

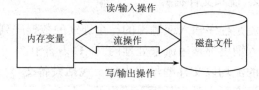
图9.2　磁盘文件存取示意图

从文件中读取数据，就是从指定文件中取出数据，存入程序在内存中的数据区，如变量或数组中。

向文件中写数据，就是将程序的输出结果存入指定的文件中，即文件名所对应的外存储器上的存储区中。

关闭文件就是取消程序与指定的数据文件之间的联系，表示文件操作的结束。

## 9.1.2　例题解析

### 1. 单项选择题

【例 9-1-1】以下叙述中不正确的是_____。

A. C语言中的文本文件以ASCⅡ码形式存储数据
B. C语言中对二进制文件的访问速度比文本文件快
C. C语言中，随机读/写方式不适用于文本文件
D. C语言中，顺序读/写方式不适用于二进制文件

▶ 解：C 语言中的文本文件以 ASCⅡ码形式存储数据。本题答案为 A。

【例 9-1-2】以下叙述中错误的是_____。
A. 以二进制格式输出文件，则文件中的内容与内存中完全一致
B. 定义：int n=123;若以ASCII文件的格式存放，变量n将在磁盘上占 3 个字节
C. C语言中，没有输入输出语句，对文件的读/写都是用库函数来实现的
D. C语言的文件中，数据以记录为界线，便于区分

▶ 解：C 语言中的文件是流式文件，没有记录的概念，数据之间也没有界线。本题答案为 D。

【例 9-1-3】以下叙述中正确的是_____。
A. 文件打开后不必关闭
B. 以文本方式打开一个文件输出时，将换行符转换为回车换行两个字符
C. 以文本方式打开一个文件输入时，将换行符转换为回车换行两个字符
D. C语言中，对文件的读/写是以字为单位的

▶ 解：在用文本文件向计算机输入时，将回车换行符(\r 和\n)转换成一个换行符(\n)，在输出时把换行符转换成为回车和换行两个字符。本题答案为 B。

【例 9-1-4】在 C 语言中，文件由_____。
A. 字符序列组成　　　B. 记录组成　　　C. 数据行组成　　　D. 数据块组成

▶ 解：文件是一个字符序列。本题答案为 A。

【例 9-1-5】缺省状态下，系统的标准输入文件设备是_____。
A. 键盘　　　　　　　B. 显示器　　　　C. 软盘　　　　　　D. 硬盘

▶ 解：键盘是系统的标准输入设备，其文件名为 CON。本题答案为 A。

【例 9-1-6】C 语言中可以处理的文件类型是_____。
A. 文本文件和数据文件　　　　　　　B. 文本文件和二进制文件
C. 数据文件和二进制文件　　　　　　D. 以上都不对

▶ 解：B。

【例 9-1-7】以下关于文件的叙述中正确的是_____。
A. 对文件操作必须先关闭文件　　　　B. 对文件操作必须先打开文件
C. 对文件的操作顺序没有统一的规定　　D. 以上都不对

▶ 解：对文件操作必须先打开文件，本题答案为 B。

【例 9-1-8】在进行文件操作时，写文件的一般含义是_____。
A. 将计算机内存中的信息存入磁盘　　B. 将磁盘中的信息存入计算机内存
C. 将计算机CPU中的信息存入磁盘　　D. 将磁盘中的信息存入计算机CPU

▶ **解**：文件的读/写操作是相对于计算机内存的。本题答案为 A。

【例 9-1-9】在进行文件操作时，文件读操作的一般含义是_____。
　　A. 将计算机内存中的信息存入磁盘　　　　B. 将磁盘中的信息读入计算机内存
　　C. 将计算机CPU中的信息存入磁盘　　　　D. 将磁盘中的信息读入计算机CPU
▶ **解**：文件的读/写操作是相对于计算机内存的。本题答案为 B。

【例 9-1-10】在 C 语言中，从计算机内存中将数据写入文件中，称为_____。
　　A. 输入　　　　　　B. 输出　　　　　　C. 修改　　　　　　D. 删除
▶ **解**：文件的输入输出操作是相对于计算机内存的。本题答案为 B。

【例 9-1-11】在 C 语言中，将文件中的数据读入到计算机内存中，称为_____。
　　A. 输入　　　　　　B. 输出　　　　　　C. 修改　　　　　　D. 删除
▶ **解**：文件的输入输出操作是相对于计算机内存的。本题答案为 A。

【例 9-1-12】在 C 语言中对文件操作的一般步骤是_____。
　　A. 打开文件，操作文件，关闭文件　　　　B. 操作文件，修改文件，关闭文件
　　C. 读/写文件，打开文件，关闭文件　　　　D. 读文件，写文件，关闭文件
▶ **解**：A。

【例 9-1-13】在下列语句中，将 c 定义为文件型指针的是_____。
　　A. FILE c;　　　　B. FILE *c;　　　　C. file c;　　　　D. file *c;
▶ **解**：本题答案为 B。

### 2. 填空题

【例 9-1-14】在 C 语言中，文件的存取是以__①__为单位的，这种文件被称为__②__文件。
▶ **解**：本题答案为①字符，②流式。

【例 9-1-15】"FILE *p" 的作用是定义了一个__①__，其中的"FILE"是在__②__头文件中定义的。
▶ **解**：本题答案为①文件指针，②stdio.h。

【例 9-1-16】在 C 程序中，文件按存取方式分为_____和_____两种类型。
▶ **解**：本题答案为顺序随机。

【例 9-1-17】在 C 语言的文件系统中，最重要的概念是文件指针，定义文件指针的方法是__①__ *fp，其中 fp 是一个指向__②__类型结构体的指针变量。
▶ **解**：本题答案为①FILE，②FILE。

【例 9-1-18】在 C 语言的文件系统中，文件指针指向__①__，文件内部的位置指针指示文件内部的__②__。
▶ **解**：本题答案为①整个文件，②当前读/写位置。

## 9.2 知识点 2：文件的操作

### 9.2.1 要点归纳

文件的操作主要是文件的输入和输出。

#### 1. 文件的打开和关闭

（1）打开文件

打开文件就是把程序中要读、写的文件与磁盘上实际的数据文件联系起来。打开文件的函数是 fopen()，其一般使用格式如下：

```
fopen(文件名,文件使用模式);
```

该函数返回一个指向 FILE 类型的指针。其中，"文件名"是一个由双引号括起来的实际的文件名称，如"abc.txt"；"文件使用模式"指出打开该文件的模式。fopen()函数的功能是以"文件使用模式"指定的模式打开指定的文件，由一个文件指针如 fp 指向它，之后的文件操作直接通过该文件指针操作即可。"文件使用模式"的取值及含义如表 9.1 所示。

fopen 函数既可以打开文本文件也可以打开二进制文件。

表 9.1 "文件使用模式"的取值及含义

| 文件使用模式 | 处理方式 | 指定文件不存在时 | 指定文件存在时 |
| --- | --- | --- | --- |
| "r" | 读取（文本文件） | 出错 | 正常打开 |
| "w" | 写入（文本文件） | 建立新文件 | 文件原有内容丢失 |
| "a" | 添加（文本文件） | 建立新文件 | 在文件原有内容末尾添加 |
| "rb" | 读取（二进制文件） | 出错 | 正常打开 |
| "wb" | 写入（二进制文件） | 建立新文件 | 文件原有内容丢失 |
| "ab" | 添加（二进制文件） | 建立新文件 | 在文件原有内容末尾添加 |
| "r+" | 读取/写入（文本文件） | 出错 | 正常打开 |
| "w+" | 写入/读取（文本文件） | 建立新文件 | 文件原有内容丢失 |
| "a+" | 读取/添加（文本文件） | 建立新文件 | 在文件原有内容末尾添加 |
| "rb+" | 读取/写入（二进制文件） | 出错 | 正常打开 |
| "wb+" | 写入/读取（二进制文件） | 建立新文件 | 文件原有内容丢失 |
| "ab+" | 读取/添加（二进制文件） | 建立新文件 | 在文件原有内容末尾添加 |

执行本函数，若指定的文件不能打开或发生错误，该函数返回一个空指针NULL（0）；否则返回一个非 0 值。

当对文件的读/写操作完成之后，必须将它关闭，使文件指针与关联的文件脱离联系，以便可以重新分配文件指针去指向其他文件。若对文件的使用模式为"写"方式，则系统首先把文件缓冲区中剩余数据全部输出到文件中，然后使两者脱离联系。由此可见，在完成了对文件的操作之后，应当关闭文件，否则文件缓冲区中的剩余数据就会丢失。

（2）关闭文件

关闭文件使用 fclose 函数，其一般使用格式如下：

```
fclose(文件指针);
```

其中,"文件指针"是已打开过的文件指针。执行本函数时,若文件关闭成功,则返回0,否则返回-1。

fclose 函数既可以关闭文本文件也可以关闭二进制文件。

(3)判断文件结束

判断文件结束就是判断文件指针是否指向文件末尾,feof 函数用于检测文件是否结束。其一般使用格式如下:

```
feof(文件指针)
```

其中,"文件指针"是已打开过的文件指针。执行本函数时,若文件结束即文件位置指针在文件末尾,则返回一个非 0 值(真);否则返回 0 值(假)。

feof 函数既可以判断文本文件也可以判断二进制文件。

提示

文本文件以EOF(-1)作为文件结束标志,因为ASCII代码值的范围是 0~255,不可能出现-1,所以编写从一个磁盘文本文件中逐个读取字符并输出到屏幕上的程序时,可以在while循环中以EOF作为文件结束标志。但二进制文件中就会有-1值的出现,因此不能采用EOF作为二进制文件的结束标志,必须使用feof函数进行判断。

对于文本文件只能使用以下介绍文件的字符、字符串和格式化输入输出函数。对于二进制文件,可以使用以下介绍的所有输入输出函数,包括数据块输入输出函数。

**2. 文件的字符输入输出函数**

(1)文件字符输入函数

所谓文件输入是指从文件中读出数据,将其保存到内存变量中,文件输入是相对内存变量而言的。函数 getc 或 fgetc 用于输入一个字符。一般使用格式如下:

```
ch=getc(fp);或者 ch=fgetc(fp);
```

其中,fp 是文件指针。该函数从指定的文件中读取一个字符并将其转换成一个字节的代码值保存在 ch 中。执行本函数,当读到文件末尾或出错时,该函数返回一个文件结束标志 EOF(-1)。

(2)文件字符输出函数

所谓文件输出是指将保存在内存变量(输出操作是相对内存变量而言的)中的数据写到文件中。函数 putc 或 fputc 用于输出一个字符。一般使用格式如下:

```
putc(ch,fp);
```

或者

```
fputc(ch,fp);
```

其中,fp 是文件指针。执行本函数时,若成功,则把字符 ch 写入到指定的文件;否则返回文件结束标志 EOF(-1)。

## 3. 文件的字符串输入输出函数

（1）字符串输入函数

与文件的字符输入一样，文件字符串输入是指从文件中读出一个字符串并将其保存到内存变量中。函数 fgets 用于输入一个字符串。一般使用格式如下：

```
fgets(字符变量,n,fp);
```

其中，fp 是文件指针。该函数从指定的文件中读取由整数 n 指定个数的字符，并将其保存在<字符变量>指定的缓冲区中。当满足下列条件之一时，读取过程结束：

- 已读取了 n-1 个字符；
- 当前读取的字符是回车符；
- 已读取到文件末尾。

执行本函数，在成功时返回"字符变量"所指的字符串；否则返回NULL（0）或文件结束标记EOF（-1）。

（2）字符串输出函数

与文件的字符输出一样，文件字符串输出是指将一个存放在内存变量中的字符串写到文件中。函数 fputs()用于输出一个字符串。一般使用格式如下：

```
fputs(字符变量,fp);
```

其中，fp 是文件指针。该函数把"字符变量"指定的字符串写入到指定的文件中去。执行本函数，成功时返回 0；否则返回文件结束标志 EOF（-1）。

## 4. 文件的格式化输入输出函数

（1）格式化输出函数

格式化输出函数 fprintf 按指定的格式将内存中的数据转换成对应的字符，并以 ASCII 码形式输出到文本文件中。它与 printf 函数相似，只是输出的内容将按格式存放在磁盘的文本文件中。其一般使用格式如下：

```
fprintf(fp,格式串,输出项表);
```

其中，fp 是文件指针。该函数把格式化的数据输出到指定的文件中去。这里的"格式串"和"输出项表"的用法与 printf 函数的相同。执行本函数，成功时返回所写的字节数；若出错，则返回一个负数。

函数 fprintf 适合于文本文件和二进制文件的输入。

（2）格式化输入函数

格式化输入函数 fscanf 只能从文本文件中按格式输入。fscanf 函数和 scanf 函数相似，只是输入的对象是磁盘上文本文件中的数据。其一般使用格式如下：

```
fscanf(fp,格式串,输入项表);
```

其中，fp 是文件指针。该函数从指定的文件读取格式化的数据。这里的"格式串"和"输入项表"的用法与 scanf 函数的相同。执行本函数，成功时返回读出的字段数，不包括数据分隔符；若读到文件末尾，则返回文件结束标志 EOF（-1）；若没有字段被读取，则返回 0 值。

使用 fprintf 和 fscanf 函数对文件读/写时，使用方便，容易理解，但由于在输入时要将 ASCII 码转换为二进制格式，在输出时又要将二进制格式转换成字符，花费时间比较多。因此，在内存和磁盘频繁交换数据的情况下，最好不用 fprintf 和 fscanf 函数，而用 fread 和 fwrite 函数。

**5. 文件的数据块输入输出函数**

数据块输入输出函数只适合于二进制文件。

（1）数据块输出函数

数据块输出函数 fwrite 的一般使用格式如下：

```
fwrite(buf,size,count,fp);
```

其中，buf 是输出数据在内存中存放的起始地址，即数据块指针；size 是要写入文件的字节数，即每个数据块的字节数；count 用来指定每次写入数据块的个数（每个数据块具有 size 个字节）；fp 是文件指针。

该函数的功能是将 buf 为首地址的内存中取出 count 个数据块（每个数据块为 size 个字节），写入到文件指针 fp 指定的文件中。执行本函数，成功时返回实际写入的数据块个数；出错时返回 0 值。

（2）数据块输入函数

数据块输入函数 fread 的一般使用格式如下：

```
fread(buf,size,count,fp);
```

其中，buf 是输入数据在内存中存放的起始地址；size 是要读取的字节数，即每个数据块的字节数；count 用来指定每次读取数据块的个数（每个数据块具有 size 个字节）；fp 是文件指针。

该函数的功能是在 fp 指定的文件中读取 count 个数据块（每个数据块为 size 个字节），存放到 buf 指定的内存单元地址中去。执行本函数，成功时返回实际读出的数据块个数；出错或遇到文件末尾时返回 0。

C 语言提供了各种文件读写函数，即字符、字符串、格式化和块操作，在编程时需根据文件类型（文本/二进制文件）选择相应的读写函数。

### 9.2.2 例题解析

**1. 单项选择题**

【例 9-2-1】以读/写方式打开一个已有的文本文件 file1，并且已定义 FILE *fp。下面 fopen 函数正确的调用方式是_____。

A. fp=fopen("file1","r")  B. fp=fopen("file1","r+")
C. fp=fopen("file1","rb")  D. fp=fopen("file1","w")

▶ 解：见表 9.1。本题答案为 B。

【例 9-2-2】若要打开 A 盘上 user 子目录下名为 abc.txt 的文本文件进行读、写操作。下面符合此要求的函数调用是_____。

A. fopen("A:\user\abc.txt","r")  B. fopen("A:\\user\\abc.txt","r+")
C. fopen("A:\user\abc.txt","rb")  D. fopen("A:\\user\\abc.txt","w")

▶ 解：见表 9.1。本题答案为 B。

【例 9-2-3】打开一个新的二进制文件，若要用 fopen 函数，使该文件要既能读又能写，则文件打开时的文件使用模式是_____。

A. "rb+"  B. "wb+"  C. "b+"  D. "ab"

▶ 解：见表 9.1。本题答案为 B。

【例 9-2-4】当执行 fopen 函数时发生错误，则函数的返回值是_____。

A. -1  B. TRUE  C. 0  D. 1

▶ 解：C。

【例 9-2-5】当顺利执行了文件关闭操作时，fclose 函数的返回值是_____。

A. -1  B. TRUE  C. 0  D. 1

▶ 解：C。

【例 9-2-6】若 fp 是指向某文件的指针，且已读到此文件末尾，则库函数 feof(fp)的返回值是_____。

A. EOF  B. 0  C. 非零值  D. NULL

▶ 解：C。

【例 9-2-7】使用 fgetc 函数，则打开文件的方式必须是_____。

A. 只写  B. 添加  C. 读或读/写  D. B和C都正确

▶ 解：函数 fgetc 的功能是从指定文件中读一个字符，所以文件必须以读或读/写的方式打开。本题答案为 C。

【例 9-2-8】当调用 fputc 函数输出字符成功，其返回值是_____。

A. EOF  B. 1  C. 0  D. 输出的字符

▶ 解：D。

【例 9-2-9】标准库函数 fgets(s,n,f)的功能是_____。

A. 从文件f中读取长度为n的字符串存入指针s所指的内存
B. 从文件f中读取长度不超过n-1 的字符串存入指针s所指的内存
C. 从文件f中读取n个字符串存入指针s所指的内存
D. 从文件f中读取长度为n-1 的字符串存入指针s所指的内存

▶ 解：B。

【例 9-2-10】标准库函数 fputs(p1,p2)的功能是_____。
  A. 从 p1 指向的文件中读一个字符串存入 p2 指向的内存
  B. 从 p2 指向的文件中读一个字符串存入 p1 指向的内存
  C. 从 p1 指向的内存中读一个字符串写到 p2 指向的文件中
  D. 从 p2 指向的内存中读一个字符串写到 p1 指向的文件中

▶ 解：C。

【例 9-2-11】在 C 程序中，可把整数以二进制形式存放到文件中的函数是_____。
  A. fprintf 函数　　　B. fread 函数　　　C. fwrite 函数　　　D. fputc 函数

▶ 解：A。

【例 9-2-12】fscanf 函数的正确调用格式是_____。
  A. fscanf(文件指针,格式字符串,输出列表)
  B. fscanf(格式字符串,输出列表,文件指针)
  C. fscanf(格式字符串,文件指针,输出列表)
  D. fscanf(文件指针,格式字符串,输入列表)

▶ 解：D。

【例 9-2-13】以下叙述中错误的是_____。
  A. 二进制文件打开后可以先读文件的末尾，而顺序文件不可以
  B. 在程序结束时，应当用 fclose 函数关闭已打开的文件
  C. 利用 fread 函数从二进制文件中读数据时，可以用数组名给数组中所有元素读入数据
  D. 不可以用 FILE 定义指向二进制文件的文件指针

▶ 解：D。

【例 9-2-14】fwrite 函数的一般调用格式是_____。
  A. fwrite(buffer,count,size,fp)　　　B. fwrite(fp,size,count,buffer)
  C. fwrite(fp,count,size,buffer)　　　D. fwrite(buffer,size,count,fp)

▶ 解：D。

【例 9-2-15】若定义 int a[5]，fp 是指向某一已经正确打开了的文件的指针，以下函数调用中不正确的_____。
  A. fread(a[0],sizeof(int),5,fp)　　　B. fread(&a[0],5*sizeof(int),1,fp)
  C. fread(a,sizeof(int),5,fp)　　　D. fread(a,5*sizeof(int),1,fp)

▶ 解：fread 函数的第一个参数是存放读入数据的内存区的首地址，而不是某个数据元素。本题答案为 A。

【例 9-2-16】fread(buf,64,2,fp)的功能是_____。
  A. 从 fp 文件流中读出整数 64，并存放在 buf 中
  B. 从 fp 文件流中读出整数 64 和 2，并存放在 buf 中
  C. 从 fp 文件流中读出 64 字节的字符，并存放在 buf 中
  D. 从 fp 文件流中读出两个 64 字节的字符，并存放在 buf 中

▶ 解：D。

【例 9-2-17】已知函数的调用形式为 fread(buffer,size,count,fp)，其中 buffer 代表的是____。

    A. 一个整型变量，代表要读入的数据项总数     B. 一个文件指针，指向要读的文件
    C. 一个指针，指向要读入数据的存放地址     D. 一个存储区，存放要读的数据项

▶ 解：C。

【例 9-2-18】设有以下结构类型：

```
struct student
{   char name[8];
    int no;
    float score[4];
} st[50];
```

并且结构体数组 st 中的元素都已有值，若要将这些元素写到硬盘文件 fp 中，以下错误的格式是_____。

    A. fwrite(st,sizeof(struct student),50,fp)

    B. fwrite(st,50*sizeof(struct student),1,fp)

    C. fwrite(st,25*sizeof(struct student),25,fp)

    D. for (i=0;i<50;i++) fwrite(st,sizeof(struct student),1,fp)

▶ 解：C。

【例 9-2-19】下面的程序执行后，文件 test.dat 中的内容是_____。

```
#include <stdio.h>
#include <string.h>
void fun(char *fname,char *st)
{   FILE *myf; int i;
    myf=fopen(fname,"w");
    for(i=0;i<strlen(st); i++)
        fputc(st[i],myf);
    fclose(myf);
}
void main()
{   fun("test.dat","new world");
    fun("test.dat","hello");
}
```

    A. hello     B. new worldhello     C. new world     D. hello,rld

▶ 解：后写的内容覆盖文件中以前的内容。本题答案为 A。

【例 9-2-20】有以下程序：

```
#include <stdio.h>
void main()
{   FILE *fp; int i=20,j=30,k,n;
    fp=fopen("d1.dat","w");
    fprintf(fp,"%d\n",i);
    fprintf(fp,"%d\n",j);
    fclose(fp);
    fopen("d1.dat","r");
    fscanf(fp,"%d%d",&k,&n);
```

- 295 -

```
    printf("%d %d\n",k,n);
    fclose(fp);
}
```

程序运行后的输出结果是_____。

  A. 20 30      B. 20 50      C. 30 50      D. 30 20

▶ 解：A。

【例 9-2-21】以下程序企图把从终端输入的字符输出到名为 abc.txt 的文件中，直到从终端读入字符#号时结束输入和输出操作，但程序有错。

```
#include <stdio.h>
void main()
{   FILE *fout; char ch;
    fout=fopen('abc.txt','w');
    ch=fgetc(stdin);
    while(ch!='#')
    {   fputc(ch,fout);
        ch=fgetc(stdin);
    }
    fclose(fout);
}
```

出错的原因是_____。

  A. 函数fopen调用形式错误      B. 输入文件没有关闭
  C. 函数fgetc调用形式错误      D. 文件指针stdin没有定义

▶ 解：应改为 fout=fopen("abc.txt","w")。本题答案为 A。

【例 9-2-22】有以下程序：

```
#include <stdio.h>
void main()
{   FILE *fp; int i,k=0,n=0;
    fp=fopen("d1.dat","w");
    for(i=1;i<4;i++)
        fprintf(fp,"%d",i);
    fclose(fp);
    fp=fopen("d1.dat","r");
    fscanf(fp,"%d%d",&k,&n);
    printf("%d %d\n",k,n);
    fclose(fp);
}
```

执行后输出结果是_____。

  A. 1 2      B. 123 0      C. 1 23      D. 0 0

▶ 解：B。

【例 9-2-23】以下程序的功能是_____。

```
#include <stdio.h>
void main()
{   FILE *fp;
    char str[]="HELLO";
    fp=fopen("PRN","w");
    fputs(str,fp);
    fclose(fp);
```

}

  A. 在屏幕上显示"HELLO"      B. 把"HELLO"存入PRN文件中
  C. 在打印机上打印出"HELLO"    D. 以上都不对

▶ **解**：PRN 是打印机设备文件名，fp=fopen("PRN","w");语句的功能是打开打印机，向其中写内容即打印内容。本题答案为 C。

**【例 9-2-24】** 以下程序是将一个名为 old.dat 的文件复制到一个名为 new.dat 的新文件中。请填空。

```c
#include <stdio.h>
void main()
{  int c; FILE *fp1,*fp2;
   fp1=fopen("old.dat",___①___);
   fp2=fopen("new.dat",___②___);
   c=getc(fp1);
   while (c!=EOF)
   {  putc(c,fp2);
      c=getc(fp1);
   }
   fclose(fp1);
   fclose(fp2);
}
```

① A. "r"      B. "r+"      C. "rb"      D. "rb+"
② A. "w+"     B. "wb+"     C. "w"      D. "wb"

▶ **解**：打开 abc.dat 文件用于读，选择"r"文件模式，打开 new.dat 文件用于写，选择"w"文件模式。本题答案为① A   ② C。

**2. 填空题**

**【例 9-2-25】** 若 fp 已正确定义为一个文件指针，data.dat 为二进制文件，请填空，以便为"读"而打开此文件：fp=fopen(_____)。

▶ **解**：本题答案为"data.dat","rb"。

**【例 9-2-26】** 以下程序用来统计文件中的字符个数。请填空。

```c
#include <stdio.h>
void main()
{  FILE *fp; long num=0L;
   if((fp=fopen("test.dat","r"))==NULL)
   {  printf("Open error\n");
      return;
   }
   while(!feof(fp))
   {  fgetc(fp);
      num++;
   }
   printf("num=%ld\n",num-1);
   fclose(fp);
}
```

▶ **解**：while循环用于逐个读取文件中的字符，最后的换行符不计入字符个数。本题答案为!feof(fp)。

**【例 9-2-27】** 下面的程序用来统计文本文件（每行不超过 80 个字符）中的字符行数，请填空。

```
#include <stdio.h>
void main()
{   FILE *fp;
    int num=0; char buff[80];
    if((fp=fopen("test.dat","r"))==NULL)
    {   printf("不能打开文件!\n");
        return;
    }
    while (!feof(fp))
    {   fgets_____;
        num++;
    }
    printf("num=%d\n",num);
    fclose(fp);
}
```

▶ 解：while循环用于逐行读取文件中的字符，fgets函数用于读取一行字符存放到buff中。本题答案为(buff,80,fp)。

**【例 9-2-28】** 已有文本文件 test.dat，其中的内容为 Hello,everyone!。以下程序中，文件 test.txt 已正确为"读"而打开，由文件指针 fr 指向该文件，则程序的输出结果是_____。

```
#include <stdio.h>
void main()
{   FILE *fp; char str[40];
    fp=fopen("test.dat","r");
    fgets(str,5,fp);
    printf("%s\n",str);
    fclose(fp);
}
```

▶ 解：fgets函数在已读n-1（这里n=5）个字符后结束。本题答案为Hell。

**【例 9-2-29】** 以下 C 语言程序将磁盘中的一个文件复制到另一个文件中，两个文件名在命令行中给出。

```
#include <stdio.h>
void main(int argc,char *argv[])
{   FILE *f1,*f2;
    char ch;
    if(argc<   ①   )
    {   printf("Parameters missing!\n");
        return;
    }
    if(((f1=fopen(argv[1],"r"))==NULL)||((f2=fopen(argv[2],"w"))==NULL))
    {   printf("Can not open file!\n");
        return;
    }
    while(   ②   )
        fputc(fgetc(f1),f2);
    fclose(f1);
```

```
    fclose(f2);
}
```

▶ 解：本题答案为①3 ②!feof(f1)或feof(f1)==0。

【例 9-2-30】设有如下程序：

```
#include <stdio.h>
void main(int argc,char *argv[])
{   FILE *fp;
    void fc();
    int i=1;
    while(--argc>0)
        if((fp=fopen(argv[i++],"r"))==NULL)
        {   printf("Cannot open file! \n");
            return;
        }
        else
        {   fc(fp);
            fclose(fp);
        }
}
void fc(FILE *ifp)
{   char c;
    while((c=getc(ifp))!='#')
        putchar(c-32);
}
```

上述程序经编译、连接后生成可执行文件名为 cpy.exe。假定磁盘上有三个文本文件，其文件名和内容分别为：

文件名　　内容
a　　　　aaaa#
b　　　　bbbb#
c　　　　cccc#

如果在DOS下键入cpy a b c↙，则程序输出_____。

▶ 解：fc 函数的功能是读指定的文件，将文件中'#'号前的字符转换为大写字母后输出，cpy a b c 命令是依次打开 a、b 和 c 文件，打开文件后调用 fc 函数。本题答案为 AAAABBBBCCCC。

【例 9-2-31】下面程序把从终端读入的文本用@作为文本结束标志，并将该文本写入一个名称为 hi.dat 的新文件中，请填空。

```
#include <stdio.h>
FILE *fp;
void main()
{   char ch;
    if((fp=fopen(____①____))==NULL)
        return;
    while ((ch=getchar())!='@')
        fputc(ch,fp);
    ____②____;
}
```

▶ 解：本题答案为①"bi.dat","w"（以"w"开头的字符串都可以）　②fclose(fp)。

【例 9-2-32】以下程序的功能是：从键盘上输入一个字符串，把该字符串中的小写字母转换为大写字母，输出到文件 test.dat 中，然后从该文件读出字符串并显示出来。请填空。

```
#include <stdio.h>
void main()
{   FILE *fp; char str[100];
    int i=0;
    if((fp=fopen("test.dat",___①___))==NULL)
    {   printf("不能打开该文件\n");
        return;
    }
    printf("input astring:");
    gets(str);
    while (str[i])
    {   if(str[i]>='a'&&str[i]<='z')
            str[i]=___②___;
        fputc(str[i],fp);
        i++;
    }
    fclose(fp);
    fp=fopen("test.dat",___③___);
    fgets(str,100,fp);
    printf("%s\n",str);
    fclose(fp);
}
```

▶ 解：本题答案为①"w" 或 "w+" 或 "wb" 或 "wb+"，②str[i]-32 或str[i]-('a'-'A' 或 str[i]-'a'+'A'，③"r" 或 "r+" 或 "rb" 或 "rb+"。

【例 9-2-33】阅读下列程序说明和 C 代码，请填空。

程序说明：本程序找出文本文件 st.dat 中的所有整数。该文本文件中各整数之间以空格字符、Tab 符（制表符）、回车符分隔。程序中用数组 b[]存储不同的整数，变量 k 为已存入数组 b 中的不同整数的个数，并假定文件的不同整数个数不超过 1000 个。

程序如下：

```
#include <stdio.h>
#define N 1000
void main()
{   FILE ___①___;
    int b[N],d,i,k;
    if ((fp=___②___)==NULL)           /*以读方式打开文件*/
    {   printf("不能打开文件\n");
        return;
    }
    k=0;
    while (fscanf(___③___)==1)        /*从文件中读一个整数*/
    {   b[k]=d;
        for (i=0;b[i]!=d;i++);
        if (___④___) k++;
    }
    ___⑤___;
```

```
       for (i=0;i<k;i++)
           printf("%d",b[i]);
       printf("\n");
}
```

▶ 解：本题答案为

① *fp                      /*定义文件指针*/
② fopen("st.dat"，"r") /*以读方式打开正文文件*/
③ fp,"%d",&d              /*从文件中格式化读一个整数*/
④ i==k                    /*i、k 相等时 k 增 1*/
⑤ fclose(fp)              /*关闭文件*/

3．判断题

【例 9-2-34】判断以下叙述的正确性。

（1）在 C 语言中将文件视为无结构的字节流。
（2）C 语言中的文件是一种流式文件，读写时均以字符为单位。
（3）C 语言通过文件指针对它所指向的文件进行操作。
（4）为了提高读写效率，在读写文件操作后不应关闭文件以便下次再进行读写。
（5）file *fp;fp=fopen("a.txt","r");这样的定义和语句是合法的。
（6）用 fopen("file.dat","r+");打开的文件 file.dat 是可以进行修改的。
（7）当以参数 w 打开文件时，若指定路径下已有同名文件，则覆盖原有文件。
（8）由于在 C 语言中将文件视为无结构的字节流，所以不能对文件进行二进制读写。
（9）表达式 c=fgetc(fp)!=EOF 的功能是从 fp 指向的文件中读取字符，并判断文件是否结束。
（10）使用 fwrite 向文件中写入数据之前，该文件必须以 wb 方式打开。

▶ 解：（1）正确。
（2）正确。
（3）正确。
（4）错误。在读写文件操作后应关闭文件。
（5）错误。应改为 FILE *fp;fp=fopen("a.txt","r");。
（6）正确。
（7）正确。
（8）错误。可以对文件进行二进制读写操作。
（9）正确。
（10）正确。

4 简答题

【例 9-2-35】阅读以下程序，分析其功能。

```
#include<stdio.h>
void main()
{   FILE *fp;
    int b=0; char ch;
    if((fp=fopen("fname.txt","r"))==NULL)
```

```
        {    printf("Can not open file!\n");
             return;
        }
        while(!feof(fp))
        {    ch= fgetc(fp);
             if(ch==' ')      b+=1;
        }
        printf("b=%d\n",b);
        fclose(fp);
}
```

▶ **解**：程序先置整型变量b为0，再以只读方式打开文本文件fname.txt，通过while循环语句读取其中的所有字符，若该字符为空格，则b增1，最后输出b的值并关闭文件。程序功能为统计文本文件fname.txt中的空格个数。

【例9-2-36】阅读以下程序，分析其功能。

```
#include <stdio.h>
#include <string.h>
void main()
{   int i=0; char str[80],fname[20];
    FILE *fp;
    printf("输入文件名:");
    scanf("%s",fname);
    if ((fp=fopen(fname, "r"))==NULL)
    {   printf("不能打开%s 文件\n", fname);
        return;
    }
    while (fgets(str,80, fp)!=NULL)
        printf("%3d:%s",++i, str);
    fclose(fp);
}
```

▶ **解**：程序先打开用户输入的文件，然后循环读出每行字符，将每行字符加上从 1 开始的编号后输出在屏幕上。最后关闭该文件。程序的功能是输出指定文件的内容，在输出时给每行加上从 1 开始的行号。

【例9-2-37】假定在当前盘当前目录下有两个文本文件，其名称和内容如下：

| 文件名  | 内容     |
|---------|----------|
| a1.txt  | 121314#  |
| a2.txt  | 252627#  |

分析下列程序运行后的输出结果。

```
#include <stdio.h>
void main()
{   FILE *fp;
    void fc(FILE *fp1);
    if ((fp=fopen("a1.txt","r"))==NULL)
    {   printf("Can not open file!\n");
        return;
    }
    else
    {   fc(fp);
        fclose(fp);
    }
```

```
        if ((fp=fopen("a2.txt","r"))==NULL)
        {   printf("Can not open file!\n");
            return;
        }
        else
        {   fc(fp);
            fclose(fp);
        }
}
void fc(FILE *fp1)
{   char c;
    while ((c=fgetc(fp1))!='#')
        putchar(c);
}
```

▶ **解**：程序先以只读方式打开文本文件a1.txt，若打开成功，调用fc函数输出#字符之前的所有字符。然后再对a2.txt文件执行同样的操作。程序输出为121314252627。

【例 9-2-38】分析以下程序的输出结果。

```
#include <stdio.h>
void main()
{   char str[10]="abcdefghi";
    FILE *fp1,*fp2;
    fp1=fopen("c.txt","wb");
    if (fp1!=NULL)
    {   fputs(str,fp1);
        fputs("\n1234",fp1);
        fclose(fp1);
        fp2=fopen("c.txt","rb");
        fgets(str,8,fp2);
        printf("%s",str);
        fgets(str,8,fp2);
        printf("%s\n",str);
        fclose(fp2);
    }
}
```

▶ **解**：程序先建立一个二进制文件c.txt，将其中写入一行字符"abcdefghi"，再写入一行"1234"，关闭该文件。再以只读方式打开这个二进制文件，从中读出 7 个字符即"abcdefg"并输出，然后再读出 7 个字符，由于读两个字符后遇到回车符，终止，输出这两个字符即"hi"。程序输出为abcdefghi。

**5. 程序设计题**

【例 9-2-39】编写一个程序，指出给定的文本文件中第几行是最长的行以及该行的字符个数。

▶ **解**：用户先输入文件名，打开该文件。用maxlength和maxline保存最长行的长度和字符个数，然后累计（一个一个读取该行的字符并进行统计）每行的字符个数，将较长的行的数据保存到maxlength和maxline中，最后输出这些数据。对应的程序如下：

```
#include <stdio.h>
void main()
{   FILE *fp;
```

```
    int length=0,maxlength=0,line=0,maxline=0;
    char fname[20],ch;
    printf("文件名:");
    scanf("%s",fname);
    if ((fp=fopen(fname,"r"))==NULL)
    {   printf("不能打开指定的文件\n");
        return;
    }
    while ((ch=fgetc(fp))!=EOF)
    {   if (ch=='\n')                   /*一行结束*/
        {   line++;                     /*行数增1*/
            if (length>maxlength)       /*若当前行较长*/
            {   maxlength=length;       /*保存到最大长度中*/
                maxline=line;
            }
            length=0;                   /*下一行从头开始计数*/
        }
        else length++;                  /*当前行的长度增1*/
    }
    printf("第%d行最长,字符数为%d\n",maxline,maxlength);
}
```

【例9-2-40】编写一个程序,将输入的三个3位整数用fprintf(fp,"%d",x)的格式存入到新建文件test.dat中,再使用fgetc函数将它们读出并在屏幕上输出。

▶ **解**:fprintf函数是以字符的格式向文件中写入整数的(即使是二进制文件也是如此)。假设用户输入的3个整数是123、234、345,则按题中要求的格式调用fprintf函数后,test.dat文件中存放这样的一个字符串:123234345。使用fgetc函数将此字符串原样读入内存后再原样向屏幕输出。对应的程序如下:

```
#include <stdio.h>
void main()
{   FILE *fp;
    char ch;
    int a[3],i;
    if ((fp=fopen("test.dat","w"))==NULL)
    {   printf("不能打开指定的文件\n");
        return;
    }
    printf("输入3个整数:");
    scanf("%d%d%d",a,a+1,a+2);
    for (i=0;i<3;i++)
        fprintf(fp,"%d",a[i]);
    fclose(fp);
    fp=fopen("test.dat","r");
    while ((ch=fgetc(fp))!=EOF)
        printf("%c",ch);
    fclose(fp);
}
```

【例9-2-41】以下程序以字符流形式读入一个文件,从文件中检索出6种C语言的关键字,并统计、输出每种关键字在文件中出现的次数。程序规定:单词是以空格或\t、\n结束的字符串。

**解**：设计一个全局结构体数组keyword存放 6 种C语言的关键字及出现次数（初始时为 0）。调用getword函数打开用户指定的文件，并将单词放入buf中（单词以空格或\t、\n结束）。调用lookup在buf串（由q所指向）中匹配关键字，并相应地修改keyword中的次数。最后输出keyword数组。程序如下：

```
#include <stdio.h>
#include <string.h>
struct key
{   char word[10];                    /*存放单词*/
    int count;                        /*存放单词出现的次数*/
} keyword[]={"if",0,"char",0,"int",0,"else",0,"while",0,"return",0};
FILE *file;
char fname[20],buf[500]; int num;
char *getword(FILE *fp)
{   int i=0; char c;
    while ((c=fgetc(fp))!=EOF && (c==' ' || c=='\t' || c=='\n'));
    if (c==EOF) return(0);
    else buf[i++]=c;
    while ((c=fgetc(fp))!=EOF && c!=' ' && c!='\t' && c!='\n')
        buf[i++]=c;               /*将单词放入buf中*/
    buf[i]='\0';
    return(buf);
}
void lookup(char *p)
{   int i; char *q,*s;
    for (i=0;i<num;i++)
    {   q=&keyword[i].word[0];
        s=p;
        while (*s && *s==*q)
        {   s++; q++;  }
        if (*s==*q)
        {   keyword[i].count++;
            break;
        }
    }
    return;
}
void main()
{   int i; char *word;
    printf("输入文件名:");
    scanf("%s",fname);
    if ((file=fopen(fname,"r"))==NULL)
    {   printf("文件打开错误\n");
        return;
    }
    num=sizeof(keyword)/sizeof(struct key);
    while ((word=getword(file))!=NULL)
        lookup(word);
    fclose(file);
    printf("统计结果如下:\n");
    for (i=0;i<num;i++)
        printf("keyword='%s',count=%d\n",
            keyword[i].word,keyword[i].count);
}
```

**【例9-2-42】**编写一个程序，将指定文本文件中所有某单词均替换成另一个单词。

▶ **解：** 使用命令行参数输入原文件名、新文件名、原单词和新单词，打开原文件，新建新文件，采用fgets函数读取原文件的数据行，再用str_replace()函数进行单词替换，将替换后的数据行写入新文件中，如此直到数据行处理完毕，最后关闭两个文件。程序如下：

```c
#include <stdio.h>
#include <string.h>
int str_replace(char oldstr[],char newstr[],char str[]);
void main(int argc,char *argv[])      /*命令行参数*/
{   char buff[256];
    FILE *fp1,*fp2;
    if (argc<5)
    {   printf("用法:repword oldfile newfile oldword newword\n");
        return;
    }
    if ((fp1=fopen(argv[1],"r"))==NULL)
    {   printf("不能打开%s 文件\n",argv[1]);
        return;
    }
    if ((fp2=fopen(argv[2],"w"))==NULL)
    {   printf("不能建立%s 文件\n",argv[2]);
        return;
    }
    while (fgets(buff,256,fp1)!=NULL)     /*一行一行地读到buff中*/
    {   while (str_replace(argv[3],argv[4],buff)!=-1);
        fputs(buff,fp2);
    }
    fclose(fp1); fclose(fp2);
}
int str_replace(char oldstr[],char newstr[],char str[])    /*单词替换*/
{   int i,j,k,location=-1;
    char temp[256],temp1[256];
    for (i=0;str[i] && (location==-1);i++)
        for (j=i,k=0;str[j]==oldstr[k];j++,k++)
            if (!oldstr[k+1])
                location=i;
    if (location!=-1)
    {   for (i=0;i<location;i++)
            temp[i]=str[i];
        temp[i]='\0';
        strcat(temp,newstr);
        for (k=0;oldstr[k];k++);
        for (i=0,j=location+k;str[j];i++,j++)
            temp1[i]=str[j];
        temp1[i]='\0';
        strcat(temp,temp1);
        strcpy(str,temp);
        return(location);
    }
    else return(-1);
}
```

**【例9-2-43】**编写一个程序，调用函数readdat()实现从文件test.dat（每行的宽度均小于8

0 个字符）中读取一篇英文文章，存入到字符串数组xx中；再调用函数encryptchar()，按下面给定的替代关系对数组xx中的所有字符进行替代，仍存入数组xx的对应的位置上；最后调用函数writedat()把结果xx输出到文件test1.dat中。

替代关系：f(p)=p*11 mod 256（p是数组xx中某一个字符的ASCII值，f(p)是计算后新字符的ASCII值），如果原字符的ASCII值是偶数或计算后f(p)值小于等于32，则该字符不变，否则将f(p)所对应的字符进行替代。

▶ **解**：定义 个二维字符串数组xx，打开test.dat文件，逐行读取数据并存放到xx数组中，对其中所有元素进行替代运算，最后将xx数组逐行写入test1.dat文件中，程序处理过程如图9.3 所示。对应的程序如下：

```c
#include <stdio.h>
char xx[50][80],(*px)[80]=xx;        /*px 为二维数组指针*/
int maxline=0;                        /*文章的总行数*/
int readdat()
{   FILE *fp; int i=0;
    if ((fp=fopen("test.dat","r"))==NULL)
        return 1;
    while (fgets(xx[i],80,fp)!=NULL) /*一行一行地读到 xx 数组中*/
        i++;
    maxline=i;
    fclose(fp);
    return 0;
}
void writedat()                      /*将 xx 的数据写入到 test1.dat 文件中*/
{   FILE *fp; int i;
    fp=fopen("test1.dat","w");
    for (i=0;i<maxline;i++)
    {   printf("%s\n",xx[i]);
        fprintf(fp,"%s\n",xx[i]);
    }
    fclose(fp);
}
void encryptchar()                   /*进行替代*/
{   int i,j,f;
    for (i=0;i<maxline;i++)
        for (j=0;xx[i][j]!='\0';j++)
        {   f=((int)xx[i][j]*11)%256;
            if (((int)xx[i][j]%2==0 || f<=32)==0)
                xx[i][j]=(char)f;
        }
}
void main()
{   if (readdat())
    {   printf("数据文件 test.dat 不能打开!\n");
        return;
    }
    encryptchar();
    writedat();
}
```

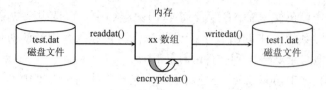

图 9.3　程序处理过程

## 9.3　知识点 3：文件的定位和随机读/写操作

### 9.3.1　要点归纳

**1. 文件随机读/写的概念**

从存取方式来看文件可分为顺序文件和随机文件，实际上，这并不是文件的固有组织方式，而是一种存取或读/写方法。

迄今为止，前面所有例子对文件的读/写操作都是按文件的顺序进行读/写的，即每次都从文件的开头逐个数据进行读/写。在顺序读/写时，文件位置指针（在随机文件中通常称为记录指针）是在每次读/写一个数据后，就自动移动到它后面的一个位置。如果读/写的数据项包含多个字节，则对该数据项读/写完后位置指针移动到该数据项之末的位置。在许多实际应用中，人们都希望能直接读到某一个数据项而不是按物理顺序逐个地读下来。这样，可以任意指定读/写位置，并可以随心所欲地按自己的要求去完成某一个数据项的读/写操作。在读/写前首先确定文件的记录指针位置，然后对该位置进行读/写操作，这就是文件的随机读/写。

提示　文件指针和文件位置指针是两个不同的概念，前者指向文件内容存放在内存中的一个区域，后者指向该区域中的某个字符；前者是FILE类型的指针，是显式定义的，后者是隐含的，当对文件进行读写操作时,这个指针会做相应的移动。两者的情况如图 9.4 所示。

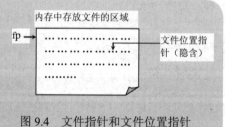

图 9.4　文件指针和文件位置指针

**2. 文件定位操作**

要对文件进行随机读/写操作，首先确定文件位置指针，也就是文件定位。

（1）取文件位置指针的当前值

ftell 函数用于获取文件位置指针的当前值，其一般使用格式如下：

```
ftell(fp);
```

其中，fp 是已定义过的文件指针。该函数返回的当前文件位置指针值是用相对于文件开头的位移量表示的。执行本函数，成功时返回 0；否则返回一个非 0 值。

（2）移动文件位置指针

fseek 函数用来移动文件位置指针到指定的位置上，然后从该位置进行读或写操作。从而实现对文件的随机读/写功能。其一般使用格式如下：

```
fseek(fp,offset,from);
```

其中，fp是已定义过的文件指针；offset是文件位置指针的位移量；from是起始点，用以指定位移量是以哪个位置为基准的。表 9.2 给出了代表起始点的符号常量和数字，在fseek中两者均可使用。

对于二进制文件，当位移量为正整数时，表示位置指针从指定的起始点向文件尾部方向移动；当位移量为负整数时，表示位置指针从指定的起始点向文件首部方向移动。

该函数的功能是将文件位置指针移到由起始点开始、位移量为 offset 的字节处。一般用于二进制文件。

表 9.2 起始点 from 的取值及其含义

| 数字 | 符号常量 | 代表的起始点 |
| --- | --- | --- |
| 0 | SEEK_SET | 文件开头 |
| 1 | SEEK_CUR | 文件当前指针位置 |
| 2 | SEEK_END | 文件末尾 |

（3）置文件位置指针于文件开头

rewind函数用于将文件位置指针置于文件的开头处，其一般使用格式如下：

```
rewind(fp);
```

其中，fp是已定义过的文件指针。该函数将文件位置指针重新指向文件的开头位置。

3. 文件的随机读/写操作

在文件定位后，就可以使用前面介绍的 fgetc/fputc、fgets/gputs、fscanf/fprintf 和 fread/fwrite 函数进行相应的读/写操作了。

### 9.3.2 例题解析

1. 单项选择题

【例 9-3-1】有以下程序（提示：程序中fseek(fp,-2L*sizeof(int),SEEK_END)语句的作用是使位置指针从文件尾向前移 2*sizeof(int)个字节）：

```
#include <stdio.h>
void main()
{   FILE *fp;
    int i,a[4]={1,2,3,4},b;
    fp=fopen("data.dat","wb");
    for(i=0;i<4;i++)
        fwrite(&a[i],sizeof(int),1,fp);
    fclose(fp);
    fp=fopen("data.dat","rb");
    fseek(fp,-2L*sizeof(int),SEEK_END);
    fread(&b,sizeof(int),1,fp);     /*从文件中读取 sizeof(int)字节的数据到 b 中*/
    fclose(fp);
    printf("%d\n",b);
}
```

执行后输出结果是_____。

A. 2　　　　　　　B. 1　　　　　　　C. 4　　　　　　　D. 3

▶ **解**：重新打开文件后，文件位置在文件尾（最后一个记录的后面），fseek 语句回移两个记录（这里每个记录为一个数组元素），即指向第 3 个记录。本题答案为 D。

【例 9-3-2】以下程序的功能是_____。

```
#include <stdio.h>
void main()
{   FILE *fp;
    fp=fopen("abc","r+");
    while (!feof(fp))
        if (fgetc(fp)=='*')
        {   fseek(fp,-1L,SEEK_CUR);
            fputc('$',fp);
            fseek(fp,ftell(fp),SEEK_SET);
        }
    fclose(fp);
}
```

A. 将 abc 文件中所有的'*'均替换成'$'　　B. 查找 abc 文件中所有的'*'
C. 查找 abc 文件中所有的'$'　　　　　　D. 将 abc 文件中所有的字符均替换成'$'

▶ **解**：程序打开 abc 文件，从头到尾扫描其字符，当为'*'字符时（此时 fp 指向下一个字符），前移 fp 指向'*'，写入'$'字符，将 fp 指向下一个字符。所以功能为将 abc 文件中所有的'*'均替换成'$'。本题答案为 A。

【例 9-3-3】如下程序执行后，abc.dat 文件的内容是_____。

```
#include <stdio.h>
void main()
{   FILE *fp;
    char *str1="first"; char *str2="second";
    if ((fp=fopen("C:\\abc.dat","w+"))==NULL)
    {   printf("不能打开文件\n");
        return;
    }
    fwrite(str2,6,1,fp);
    fseek(fp,0L,SEEK_SET);
    fwrite(str1,5,1,fp);
    fclose(fp);
}
```

A. first　　　　　B. second　　　　　C. firstd　　　　　D. 为空

▶ **解**：本程序在打开 abc.dat 文件后，向其中写入"second"字符串，然后将文件指针定位于文件头，再写入"first"字符串，其内容覆盖原内容，新内容为"firstd"。本题答案为 C。

【例 9-3-4】假设不存在 abc.dat 文件，如下程序执行后，abc.dat 文件的内容是_____。

```
#include <stdio.h>
void main()
{   FILE *fp;
    char *str1="first"; char *str2="second";
    if ((fp=fopen("C:\\abc.dat","a+"))==NULL)
    {   printf("不能打开文件\n");
```

```
        return;
    }
    fwrite(str2,6,1,fp);
    fseek(fp,0L,SEEK_SET);
    fwrite(str1,5,1,fp);
    fclose(fp);
}
```

  A. secondfirst      B. firstsecond      C. firstd      D. 为空

▶ **解**：本程序似乎与上例的结果相同，但不同点在于这里以"a+"文件模式打开 abc 文件，不论文件在何处，写入的内容只能在文件尾添加。本题答案为 A。

**2. 填空题**

**【例 9-3-5】** 在对文件 fp 进行操作的过程中，若要求文件的位置回到文件的开头，应当调用的函数是_____。

▶ **解**：本题答案为 rewind(fp) 或 fseek(fp,0,0)。

**【例 9-3-6】** 以下程序打开文件后，先利用 fseek 函数将文件位置指针定位在文件末尾，然后调用 ftell 函数返回当前文件位置指针的具体位置，从而确定文件长度，请填空。

```
#include <stdio.h>
void main()
{   FILE *fp; long f1;
    fp=fopen("test.dat","rb");
    fseek____;
    f1=ftell(fp);
    fclose(fp);
    printf("%d\n",f1);
}
```

▶ **解**：本题答案为(fp,0,SEEK_END)。

**【例 9-3-7】** 给出以下程序的输出结果。

```
#include <stdio.h>
void main()
{   FILE *fp;
    int a[3]={12,34,56},n,i;
    if ((fp=fopen("C:\\test.dat","w+"))==NULL)
    {   printf("不能打开指定的文件\n");
        return;
    }
    for (i=0;i<3;i++)
        fprintf(fp,"%d",a[i]);
    rewind(fp);
    fseek(fp,3,0);
    fscanf(fp,"%3d",&n);
    printf("%d\n",n);
    fclose(fp);
}
```

▶ **解**：本题答案为 456。

**【例 9-3-8】** 阅读下列程序说明和 C 代码，将应填入__(n)__处的语句写在答题纸的对应栏内。

程序说明：本程序从若干个原始文件合并成的合并文件中恢复出其中一个或全部原始文件。所有文件均作为二进制文件进行处理。合并文件中先顺序存储各原始文件，然后顺序存储各原始文件的控制信息，即文件名、文件长度和在合并文件中的位置（偏移量）。其结构如下所示。

```
typedef struct
{   char fname[256];        /*原始文件名*/
    long length;            /*原始文件长度(字节数)*/
    long offset;            /*原始文件在合并文件中的位置(偏移量)*/
} FileInfo;
```

在合并文件最后存储如下一个特殊的标志信息作为合并文件的结束标记：

```
FileInfo EndFlag={"CombinedFile",0,offset};
```

其中，offset 是第一个原始文件的控制信息在合并文件中的位置（偏移量）。程序中涉及的部分文件操作的库函数简要说明如下。

- int fread(void *buffer，int size，int count，FILE *fp): 从二进制文件流 fp 中读取 count 块长度为 size 字节的数据块到 buffer 指向的存储区。返回值为实际读取的数据块数。
- int fwrite(void *buffer，int size，int count，FILE *fp): 各参数和返回值的意义与 fread 相同，但对文件进行写操作。
- int fseek(FILE *fp，long offset，int position): 将文件流 fp 的读/写位置以 position 为基准移动 offset 字节。position 的值可以为 SEEK_SET（文件头）、SEEK_CUR（当前位置）、SEEK_END（文件尾）；offset 为正表示向文件尾方向移动；为负表示向文件头方向移动，为零表示到基准位置。
- long ftell(FILE *fp): 返回文件流 fp 的当前读/写位置（相对于文件头的偏移量）。

上述偏移量均以字节为单位，即偏移字节数。对应的程序如下：

```
#include <stdio.h>
#include <string.h>
typedef struct
{   char fname[256];
    long length;
    long offset;
} FileInfo;
void copyfile(FILE *fin,FILE *fout,int fsize)
/*从合并文件中复制相应长度的数据到对应的原始文件中*/
{   char buf[1024]; int size=1024;
    while (fsize!=0)        /*每次复制 size 个字节,直到复制完 fsize 个字节*/
    {   if (size>fsize)  ①  ;
        fread(buf,1,size,fin);fwrite(buf,1,size,fout);
        fsize= ②  ;
    }
}
int dofile(FILE *fin,FileInfo *inp)  /*根据 inp 所指结构信息生成对应的原始文件*/
{   long offset;
    FILE *fout;
    if ((fout=fopen(inp->fname,"wb"))==NULL)
    {   printf("创建文件错误:%s\n",inp->fname);
```

```
            return 1;
        }
        offset=   ③   ;*/                    /*保留合并文件读/写位置*/
        fseek(   ④   );                      /*定位于文件头*/
        copyfile(fin,fout,inp->length);
        fclose(fout);
        printf("\n--文件名:%s\n 文件长:%ld.\n",inp->fname,inp->length);
           ⑤   ;
        return 0;
    }
    void main()
    {   FileInfo finfo;
        char fname[256];
        FILE *fc;
        printf("输入合并文件名:");
        scanf("%s",fname);
        if ((fc=fopen(fname,"rb"))==NULL)
        {   printf("文件打开错误:%s\n",fname);
            return;
        }
        fseek(fc,-sizeof(FileInfo),SEEK_END);/*定位于合并文件尾*/
        fread(&finfo,1,sizeof(FileInfo),fc); /*读出合并文件最后存储的特殊标志信息*/
        if (finfo.length!=0 || strcmp(finfo.fname,"CombinedFile")!=0)
            /*不符合特殊标志信息时退出*/
        {   printf("指定的文件不是合法的合并文件.\n");
            fclose(fc);
            return;
        }
        fseek(fc,finfo.offset,SEEK_SET);     /*定位于首个原文件的控制信息*/
        for (;;)                             /*逐个文件恢复*/
        {   fread(&finfo,1,sizeof(FileInfo),fc);
            if (finfo.length==0)             /*原始文件长度为0时退出*/
                break;
            if (dofile(fc,&finfo)!=0)        /*不能恢复当前原始文件时退出*/
                break;
        }
        fclose(fc);
    }
```

▶ **解**：本题答案为

① size=fsize                    /*fsize 小于 size 时，取较小者*/
② fsize-size                    /*剩余长度 fsize 减 size 长度*/
③ ftell(fin)                    /*取文件当前位置*/
④ fin,inp->offset,SEEK_SET      /*定位文件位置指针于文件头*/
⑤ fseek(fin,offset,SEEK_SET)    /*定位文件位置指针于原来的位置*/

3. 简答题

【例 9-3-9】以下程序的执行结果是_____。

```
#include <stdio.h>
void main()
{   FILE *fp; int i,n;
```

```
    if ((fp=fopen("temp","w"))==NULL)
    {   printf("不能建立 temp 文件\n");
        return;
    }
    for (i=1;i<=10;i++)
        fprintf(fp,"%3d",i);
    for (i=0;i<10;i++)
    {   fseek(fp,i*3L,SEEK_SET);
        fscanf(fp,"%d",&n);
        printf("%3d",n);
    }
    fclose(fp);
}
```

▶ **解**：因为该文件是以"w"模式打开的，它不能读数据，所以本题答案为显示 9 个没有任何意义的数。

【例 9-3-10】以下程序的执行结果是_____。

```
#include <stdio.h>
void main()
{   int i,n; FILE *fp;
    if ((fp=fopen("temp","w+"))==NULL)
    {   printf("不能建立 temp 文件\n");
        return;
    }
    for (i=1;i<=10;i++)
        fprintf(fp,"%3d",i);
    for (i=0;i<5;i++)
    {   fseek(fp,i*6L,SEEK_SET);
        fscanf(fp,"%d",&n);
        printf("%3d",n);
    }
    printf("\n");
    fclose(fp);
}
```

▶ **解**：程序先建立一个temp文件，第一个for循环语句向其中写入 1～10 共 10 个数字，每个数字占 3 个字节（不够时用空间填补）。第二个for循环语句从头开始每隔 6 个字节位置读取一个数并输出之。程序执行结果为 1  3  5  7  9。

### 4. 程序设计题

【例 9-3-11】试用C语言编写一个学生成绩管理程序，学生的信息包括学号、姓名、年龄、性别和考试成绩（3 门课程），主要功能为：（1）从键盘上读入N个学生的成绩，存入FILE类型的文件中；（2）从上述文件中读入学生成绩，并按学号为序打印一张学生成绩情况表。

▶ **解**：（1）对应的函数为func1()，用户每输入一个学生记录，使用fwrite()函数写入到文件中；（2）对应的函数为func2()，将文件中所有的记录读入到stud结构体数组中，采用插入排序法按no进行排序并输出。对应的程序如下：

```
#include <stdio.h>
#define N 3
typedef struct
```

```c
{   int no;                  /*学号*/
    char name[10];           /*姓名*/
    int age;                 /*年龄*/
    char sex[2];             /*性别*/
    int deg1,deg2,deg3;      /*课程1-课程3成绩*/
} student;
void func1()
{   FILE *fp;
    student stud;
    int i;
    if ((fp=fopen("stud.dat","wb"))==NULL)
    {   printf("不能建立stud.dat文件\n");
        return;
    }
    printf("输入%d个学生成绩\n",N);
    for (i=0;i<N;i++)
    {   printf("第%d个学生:",i+1);
        scanf("%d%s%d%s%d%d%d",&stud.no,stud.name,&stud.age,
            stud.sex,&stud.deg1,&stud.deg2,&stud.deg3);
        fwrite(&stud,sizeof(student),1,fp);
    }
    fclose(fp);
}
void func2()
{   FILE *fp;
    student stud[N],temp;
    int i,j;
    if ((fp=fopen("stud.dat","rb"))==NULL)
    {   printf("不能打开stud.dat文件\n");
        return;
    }
    for (i=0;i<N;i++)
        fread(&stud[i],sizeof(student),1,fp);
    fclose(fp);
    for (i=1;i<N;i++)                      /*插入排序*/
    {   temp=stud[i];
        for (j=i-1;j>=0 && temp.no<stud[j].no;j--)
            stud[j+1]=stud[j];
        stud[j+1]=temp;
    }
    printf("输出学生记录:\n");
    printf("学号  姓名  年龄 性别 成绩1 成绩2 成绩3\n");
    for (i=0;i<N;i++)
        printf("%3d%10s%4d%4s%6d%6d%6d\n",stud[i].no,stud[i].name,
            stud[i].age,stud[i].sex,stud[i].deg1,stud[i].deg2,stud[i].deg3);
}
void main()
{   func1();
    func2();
}
```

【例9-3-12】有一磁盘文件gstudent内存放研究生(研究生数<5)的数据包括姓名、学号、性别、年龄、住址、健康状况和专业。用C语言编写程序,完成下列功能:

（1）要求将学号、专业信息单独抽出来另建一个"简明的研究生专业"文件。

（2）从上题的"简明的研究生专业"文件中删除一个学号为 3 的研究生的专业数据。

▶ **解**：（1）先打开文件，将所有记录读入结构数组stud中，然后复制到estud[]，将后者写到"简明的研究生专业"文件中。程序如下。

```c
#include <stdio.h>
#include <string.h>
#define N 4
struct student
{   char num[3];              /*学号*/
    char name[8];             /*姓名*/
    char sex[2];              /*性别，取'f'或'm'*/
    int age;                  /*年龄*/
    char add[10];             /*住址*/
    char state[8];            /*健康状况*/
    char spec[10];            /*专业*/
} stud[N];
struct tmp
{   char num[8];              /*学号*/
    char spec[10];            /*专业*/
} estud[N];
void main()
{   int i;
    FILE *fp1,*fp2;
    if ((fp1=fopen("gstudent.dat","r"))==NULL)
        return;
    if ((fp2=fopen("estudent.dat","w+"))==NULL)
        return;
    printf("输出结果:\n");
    printf("学号  姓名  性别 年龄  住址  健康状况  专业\n");
    for (i=0;fread(&stud[i],sizeof(struct student),1,fp1)!=0;i++)
    {   printf("%3s%8s%4s%6d%10s%10s%10s\n",stud[i].num,stud[i].name,
        stud[i].sex,stud[i].age,stud[i].add,stud[i].state,stud[i].spec);
        strcpy(estud[i].num,stud[i].num);          /*复制到estud[]*/
        strcpy(estud[i].spec,stud[i].spec);
    }
    for (i=0;i<N;i++)
        fwrite(&estud[i],sizeof(struct tmp),1,fp2);  /*将estud[]写入文件*/
    fclose(fp1);
    fclose(fp2);
}
```

若 gstudent.dat 文件中有 4 个学生记录，本程序的一次执行结果如下：

输出结果：
| 学号 | 姓名  | 性别 | 年龄 | 住址 | 健康状况 | 专业 |
|------|-------|------|------|------|----------|----------|
| 1    | Zheng | f    | 23   | 1104 | good     | Computer |
| 2    | Chen  | m    | 22   | 8402 | good     | Math     |
| 3    | Ma    | f    | 23   | 1302 | good     | Math     |
| 4    | Li    | m    | 24   | 8110 | good     | Computer |

（2）以读模式打开文件，读出所有记录到 estud 数组中，从数组中删除一个学号为 3，关闭该文件，再以写模式打开文件，将删除后的数组写这个文件中。程序如下：

```
#include <stdio.h>
#include <string.h>
#define N 4
struct tmp
{   char num[8];      /*学号*/
    char spec[10];    /*专业*/
} estud[N];
void main()
{   int i; FILE *fp;
    if ((fp=fopen("estudent.dat","r+"))==NULL)
        return;
    printf("原来的内容:\n");
    printf("  学号      专业\n");
    for (i=0;fread(&estud[i],sizeof(struct tmp),1,fp)!=0;i++)
        printf("  %-8s%-11s\n",estud[i].num,estud[i].spec);
    fclose(fp);
    if ((fp=fopen("estudent.dat","w+"))==NULL)
        return;
    for (i=0;i<N;i++)
    if (strcmp(estud[i].num,"3")!=0)  /*跳过学号为"3"的记录*/
        fwrite(&estud[i],sizeof(struct tmp),1,fp);
    fclose(fp);
    if ((fp=fopen("estudent.dat","r+"))==NULL)
        return;
    printf("删除后的内容:\n");
    printf("  学号      专业\n");
    for (i=0;fread(&estud[i],sizeof(struct tmp),1,fp)!=0;i++)
        printf("  %-8s%-11s\n",estud[i].num,estud[i].spec);
    fclose(fp);
}
```

在第（1）题程序生成了 gstudent.dat 文件后，本程序的执行结果如下：

```
原来的内容:
  学号     专业
  1        Computer
  2        Math
  3        Math
  4        Computer
删除后的内容:
  1        Computer
  2        Math
  4        Computer
```

【例 9-3-13】编写一个程序实现文件的随机访问。设有两个文件：数据文件 main.dat 和索引文件 index.dat。数据文件由记录学生基本情况的若干条记录组成，其记录格式如下：

| 数据项名称 | Num | Name | Sex | Age | Address | Department | Speciality |
|---|---|---|---|---|---|---|---|
| 数据长度 | 4 | 8 | 1 | 2 | 12 | 12 | 12 |
| 数据类型 | 字符 | 字符 | 字符 | 整数 | 字符 | 字符 | 字符 |

索引文件的每个记录由两个字段组成，即学号及学生基本情况记录在数据文件中的相应位置，其格式如下：

| 数据项名称 | Num | Offset |
|---|---|---|
| 数据长度 | 4 | 4 |
| 数据类型 | 字符 | 整数 |

索引文件中的记录按学号升序排列。程序完成如下功能。

（1）新建包含如下记录的主文件和相应的索引文件：

```
"106","王华",'f',22,"北京路10号","计算机系","计算机科学"
"120","孙斌",'m',21,"成都路8号","计算机系","信息安全"
"100","李丽",'f',20,"武汉路5号","计算机系","计算机科学"
"118","陈立",'m',22,"天津路2号","计算机系","信息安全"
```

（2）屏幕显示主文件所有记录。

（3）屏幕显示索引文件所有记录。

（4）查找：要求用户输入学号，采用二分查找法在索引文件中找到对应的记录，通过其地址快速找到主文件中对应的记录并在屏幕上显示该记录。

（5）修改地址：要求读入学生的学号和新的家庭地址，根据学号从索引文件中找出该学生记录在数据文件中的位置，用该学生新的家庭地址代替旧的家庭地址，保存回数据文件中，并在屏幕上显示该学生的信息。

▶ **解**：索引文件中的offset为对应的记录在主文件中的序号，该序号从1开始。设计相关函数，参见代码注释。各小题的功能与main函数中的case语句相对应。程序如下。

```c
#include <stdio.h>
#include <stdlib.h>
#include <string.h>
#define MaxRec 10              /*最多的记录个数*/
typedef struct                 /*定义索引文件结构类型*/
{   char num[4];
    int offset;
} IdxType;
typedef struct                 /*定义主文件结构类型*/
{   char num[4];
    char name[6];
    char sex;
    int age;
    char address[12];
    char department[12];
    char speciality[12];
} StudType;
void GetMainFile()             /*建立主数据文件*/
{   int n=4;                   /*记录个数*/
    FILE *mfile;
    StudType st[MaxRec]={{"106","王华",'f',22,"北京路10号","计算机系",
      "计算机科学"},{"120","孙斌",'m',21,"成都路8号","计算机系",
      "信息安全"},{"100","李丽",'f',20,"武汉路5号","计算机系",
      "计算机科学"},{"118","陈立",'m',22,"天津路2号","计算机系","信息安全"}};
    if ((mfile=fopen("main.dat","wb"))==NULL)
    {   printf("  >>不能打开主数据文件\n");
        return;
    }
    fwrite(st,sizeof(StudType),n,mfile);
```

```c
    fclose(mfile);
}
void DispMainFile()              /*输出主文件数据*/
{   int i,n,len;
    FILE *mfile;
    StudType st;
    if ((mfile=fopen("main.dat","rb"))==NULL)
    {   printf("  >>不能打开主数据文件\n");
        return;
    }
    fseek(mfile,0,SEEK_END);
    len=ftell(mfile);
    n=len/sizeof(StudType);   /*求主文件中的记录个数*/
    rewind(mfile);
    printf("  >>主数据文件:\n");
    for (i=0;i<n;i++)
    {   fread(&st,sizeof(StudType),1,mfile);
        printf("  >>%-3d%-5s%-8s%c%3d %-13s%-13s%-13s\n",i+1,st.num,
            st.name,st.sex,st.age,st.address,st.department,st.speciality);
    }
    fclose(mfile);
}
void DispIdxFile()               /*输出索引文件数据*/
{   int i,n,len;
    FILE *idxfile;
    IdxType idx;
    if ((idxfile=fopen("index.dat","rb"))==NULL)
    {   printf("  >>不能打开索引文件\n");
        return;
    }
    fseek(idxfile,0,SEEK_END);
    len=ftell(idxfile);
    n=len/sizeof(IdxType);                    /*求索引文件中的记录个数*/
    rewind(idxfile);
    printf("  >>索引文件:\n");
    for (i=0;i<n;i++)
    {   fread(&idx,sizeof(IdxType),1,idxfile);
        printf("  >>%8s%8d\n",idx.num,idx.offset);
    }
    fclose(idxfile);
}
void BubbleSort(IdxType idx[],int n)  /*对idx数组按num成员进行递增冒泡排序*/
{   int i,j;
    IdxType tmp;
    int exchange;                     /*交换标志*/
    for (i=0;i<n-1;i++)               /*最多做n-1趟排序*/
    {   exchange=0;
        for (j=n-2;j>=i;j--)
            if (strcmp(idx[j+1].num,idx[j].num)<0)     /*idx[j+1]<->idx[j]*/
            {   tmp=idx[j+1];
                idx[j+1]=idx[j];
                idx[j]=tmp;
                exchange=1;           /*发生了交换,故将交换标志置为真*/
            }
```

```c
          if (exchange==0)                /*本趟未发生交换,提前终止算法*/
               return;
     }
}
void BuildInxFile()                       /*由主数据文件建立索引文件*/
{    FILE *mfile,*idxfile;
     IdxType idx[MaxRec];
     StudType st;
     int i,len,n,j=0;                     /*j 为 idx 数组的下标,从 0 开始*/
     if ((mfile=fopen("main.dat","rb"))==NULL)
     {    printf("  >>不能打开主数据文件\n");
          return;
     }
     if ((idxfile=fopen("index.dat","wb"))==NULL)
     {    printf("  >>不能建立索引数据文件\n");
          return;
     }
     fseek(mfile,0,SEEK_END);
     len=ftell(mfile);
     n=len/sizeof(StudType);              /*求主文件中的记录个数*/
     rewind(mfile);
     for (i=0;i<n;i++)
     {    fread(&st,sizeof(StudType),1,mfile);
          strcpy(idx[j].num,st.num);
          idx[j].offset=i+1;              /*offset 即为序号,从 1 开始计数*/
          j++;
     }
     fclose(mfile);
     BubbleSort(idx,n);
     fwrite(idx,sizeof(IdxType),n,idxfile);
     fclose(idxfile);
}
void ReadIdxFile(IdxType idx[],int &n)    /*从索引文件读数据到 idx 数组中*/
{    int len;
     FILE *idxfile;
     if ((idxfile=fopen("index.dat","rb"))==NULL)
     {    printf("  >>索引文件不能打开\n");
          return;
     }
     fseek(idxfile,0,2);
     len=ftell(idxfile);                  /*len 求出文件长度*/
     rewind(idxfile);
     n=len/sizeof(IdxType);               /*求出文件中的记录个数*/
     fread(idx,sizeof(IdxType),n,idxfile);
     /*将 IdxType.dat 中数据读入到 idx 索引数组中*/
     fclose(idxfile);
}
int BinSearch(IdxType idx[],int n,char no[])
/*采用二分查找法在索引数组中查找 num 为 no 的记录*/
{    int mid,low,high,comp;
     low=0;high=n-1;
     while (low<=high)                    /*二分查找*/
     {    mid=(low+high)/2;
          comp=strcmp(idx[mid].num,no);
```

```c
            if (comp>0)
                high=mid-1;
            else if (comp<0)
                low=mid+1;
            else                              /*comp=0 的情况*/
                return idx[mid].offset;
        }
        return -1;
}
void Find()                                   /*查找指定学号的记录*/
{   FILE *mfile;
    IdxType idx[MaxRec];
    StudType st;
    char no[4];
    int i,n;
    if ((mfile=fopen("main.dat","rb+"))==NULL)
    {   printf("  >>不能打开主数据文件\n");
        return;
    }
    ReadIdxFile(idx,n);
    printf("  >>输入学号:");
    scanf("%s",no);
    rewind(mfile);                            /*文件指针定位于文件头*/
    i=BinSearch(idx,n,no);                    /*文件位置序号i从1开始*/
    if (i==-1)
    {   printf("  >>不存在该学号的学生\n");
        return;
    }
    fseek(mfile,(i-1)*sizeof(StudType),SEEK_SET);
        /*由序号直接跳到主文件的这个记录*/
    fread(&st,sizeof(StudType),1,mfile);
    fseek(mfile,(i-1)*sizeof(StudType),SEEK_SET);
    printf("  >>%-3d%-5s%-8s%c%3d %-13s%-13s%-13s\n",i,st.num,st.name,
        st.sex,st.age,st.address,st.department,st.speciality);
    fclose(mfile);
}
void Update()                                 /*根据学号修改其地址*/
{   FILE *mfile;
    IdxType idx[MaxRec];
    StudType st;
    char no[4],newaddr[30];
    int i,n;
    if ((mfile=fopen("main.dat","rb+"))==NULL)
    {   printf("  >>不能打开主数据文件\n");
        return;
    }
    ReadIdxFile(idx,n);
    printf("  >>输入学号:");
    scanf("%s",no);
    rewind(mfile);                            /*文件指针定位于文件头*/
    i=BinSearch(idx,n,no);                    /*文件位置序号i从1开始*/
    if (i==-1)
    {   printf("  >>不存在该学号的学生\n");
        return;
```

```c
    }
    fseek(mfile,(i-1)*sizeof(StudType),SEEK_SET);
        /*由序号直接跳到主文件的这个记录*/
    fread(&st,sizeof(StudType),1,mfile);
    printf("  >>新家庭地址:");
    scanf("%s",newaddr);
    strcpy(st.address,newaddr);
    fseek(mfile,(i-1)*sizeof(StudType),SEEK_SET);
    /*由于前面执行 fread 函数,改变了文件指针,需重新定位,也可以使用
    fseek(mfile,-(long)sizeof(StudType),SEEK_CUR)语句回跳一个记录位置*/
    fwrite(&st,sizeof(StudType),1,mfile);
    printf("  >>%-3d%-5s%-8s%c%3d %-13s%-13s%-13s\n",i,st.num,st.name,
        st.sex,st.age,st.address,st.department,st.speciality);
    fclose(mfile);
}
void main()
{   int sel=1;
    while (sel!=0)
    {   printf("1:新建 2:显示主文件 3:显示索引文件 4:查找 5:修改地址 0:退出:");
        scanf("%d",&sel);
        switch(sel)
        {
        case 1:GetMainFile();BuildInxFile();break;
        case 2:DispMainFile();break;
        case 3:DispIdxFile();break;
        case 4:Find();break;
        case 5:Update();break;
        }
    }
}
```

# 附 录 A  C语言常见错误

　　C语言的最大特点是功能强，使用方便、灵活。C编译的程序对语法检查并不像其他高级语言那么严格，这就给编程人员留下了"灵活的余地"，但还是由于这种灵活给程序的调试带来了许多不便，尤其对初学C语言的人来说，经常会出一些连自己都不知道错在哪里的错误。下面总结了C编程时常犯的错误，供大家参考。

## 1. 书写标识符时，忽略了大小写字母的区别

例如：

```
#include <stdio.h>
void main()
{   int a=5;
    printf("%d",A);
}
```

上述程序把a和A认为是两个不同的变量名，而显示出错信息。C认为大写字母和小写字母是两个不同的字符。习惯上，符号常量名用大写，变量名用小写表示，以增加可读性。

## 2. 忽略了变量的类型，进行了不合法的运算

例如：

```
#include <stdio.h>
void main()
{   float a,b;
    printf("%d",a%b);
}
```

上述程序中的%是求余运算，得到a/b的整余数。整型变量a和b可以进行求余运算，而实型变量则不允许进行求余运算。

## 3. 将字符常量与字符串常量混淆

例如：

```
char c;
c="a";
```

在这里就混淆了字符常量与字符串常量，字符常量是由一对单引号括起来的单个字符，字符串常量是一对双引号括起来的字符序列。C规定以'\0'作为字符串结束标志，它是由系统自动加上的，所以字符串"a"实际上包含两个字符'a'和'\0'，而把它赋给一个字符变量是不行的。

## 4. 忽略了"="与"=="的区别

在许多高级语言如BASIC中，用"="符号作为关系运算符"等于"。但C语言中，"="

是赋值运算符,"=="是关系运算符。例如:

```
if (a==3)  a=b;
```

这里表示如果 a 和 3 相等,把 b 值赋给 a。由于习惯问题,初学者往往会犯这样的错误,将其写为:

```
if (a=3)  a=b;
```

但没有编译错误,这表示先将 3 赋给 a,a=3 返回 a 的值即 3,为真,所以执行 a=b。

### 5. 忘记加分号

分号是 C 语句中不可缺少的一部分,语句末尾必须有分号。例如:

```
a=1
b=2
```

编译时,编译程序在"a=1"后面没发现分号,就把下一行"b=2"也作为上一行语句的一部分,这就会出现语法错误。改错时,有时在被指出有错的一行中未发现错误,就需要看一下上一行是否漏掉了分号。

对于复合语句来说,最后一个语句中最后的分号不能忽略不写。以下复合语句会出错:

```
{
    z=x+y;
    t=z/100;
    printf("%f",t)
}
```

### 6. 多加分号

对于一个复合语句,例如:

```
{
    z=x+y;
    t=z/100;
    printf("%f",t);
};
```

复合语句的花括号后不应再加分号,否则将会画蛇添足。又例如:

```
if (a%3==0);
    i++;
```

本意是如果 3 整除 a,则 i 加 1。但由于 if(a%3==0)后多加了分号,则 if 语句到此结束,程序将执行 i++语句,不论 3 是否整除 a,i 都将自动加 1。再例如:

```
for (i=0;i<5;i++);
{    scanf("%d",&x);
    printf("%d",x);
}
```

其本意是先后输入 5 个数,每输入一个数后再将它输出。由于 for()后多加了一个分号,使循环体变为空语句,此时只能输入一个数并输出它。

### 7. 输入变量时忘记加地址运算符"&"

例如:

```
int a,b;
scanf("%d%d",a,b);
```

这是不合法的。scanf函数的作用是按照a、b在内存中的地址将a、b的值存进去。"&a"指a在内存中的地址。

### 8. 输入数据的方式与要求不符

例如：

```
scanf("%d%d",&a,&b);
```

输入时，不能用逗号作两个数据间的分隔符，如下面输入不合法：

```
3,4↙
```

输入数据时，在两个数据之间以一个或多个空格间隔，也可用回车键、跳格键tab。又例如：

```
scanf("%d,%d",&a,&b);
```

C规定：如果在"格式控制"字符串中除了格式说明以外还有其他字符，则在输入数据时应输入与这些字符相同的字符。下面输入是合法的.

```
3,4↙
```

此时不用逗号而用空格或其他字符是不对的。再例如：

```
scanf("a=%d,b=%d",&a,&b);
```

输入应如以下形式：

```
a=3,b=4↙
```

### 9. 输入字符的格式与要求不一致

在用"%c"格式输入字符时，"空格字符"和"转义字符"都作为有效字符输入。例如：

```
scanf("%c%c%c",&c1,&c2,&c3);
```

如输入：

```
a b c↙
```

字符'a'送给c1，字符' '送给c2，字符'b'送给c3，因为%c只要求读入一个字符，后面不需要用空格作为两个字符的间隔。

### 10. 输入输出的数据类型与所用格式说明符不一致

例如，a已定义为整型，b定义为实型：

```
a=3;b=4.5;
printf("%f%d\n",a,b);
```

编译时不给出出错信息，但运行结果将与原意不符。这种错误尤其需要注意。

### 11. 输入数据时，企图规定精度

```
scanf("%7.2f",&a);
```

这样做是不合法的，输入数据时不能规定精度。

## 12. switch语句中漏写break语句

例如，根据考试成绩的等级打印出百分制数段：

```
switch(grade)
{
case 'A':printf("85~100\n");
case 'B':printf("70~84\n");
case 'C':printf("60~69\n");
case 'D':printf("<60\n");
default:printf("error\n");
}
```

由于漏写了 break 语句，case 只起标号的作用，而不起判断作用。因此，当 grade 值为 A 时，printf 函数在执行完第一个语句后接着执行第二、第三、第四、第五个 printf 函数语句。正确写法应在每个分支后再加上"break;"。例如：

```
case 'A':printf("85~100\n");break;
```

## 13. 忽视了while和do-while语句在细节上的区别

例如，程序（1）：

```
#include <stdio.h>
void main()
{   int a=0,i;
    scanf("%d",&i);
    while(i<=10)
    {   a=a+i;
        i++;
    }
    printf("%d",a);
}
```

程序（2）：

```
#include <stdio.h>
void main()
{   int a=0,i;
    scanf("%d",&i);
    do
    {   a=a+i;
        i++;
    } while(i<=10);
    printf("%d",a);
}
```

可以看到，当输入i的值小于或等于 10 时，两者得到的结果相同。而当i>10 时，两者结果就不同了。因为while循环是先判断后执行，而do-while循环是先执行后判断。对于大于 10 的数while循环一次也不执行循环体，而do-while语句则要执行一次循环体。

## 14. 定义数组时误用变量

例如：

```
int n;
```

```
scanf("%d",&n);
int a[n];
```

数组名后用方括号括起来的是常量表达式,可以包括常量和符号常量。即C不允许对数组的大小做动态定义。

### 15. 在定义数组时,将定义的"元素个数"误认为是可使用的最大下标值

例如:

```
#include <stdio.h>
void main()
{   static int a[10]={1,2,3,4,5,6,7,8,9,10};
    printf("%d",a[10]);
}
```

C语言规定:定义时用a[10],表示a数组有10个元素。其下标值由0开始,所以数组元素a[10]是不存在的。

### 16. 初始化数组时,未使用静态存储

例如:

```
int a[3]={0,1,2};
```

这样初始化数组是不对的。C语言规定只有静态存储(static)数组和外部存储(extern)数组才能初始化。应改为:

```
static int a[3]={0,1,2};
```

### 17. 在不应加地址运算符&的位置加了地址运算符

例如:

```
scanf("%s",&str);
```

C语言编译系统对数组名的处理是:数组名代表该数组的起始地址,且scanf函数中的输入项是字符数组名,不必要再加地址符&。应改为scanf("%s",str);。

### 18. 同时定义了形参和函数中的局部变量

例如:

```
int max(x,y)
int x,y,z;
{   z=x>y?x:y;
    return(z);
}
```

形参应该在函数体外定义,而局部变量应该在函数体内定义。应改为:

```
int max(x,y)
int x,y;
{   int z;
    z=x>y?x:y;
    return(z);
}
```

# 附录B 近几年全国计算机等级考试二级C试题

在下列各题的A、B、C、D 4个选项中，只有一个选项是正确的，请选择正确的选项。

(1) 下列定义变量的语句中错误的是_____。

　A. double int_;　　　B. int _int;　　　C. char For;　　　D. float USS

　**解**：定义变量的语句应以分号结尾。本题答案为D。

(2) 若有说明int i,j=7,*p=&i;，则与i=j;等价的语句是_____。

　A. i=*p;　　　B. *p=&j;　　　C. i=&j;　　　D. i=**p;

　**解**：*&j=j，*p=*&j;即将p所指变量i赋值为j。本题答案为B。

(3) 下列叙述中正确的是_____。

　A. C语言编译时不检查语法　　　B. C语言的子程序有过程和函数两种

　C. C语言的函数可以嵌套定义　　　D. C语言的函数可以嵌套调用

　**解**：C语言的函数可以嵌套调用，但不可以嵌套定义。本题答案为D。

(4) 以下叙述中正确的是_____。

　A. 构成C程序的基本单位是函数

　B. 可以在一个函数中定义另一个函数

　C. main()函数必须放在其他函数之前

　D. 所有被调用的函数一定要在调用之前进行定义

　**解**：在一个函数定义中不能定义另一个函数，即不允许函数嵌套定义。main()函数可以放在其他函数之前或之后。所有被调用的函数一定要在首次调用之前声明。本题答案为A。

(5) 若在定义语句int a,b,c,*p=&c;之后，接着执行以下选项中的语句，则能正确执行的语句是_____。

　A. scanf("%d",&p);　　　B. scanf("%d%d%d",a,b,c);

　C. scanf("%d",p);　　　D. scanf("%d",a,b,c);

　**解**：在scanf("%d",p)中，p是地址，所以是正确的。本题答案为C。

(6) 若已定义int a=25,b=14,c=19;，以下三目运算符所构成语句的执行后程序输出的结果是_____。

```
a<=25 && b--<=2 && c ? printf("***a=%d,b=%d,c=%d\n",a,b,c):
    printf("###a=%d,b=%d,c=%d\n",a,b,c);
```

　A. ***a=25,b=13,c=19　　　B. ***a=26,b=14,c=19

　C. ### a=25,b=13,c=19　　　D. ### a=26,b=14,c=19

　**解**：对于条件表达式 a<=25 && b--<=2 && c，a<=25 为真，b--返回14（b=13），所以 b--<=2 为假，整个条件表达式返回假，执行后一个 printf 语句。本题答案为 C。

(7) 有以下程序

```
#include<stdio.h>
```

```
void main()
{   int x,y,z;
    x=y=1;
    z=x++,y++,++y;
    printf("%d,%d,%d\n",x,y,z);
}
```

程序运行后的输出结果是_____。

A. 2,2,3　　　　　　　　　　B. 2,2,2　　　　　　　　C. 2,3,1　　D. 2,1,1

**解**：当 x=y=1 时，z=x++,y++,++y;语句等价于 z=x++;y++;++y（将其看成一个逗号表达式），所以 x=2，y=3，z=1。本题答案为 C。

（8）若运行以下程序时，从键盘输入 ADescriptor加回车，则下面程序的运行结果是_____。

```
#include <stdio.h>
void main()
{   char c;
    int v0=1,v1=0,v2=0;
    do
    {   switch(c=getchar())
        {
        case 'a':case 'A':
        case 'e':case 'E':
        case 'i':case 'I':
        case 'o':case 'O':
        case 'u':case 'U':v1+=1;
        default:v0+=1;v2+=1;
        }
    } while(c!='\n');
    printf("v0=%d,v1=%d,v2=%d\n",v0,v1,v2);
}
```

A. v0=11,v1=4,v2=11　　　　　　　B. v0=8,v1=4,v2=8
C. v0=7,v1=4,v2=7　　　　　　　　D. v0=13,v1=4,v2=12

**解**：v1 统计输入的元音字母个数，v2 统计输入的所有字符个数（含回车），v0=v2+1。本题答案为 D。

（9）有以下程序

```
#include <stdio.h>
void main()
{   int y=9;
    for(;y>0;y--)
        if(y%3==0) printf("%d",--y);
}
```

程序的运行结果是_____。

A. 732　　　　　B. 433　　　　　C. 852　　　　　D. 874

**解**：本程序输出 9～1 之间所有能被 3 整除的数减 1。本题答案为 C。

（10）设有以下程序段

```
int x=0,s=0;
while(!x!=0) s+=++x;
printf("%d",s);
```

则_____。

A. 运行程序段后输出 0　　　　　　　B. 运行程序段后输出 1

C. 程序段中的控制表达式是非法的　　D. 程序段执行无限次

**解**：首先 x=0，s=0，(!x!=0)返回真，s+=++x;等价于 s+=(++x);，先执行++x，x=1，并返回 1，s=s+1=1，while 结束。本题答案为 B。

（11）有以下程序

```
#include <stdio.h>
fun(int x,int y){return(x+y);}
main()
{   int a=1,b=2,c=3,sum;
    sum=fun((a++,b++,a+b),c++);
    printf("%d\n",sum);
}
```

执行后的输出结果是_____。

A. 5　　　　　　B. 7　　　　　　C. 8　　　　　　D. 3

**解**：对于实参(a++,b++,a+b)表达式，先执行 a++，a=2，再执行 b++，b=3，最后执行 a+b=5 并返回 5，c++返回 c 即 3，sum=fun(5,3)=8。本题答案为 C。

（12）执行下面的程序段后，变量 k 中的值为_____。

```
int k=3,s[2];
s[0]=k; k=s[1]*10;
```

A. 不定值　　　　B. 35　　　　　　C. 31　　　　　　D. 20

**解**：s 数组没有初始化，s[0]=3，s[1]中是无意义的值，执行 k=s[1]*10 后 k 是不定值。本题答案为 A。

（13）以下叙述中错误的是_____。

A. 改变函数形参的值，不会改变对应实参的值

B. 函数可以返回地址值

C. 可以给指针变量赋一个整数作为地址值

D. 当在程序的开头包含文件 stdio.h 时，可以给指针变量赋 NULL

**解**：C 语言中函数调用时采用的是实参到形参的单向值传递，所以改变函数形参的值，不会改变对应实参的值。指针型函数用于返回一个地址值。当在程序的开头包含文件 stdio.h 时，stdio.h 文件中将 NULL 设置为 0，所以可以给指针变量赋 NULL。不能给指针变量赋一个整数作为地址值。本题答案为 C。

（14）有以下程序

```
#include <stdio.h>
fun(int x,int y)
{    static int m=0,i=2;
     i+=m+1; m=i+x+y;
     return m;
}
main()
{    int j=1,m=1,k;
     k=fun(j,m); printf("%d,",k);
     k=fun(j,m); printf("%d\n",k);
}
```

执行后的输出结果是_____。
A. 5,5　　　　　　B. 5,11　　　　　　C. 11,11　　　　　　D. 11,5

**解**：注意 fun 函数中 m 和 i 是静态变量。本题答案为 B。

（15）有以下程序

```
#include <stdio.h>
void func(int n)
{   static int num=1;
    num=num+n;
    printf("%d ",num);
}
void main()
{   func(3);func(4);
    printf("\n");
}
```

程序运行后的输出结果是_____。
A. 4 8　　　　　　B. 3 4　　　　　　C. 3 5　　　　　　D. 4 5

**解**：注意 func 函数中的 num 为静态变量，在退出时仍有效。本题答案为 A。

（16）有以下程序

```
#include <stdio.h>
main()
{   int a=1,b=3,c=5;
    int *p1=&a,*p2=&b,*p=&c;
    *p=*p1*(*p2);
    printf("%d\n",c);
}
```

执行后的输出结果是_____。
A. 1　　　　　　B. 2　　　　　　C. 3　　　　　　D. 4

**解**：p1 指向 a，*p1=a=1，p2 指向 b，*p2=b=3，p 指向 c，*p=c=5，*p=*p1*(*p2)相当于 c=a*b=3。本题答案为 C。

（17）下列程序执行后的输出结果是_____。

```
#include <stdio.h>
void func1(int i);
void func2(int i);
char st[]="hello,friend!";
void func1(int i)
{   printf("%c",st[i]);
    if (i<3) { i+=2; func2(i); }
}
void func2(int i)
{   printf("%c",st[i]);
    if (i<3) { i+=2;func1(i); }
}
main()
{   int i=0; func1(i);
    printf("\n");
}
```

A. hello　　　　　B. hel　　　　　C. hlo　　　　　D. hlm

**解**：本题属于间接递归函数调用。答案为 C。

（18）在下述程序中，判断i>j执行的次数是_____。

```
void main()
{   int i=0,j=10,k=2,s=0;
    for (;;)
    {   i+=k;
        if (i>j)
        {   printf("i=%d,j=%d\n",i,j);
            printf("%d\n",s);
            break;
        }
        s+=i;
    }
}
```

A. 4　　　　　　B. 7　　　　　　C. 5　　　　　　D. 6

**解**：在 for 循环中，i 每次增大 2，直到 12 时 i>j 成立，所以判断 i>j 共执行 6 次。本题答案为 D。

（19）以下函数返回a所指数组中最大值所在的下标值

```
fun(int *a,int n)
{   int i,j=0,p;
    p=j;
    for (i=j;i<n;i++)
        if (a[i]>a[p])
            _____;
    return(p);
}
```

在下划线处应填入的内容是_____。

A. i=p　　　　　　B. a[p]=a[i]　　　　　　C. p=j　　　　　　D. p=i

**解**：p 保存数组 a 中最大值元素的下标。本题答案为 D。

（20）不能把字符串Hello!赋给数组b的语句是_____。

A. char b[10]={'H','e','l','l','o','!'};

B. char b[10]; b="Hello!";

C. char b[10]; strcpy(b,"Hello!");

D. char b[10]="Hello!";

**解**：除初始化外不能对数组 b 整体赋值。本题答案为 B。

（21）有以下程序

```
#include <stdio.h>
void main()
{   int a[]={10,20,30,40},*p=a,i;
    for (i=0;i<=3;i++)
    {   a[i]=*p;
        p++;
    };
    printf("%d\n",a[2]);
}
```

程序运行后的输出结果是_____。

A. 30　　　　　　B. 40　　　　　　C. 10　　　　　　D. 20

**解**：p 为一维数组 a 的元素指针，for 循环将 a[i]置为*p 值。本题答案为 A。

（22）有以下程序
```
#include <stdio.h>
#define N 3
void fun(int a[][N],int b[])
{   int i,j;
    for (i=0;i<N;i++)
    {   b[i]=a[i][0];
        for (j=1;j<N;j++)
            if (b[i]<a[i][j]) b[i]=a[i][j];
    }
}
void main()
{   int x[N][N]={1,2,3,4,5,6,7,8,9},y[N],i;
    fun(x,y);
    for (i=0;i<N;i++) printf("%d,",y[i]);
    printf("\n");
}
```
程序运行后的输出结果是_____。

A. 2,4,8,　　　　　B. 3,6,9,　　　　　C. 3,5,7,　　　　　D. 1,3,5,

**解：** fun(a,b)函数的功能是统计二维数组 a 中每行的最大元素并放在一维数组 b 中。本题答案为 B。

（23）设有定义int x[2][3];，则以下关于二维数组x的叙述中错误的是_____。

A. x[0]可看作是由3个整型元素组成的一维数组

B. x[0]和 x[1]是数组名，分别代表不同的地址常量

C. 数组 x 包含 6 个元素

D. 可以用语句x[0]=0;为数组所有元素赋初值0

**解：** x 是二维数组，x[0]可以看成是 x 的一个一维数组元素，不能对其整体操作。本题答案为 D

（24）若有以下说明int a[10]={1,2,3,4,5,6,7,8,9,10},*p=a;，则数值为 6 的表达式是_____。

A. *p+6　　　　　B. *(p+6)　　　　　C. p+5　　　　　D. *p+=5

**解：** p 指向数组 a 的首元素 a[0]。*p+6=a[0]+6=7，所以选项 A 不正确。p+6 指向元素 a[6]，*(p+6)=a[6]=7，所以选项 B 不正确。p 是一个指针，p 的值本身是一个地址，p+5 为指向元素 a[5]的地址，所以选项 C 不正确。*p=a[0]=1，*p+=5 等同于 a[0]+=5，即 a[0]=a[0]+5=1+5=6，最后*p+=5 表达式返回6。本题答案为 D。

（25）下列程序执行后的输出结果是_____。
```
#include <stdio.h>
void main()
{   int a[3][3],*p,i;
    p=&a[0][0];
    for (i=1;i<9;i++) p[i]=i+1;
    printf("%d\n",a[1][2]);
}
```

A. 3　　　　　B. 6　　　　　C. 9　　　　　D. 随机数

**解：** p 是一级指针，用于遍历二维数组 a 的所有 a[i][j]元素。本题答案为 B。

（26）有以下程序_____。

```
#include <stdio.h>
```

```
void main()
{   char *s="12134"; int k=0,a=0;
    while (s[k+1]!='\0')
    {   k++;
        if (k%2==0)
        {   a=a+(s[k]-'0'+1); continue; }
        a=a+(s[k]-'0');
    }
    printf("k=%d,a=%d\n",k,a);
}
```

程序运行后的输出结果是_____。

A. k=6,a=11　　　　B. k=3,a=14　　　　C. k=4,a=12　　　　D. k=5,a=15

**解**：while 循环遍历 s 串，循环结束时 k=4，a=(s[1]-'0')+(s[2]-'0'+1)+ (s[3]-'0')+(s[4]-'0'+1)=2+2+3+5=12。本题答案为 C。

（27）以下程序的输出结果是_____。

```
#include <stdio.h>
void prt(int *x, int *y, int *z)
{   printf("%d,%d,%d\n",++*x,++*y,*(z++)); }
void main()
{   int a=10,b=40,c=20;
    prt(&a,&b,&c);
    prt(&a,&b,&c);
}
```

A. 11,42, 31　　　　B. 11,41,20　　　　C. 11,21,40　　　　D. 11,41,21
　　12,22,41　　　　　　12,42,20　　　　　　11,21,21　　　　　　12,42,22

**解**：在进行 prt(&a,&b,&c) 函数调用时，a、b、c 实参和形参一起改变，但在 prt 函数中仅改变了 a、b 的值，而 c 的值没有变（z++仅改变 z 指针值，而不是改变*z 的值）。本题答案为 B。

（28）有以下程序：

```
#include <stdio.h>
void fun(char *t,char *s)
{   while(*t!=0)  t++;
    while((*t++=*s++)!=0);
}
void main()
{   char ss[10]="acc",aa[10]="bbxxyy";
    fun(ss,aa);
    printf("%s,%s\n",ss,aa);
}
```

程序运行结果是_____。

A. accxyy , bbxxyy　　　　　　　　B. acc, bbxxyy
C. accxxyy,bbxxyy　　　　　　　　D. accbbxxyy,bbxxyy

**解**：fun(t,s)用于将 s 串连接到 t 串之后，s 串不变。本题答案为 D。

（29）有以下程序

```
#include <stdio.h>
void main()
{   FILE *fp; int i=20,j=30,k,n;
    fp=fopen("d1.dat","w");
```

```
      fprintf(fp,"%d\n",i); fprintf(fp,"%d\n",j);
      fclose(fp);
      fp=fopen("d1.dat","r");
      fscanf(fp,"%d%d",&k,&n); printf("%d %d\n",k,n);
      fclose(fp);
}
```

程序运行后的输出结果是_____。

A. 20 30　　　　　B. 20 50　　　　　C. 30 50　　　　　D. 30 20

**解**：先建立 d1.dat 文件，将其中写入 20↙30↙后关闭，然后再次打开它，从中读出两个整数并在屏幕上输出。本题答案为 A。

（30）有以下程序

```
#include <stdio.h>
int add(int a,int b)
{   return(a+b); }
void main()
{   int k,(*f)(int,int),a=5,b=10;
    f=add;
    _____
    printf("%d\n",k);
}
```

则以下函数调用语句错误的是_____。

A. k=(*f)(a,b);　　B. k=add(a,b);　　C. k=*f(a,b);　　D. k=f(a,b);

**解**：f 是函数指针，k=*f(a,b);是错误的。本题答案为 C。

（31）有以下程序

```
#include <stdio.h>
void fun2(char a, char b)
{   printf("%c%c",a,b); }
char a='A',b='B';
void fun1()
{   a='C',b='D'; }
void main()
{   fun1();
    printf("%c%c",a,b);
    fun2('E','F');
}
```

程序的运行结果是_____。

A. CDEF　　　　　B. ABEF　　　　　C. ABCD　　　　　D. CDAB

**解**：程序中 a、b 作为全局变量和形参，注意区分。本题答案为 A。

（32）有以下程序

```
#include <stdio.h>
#define N 5
#define M N+1
#define f(x) (x*M)
void main()
{   int i1,i2;
    i1=f(2);
    i2=f(1+1);
    printf("%d %d\n",i1,i2);
}
```

程序的运行结果是_____。
A. 12 12　　　　　　B. 11 7　　　　　　C. 11 11　　　　　　D. 12 7

**解**：i1=f(2)=(2*M)=(2*5+1)=11，i2=f(1+1)=(1+1*M)=(1+1*5+1)=7。本题答案为 B。

（33）设有以下语句

```
typedef struct TT
{   char c; int a[4]; } CIN;
```

则下面叙述中正确的是_____。
A. 可以用 TT 定义结构体变量　　　　　　B. TT 是 struct 类型的变量
C. 可以用 CIN 定义结构体变量　　　　　　D. CIN 是 struct TT 类型的变量

**解**：CIN 是结构体类型 TT 的一个别名，可以用它来定义 TT 类型的结构体变量。本题答案为 C。

（34）以下叙述中错误的是_____。
A. 函数的返回值类型不能是结构体类型，只能是简单类型
B. 函数可以返回指向结构体变量的指针
C. 可以通过指向结构体变量的指针访问所指结构体变量的任何成员
D. 只要类型相同，结构体变量之间可以整体赋值

**解**：函数的返回值类型可以是结构体类型，也可以是简单类型。本题答案为 A。

（35）有以下结构体说明、变量定义和赋值语句

```
struct STD
{   char name[10];
    int age;
    char sex;
} s[5],*ps;
ps=&s[0];
```

则以下scanf函数调用语句中错误引用结构体变量成员的是_____。
A. scanf("%s",s[0].name);　　　　　　B. scanf("%d",&s[0].age);
C. scanf("%c",&(ps->sex));　　　　　　D. scanf("%d",ps->age);

**解**：scanf 函数的输入项表是变量地址，只有 ps->age 不是变量地址。本题答案为 D。

（36）若有以下定义和语句

```
union data
{   int i; char c; float f;} x;
int y;
```

则以下语句正确的是_____。
A. x=10.5;　　　　　B. x.c=101;　　　　　C. y=x;　　　　　D. printf("%d\n",x);

**解**：x 是共用体类型 data 的一个变量，只能对其成员进行操作，不能整体操作。本题答案为 B。

（37）若程序中有宏定义行#define N 100，则以下叙述中正确的是_____。
A. 宏定义行中定义了标识符 N 的值为整数 100
B. 在编译程序对 C 源程序进行预处理时用 100 替换标识符 N
C. 对 C 源程序进行编译时用 100 替换标识符 N
D. 在运行时用 100 替换标识符 N

解：宏替换在预编译阶段进行。本题答案为 B。

（38）以下叙述中正确的是_____。

A. C 语言中的文件是流式文件，因此只能顺序存取数据

B. 打开一个已存在的文件并进行了写操作后，原有文件中的全部数据必定被覆盖

C. 在一个程序中当对文件进行了写操作后，必须先关闭该文件然后再打开，才能读到第一个数据

D. 当对文件的读（写）操作完成之后，必须将它关闭，否则可能导致数据丢失

解：当对文件的读（写）操作完成之后，必须将它关闭，否则可能导致数据丢失。本题答案为 D。

（39）有以下程序

```
#include <stdio.h>
void main()
{   FILE *fp; int i;
    char ch[]="abcd",t;
    fp=fopen("abc.dat","wb+");
    for(i=0;i<4;i++) fwrite(&ch[i],1,1,fp);
    fseek(fp,-2L,SEEK_END);
    fread(&t,1,1,fp);
    fclose(fp);
    printf("%c\n",t);
}
```

程序执行后的输出结果是_____。

A. d　　　　　　B. c　　　　　　C. b　　　　　　D. a

解：上述程序以二进制方式打开 abc.dat 文件，写入"abcd"，然后读写指针相对文件尾回移两个位置指向 c，读取该字符并输出。本题答案为 B。

（40）有以下程序

```
#include <stdio.h>
void main()
{   FILE *fp;
    int k,n,i,a[6]={1,2,3,4,5,6};
    fp=fopen("d2.dat","w");
    for (i=0;i<6;i++)
        fprintf(fp,"%d\n",a[i]);
    fclose(fp);
    fp=fopen("d2.dat","r");
    for (i=0;i<3;i++)
        fscanf(fp,"%d%d",&k,&n);
    fclose(fp);
    printf("%d,%d\n",k,n);
}
```

程序运行后的输出结果是_____。

A. 1,2　　　　　B. 3,4　　　　　C. 5,6　　　　　D. 123,456

解：上述程序先建立 d2.dat 文件，写入 6 行，每行数值分别为 1~6，并关闭。再次打开并两行两行地读出数值，后读的覆盖前读的数值。本题答案为 C。

# 参考文献

[1] 谭浩强著. C程序设计. 第2版. 北京：清华大学出版社，1999
[2] Deitel著，贺军译. C/C++/Java程序设计经典教程. 北京：清华大学出版社，2002
[3] Deitel著，邱仲潘等译. C++大学教程. 第2版. 北京：电子工业出版社，2003
[4] D. S.Malik著，钟书毅等译. C++编程——从问题分析到程序设计. 北京：电子工业出版社，2003
[5] 李春葆编著. C语言程序设计. 北京：清华大学出版社，2007
[6] 李春葆编著. C程序设计教程（基于Visual C++平台）. 北京：清华大学出版社，2004
[7] 李春葆编著. C语言与习题解答. 北京：清华大学出版社，1999
[8] 李春葆等编著. C程序设计考点精要与解题指导. 北京：人民邮电出版社，2002
[9] 李春葆等编著. C程序设计考研指导. 北京：清华大学出版社，2003
[10] 李春葆等编著. C语言程序设计题典. 北京：清华大学出版社，2002
[11] 李培金主编. C语言程序设计案例教程. 西安：西安电子科技大学出版社，2003
[12] 张毅坤等编著. C语言程序设计教程. 西安：西安交通大学出版社，2003
[13] 田淑清等编著. C程序设计. 第2版. 北京：电子工业出版社，2003
[14] 黄维通等编著. C语言试题详解及模拟试卷（二级）. 北京：机械工业出版社，2000
[15] 陈朔鹰等编著. C语言程序设计习题集. 北京：人民邮电出版社，2002
[16] 裘宗燕著. 从问题到程序——程序设计与C语言引论. 北京：北京大学出版社，1999
[17] 邓良松等编著. 软件工程. 西安：西安电子科技大学出版社，2000
[18] 陈正冲编著. C语言深度解剖. 第2版. 北京：北京航空航天大学出版社，2012